Schneider/Zieringer · Make-or-Buy-Strategien für F&E

Dietram Schneider/Carmen Zieringer

Make-or-Buy-Strategien für F&E

Transaktionskostenorientierte Überlegungen

GABLER

Die Deutsche Bibliothek – CIP-Einheitsaufnahme

Schneider, Dietram:
Make-or-Buy-Strategien für F & E :
transaktionskostenorientierte Überlegungen / Dietram
Schneider ; Carmen Zieringer. – Wiesbaden : Gabler, 1991
  ISBN-13: 978-3-409-13047-9   e-ISBN-13: 978-3-322-82517-9
  DOI: 10.1007/978-3-322-82517-9
NE: Zieringer, Carmen:

Der Gabler Verlag ist ein Unternehmen der Verlagsgruppe Bertelsmann International.

Dieses Buch ist auf säurefreiem und chlorarm gebleichtem Papier gedruckt.

ISBN-13: 978-3-409-13047-9

Vorwort

Steigende Wettbewerbsintensität und zunehmender Innovationsdruck stellen Unternehmen vor neue Herausforderungen. Die Forcierung von F&E-Aktivitäten wird dabei als zentraler Ansatzpunkt gesehen, um den Unternehmensbestand langfristig zu sichern und unternehmensstrategisch ausbaufähige Innovationspotentiale zu gewinnen.

Eine einseitige Fokussierung auf die unternehmensinterne Bereitstellung von F&E-Leistungen kann in diesem Spannungsfeld ebenso ineffizient sein, wie die Vernachlässigung von F&E-Aktivitäten innerhalb der eigenen Unternehmensgrenzen. Allerdings scheint in Theorie und Praxis das Schwergewicht auf der „internen F&E" zu liegen: In der traditionellen Literatur zum F&E-Management steht die interne Organisation von F&E-Aktivitäten im Mittelpunkt („make"). Die Tatsache, daß F&E-Leistungen auch extern beschafft werden können („buy"), wird dabei meist nur am Rande behandelt. In der F&E-Praxis konkretisiert sich diese Perspektivenverengung in einer oftmals übertriebenen Dominanz der internen F&E („make"), die nicht selten in einer traditionsbehafteten „Verkrustung der F&E-Bereitstellung" gipfelt.

Vor diesem Hintergrund hoffen die Autoren, daß durch ihr Werk der Blick für eine erweiterte Organisationsperspektive auch in Richtung „buy" von F&E-Leistungen gelenkt wird. Nur so können die Vorteile der interorganisatorischen Arbeitsteilung auch im F&E-Bereich genutzt werden. „Make or buy" sollten a-priori als alternative Organisationsformen für F&E aufgefaßt werden und gleichberechtigt in eine breit angelegte F&E-orientierte Bereitstellungsstrategie einmünden.

Für die Diskussion der Themenstellung bildet der Transaktionskostenansatz die theoretische Klammer. Eine ökonomische Fundierung in Anlehnung an die Theorie der Transaktionskosten zur Behandlung der Frage „make or buy von F&E-Leistungen" scheint interessant und notwendig: Einerseits stehen im Zentrum des Transaktionskostenansatzes „traditionell" neben unternehmensinternen besonders auch zwischenbetriebliche Organisationsfragen. Andererseits wird die make-or-buy-Problematik in Theorie und Praxis oftmals auf Basis kurzfristiger ad-hoc-Überlegungen bzw. Entscheidungen „gelöst".

Natürlich sind sich die Verfasser darüber einig, daß das vorliegende Buch in mancherlei Hinsicht noch Anlaß für Ergänzungen bieten könnte. Und auch das am Ende stehende und recht umfassende Literaturverzeichnis kann nicht darüber hinwegtäuschen, daß über „make or buy von F&E-Leistungen" derzeit noch gewaltige Analysedefizite bestehen. Allerdings haben wir die Herausforderung mit einem „ersten Versuch" angenommen.

An dieser Stelle möchten wir noch eine herzliche Danksagung anschließen. Für die verlegerische Betreuung gilt Frau Ute Arentzen vom Gabler-Verlag unser herzlicher Dank. Frau Ingrid Schneider und Herrn Andreas Berndorfer danken wir für ihr Geduld und vielfältige Unterstützung bei den zahlreichen Überarbeitungen unserer Entwürfe.

DIE AUTOREN

Inhaltsverzeichnis

Vorwort V

Erstes Kapitel
Einführung

1. Problemrelevanz 1
2. Procedere und Ziele 4

Zweites Kapitel
Grundlagen zur Bedeutung von Forschung und Entwicklung

1. Charakteristika von F&E 7
2. F&E im Innovationsprozeß... 10
3. F&E im dynamischen Wettbewerb... 14
4. F&E-Aufwendungen 16

Drittes Kapitel
Grundlagen der Organisation von Forschung und Entwicklung

1. Organisationsformen für die F&E-Bereitstellung..................................... 25
   1.1. Interne F&E (Eigenforschung)... 25
   1.2. Externe F&E (Fremdforschung) 31
        1.2.1. Vertrags- und Auftrags-F&E 31
        1.2.2. F&E-Lizenznahme... 33
   1.3. Kooperative F&E... 34
        1.3.1. Merkmale 34
        1.3.2. Formen 35
               1.3.2.1. F&E-Austausch 35
               1.3.2.2. Koordinierte Einzel-F&E.. 36
               1.3.2.3. Gemeinschafts-F&E.. 36
2. Resümee 37

Viertes Kapitel
Ökonomisch-theoretische Grundlagen für das Organisations-Management von Forschung und Entwicklung

1. Grundlagen eines ökonomisch-theoretischen Organisationsansatzes für F&E 39
2. Theorieelemente in ökonomischen Organisationsansätzen 41
   2.1. Neoklassik 41
   2.2. Transaktionskostenansatz... 44
        2.2.1. Grundlagen... 44
        2.2.2. Transaktionskosten 48
        2.2.3. Einflußgrößen 51

3. Unternehmerisches Organisationsmanagement für F&E,
    Transaktionskosten und gesellschaftliche Arbeitsteilung 55

Fünftes Kapitel
Transaktionskostenorientierte Strategiefaktoren für die F&E-Organisation
zwischen make or buy

1. Unternehmensspezifität... 59
    1.1. Unternehmensspezifität und interne F&E.................................. 62
    1.2. Unternehmensspezifität und externe F&E 63
    1.3. Unternehmensspezifität und kooperative F&E 66
2. Unsicherheit 69
    2.1. Unsicherheit und interne F&E 72
    2.2. Unsicherheit und externe F&E... 75
    2.3. Unsicherheit und kooperative F&E... 78
3. Häufigkeit 81
    3.1. Häufigkeit und interne F&E... 81
    3.2. Häufigkeit und externe F&E 83
    3.3. Häufigkeit und kooperative F&E 85
4. Rechtliche Rahmenbedingungen.. 88
    4.1. Rechtliche Rahmenbedingungen und interne F&E...................... 89
    4.2. Rechtliche Rahmenbedingungen und externe F&E 90
    4.3. Rechtliche Rahmenbedingungen und kooperative F&E................ 93
5. Technologische Rahmenbedingungen 97
    5.1. Technologische Rahmenbedingungen und interne F&E................ 97
    5.2. Technologische Rahmenbedingungen und externe F&E.............. 101
    5.3. Technologische Rahmenbedingungen und kooperative F&E......... 104
6. Resümee und Ableitungsmöglichkeiten für make-or-buy-Entscheidungen 106

Sechstes Kapitel
Strategische Überlegungen für die F&E-Organisation

1. Strategische Perspektiven für die F&E-Organisation 117
    1.1. Information und Kommunikation:
         Ihr Einfluß auf Transaktionskostenpegel der F&E-Organisation 117
    1.2. Informations- und Kommunikationsstrategien: Die strategische Mani-
         pulation von Transaktionskostenpegeln im arbeitsteiligen F&E-Prozeß......... 124
    1.3. Strategierelevanz von sunk costs und Marktaustrittsbarrieren:
         Die Folgen der Konservierung strategischer Inflexibilität der
         F&E-Bereitstellung 127
    1.4. Reagibilitätsstrategien für die Bereitstellung von F&E-Leistungen:
         Sensibilisierungsstrategien 131
    1.5. Reagibilitätsstrategien für die Bereitstellung von F&E-Leistungen:
         Realisationsstrategien für die Auflösung von Verkrustungseffekten.............. 133

VIII

2. Technologiestrategien und F&E-Organisation:
    F&E-Bereitstellung im Spannungsfeld zwischen
    Technologieführerschaft und Technologiegefolgschaft.......................137
    2.1. Technologieführerschaft und die Organisation von F&E 138
         2.1.1. Technologieführerschaft und interne F&E 138
         2.1.2. Technologieführerschaft und externe F&E........................140
         2.1.3. Technologieführerschaft und kooperative F&E 141
    2.2. Technologiegefolgschaft und die Organisation von F&E..............144
         2.2.1. Technologiegefolgschaft und interne F&E........................145
         2.2.2. Technologiegefolgschaft und externe F&E 146
         2.2.3. Technologiegefolgschaft und kooperative F&E 147

Nachwort 153

Literaturverzeichnis 157

Abbildungsverzeichnis

Abbildung 1:   Forschungs- und Entwicklungsprozeß 9

Abbildung 2:   Definitionen unterschiedlicher Teilbereiche von Forschung und
Entwicklung 11

Abbildung 3:   Innovationsprozeß im weiteren Sinne 12

Abbildung 4:   Zusammenhang zwischen F&E und Invention 13

Abbildung 5:   Innovationsprozeß und Unternehmertum 13

Abbildung 6:   Folgen eines zu späten Markteintritts im Bereich
der Mikroelektronik, dargestellt am Beispiel von Siemens 16

Abbildung 7:   Zusammenhang zwischen F&E, Innovation
und Wettbewerbsfähigkeit 17

Abbildung 8:   Bruttoinlandsausgaben für F&E als Anteil am Bruttosozialprodukt
(Vergleich führender Industrieländer 1971 - 1987) 18

Abbildung 9:   Ausgaben für Forschung und Entwicklung in der Bundesrepublik
Deutschland insgesamt und nach Finanzierungsträgern in den Jah-
ren 1962, 1969 und 1978 19

Abbildung 10: Verteilung der Ausgaben für Forschung und Entwicklung auf
durchführende Sektoren in den Jahren 1962, 1969
und 1978 in v.H. 19

Abbildung 11: Beschäftigte, Umsatz und F&E-Aufwendungen von
Unternehmen nach Wirtschaftszweigen und nach
Beschäftigtengrößenklassen 20

Abbildung 12: Größte Geldgeber für F&E in der Bundesrepublik Deutschland (in
Millionen Mark) 22

Abbildung 13: Die 25 F&E-intensivsten Unternehmen in der Bundesrepublik
Deutschland (F&E-Ausgaben in Prozent vom Umsatz) 23

Abbildung 14: Deskriptions- und Systematisierungsansatz der Bereitstellungsformen für F&E-Leistungen 26

Abbildung 15: Interne und externe F&E-Aufwendungen nach
Wirtschaftszweigen 27

Abbildung 16: Wichtigste Formen der Abteilungsspezialisierung
im F&E-Bereich 28

Abbildung 17: Möglichkeiten der Einordnung von F&E in funktionale
Organisationen 29

Abbildung 18: Kontinuum zwischen „Markt und Hierarchie" 45

Abbildung 19: Koordinationsformen zwischen Markt und Unternehmung 45

Abbildung 20: Bereitstellungsformen für F&E-Leistungen
in der Automobilindustrie 46

Abbildung 21: F&E-orientiertes Organisationskontinuum zwischen Markt und
Hierarchie 47

Abbildung 22: „organizational failure framework" 51

Abbildung 23: Transaktionskosten in Abhängigkeit von Informationsproblemen 53

Abbildung 24: Einflußfaktoren der Wahl von Koordinationsformen für die
Durchführung von F&E-Leistungen (Analysestruktur) 60
Abbildung 25: Klassifikation von make- und buy-Leistungen im F&E-Bereich 64
Abbildung 26: Umweltzustände und empfundene Unsicherheit 70
Abbildung 27: Unsicherheitsfaktoren und Unternehmensumwelt 71
Abbildung 28: Interne und externe Unsicherheit der F&E-Bereitstellung:
Konsequenzen für die vertikale Integration 75
Abbildung 29: Interne und externe F&E-Aufwendungen in
verschiedenen Branchen 76
Abbildung 30: Tableau zur Unterstützung der make-or-buy-Entscheidung –
Identifikation „dominanter Bereitstellungswege" 107
Abbildung 31: Differenzierung des Entscheidungstableaus durch weitere
Operationalisierung der Einflußgrößen 108
Abbildung 32: Differenzierung des Entscheidungstableaus durch weitere
Operationalisierung der Einflußgrößen und Skalierung
der Ausprägungen 109
Abbildung 33: Pragmatische Information, Erstmaligkeit und Bestätigung 119
Abbildung 34: Ausmaß der Transaktionskosten in Abhängigkeit von Erstmalig-
keit und Bestätigung einer Information 120
Abbildung 35: Transaktionskosten und Organisationsformen für F&E im
Erstmaligkeits-Bestätigungs-Modell 121
Abbildung 36: Verkürzung der „Nutzungsdauer" von Bereitstellungsformen für
F&E-Leistungen 123
Abbildung 37: Wirkungen der offensiven Strategie 136

Erstes Kapitel

Einführung

1. Problemrelevanz

Forschung und Entwicklung gewinnen in der Praxis einen zunehmend höheren Stellenwert. Forschungs- und Entwicklungsaktivitäten haben insbesondere in den vergangenen 25 Jahren an Umfang und Bedeutung ständig zugenommen. Letztlich ist dies ein Ausdruck der allgemeinen internationalen wirtschaftlichen Entwicklung, in der sich die Unternehmen einer verstärkten Wettbewerbsdynamik ausgesetzt sehen. In diesem Zusammenhang sind Forschung und Entwicklung als grundlegende Möglichkeiten der Gewinnung von neuen und wirtschaftlich verwertbaren Informationen über Produkte, Produktionsprozesse und -verfahren zu interpretieren.

Zur Wettbewerbsdynamik trägt auch bei, daß Informations- und know-how-Vorsprünge, die vor allem durch Forschung und Entwicklung gewonnen werden können, nur temporären Charakter haben. Informationsvorsprünge, durch die man sich im dynamischen Wettbewerb monopolartige Gewinnpotentiale und strategische Wettbewerbsvorteile aufbauen kann, werden von Konkurrenten heute in kürzerer Zeit aufgeholt als früher. Hierzu haben moderne Informations- und Kommunikationstechnologien ebenso beigetragen wie der allgemeine Trend zu einer Bildungs- und Informationsgesellschaft. Nicht nur die Lebenszyklen von Produkten, sondern vor allem auch die Nutzungszeiten von wirtschaftlich verwertbaren Wissenspotentialen werden hierdurch zwangsläufig immer weiter verkürzt.

Begreift man in diesem Spannungsfeld Wettbewerb als einen dynamischen Prozeß des rivalisierenden Ausschaltens und Übertrumpfens von einzelnen Wirtschaftssubjekten und Unternehmen, der durch neue und wirtschaftlich verwertbare Informationen aufrechterhalten wird, so kommt dem Forschungs- und Entwicklungsbereich sowohl erhebliche einzelwirtschaftliche als auch gesamtwirtschaftliche Bedeutung zu.

Ebenso wie einzelne Wirtschaftssubjekte aufgrund des schnelleren Veraltens ihrer Qualifikationen und know-how-Potentiale ständig auf das Up-Dating ihres Wissens angewiesen und damit einem zwischenmenschlichen Wettbewerbsdruck ausgesetzt sind, so unterliegen besonders auch Unternehmen in einer offenen und marktwirtschaftlich organisierten Volkswirtschaft einem ständigen Wettbewerbsdruck. Gleiches gilt im internationalen Zusammenhang für den Wettbewerb unter Volkswirtschaften.

Um wettbewerbsfähig zu bleiben, werden folglich immer höhere Anforderungen an Forschung und Entwicklung gestellt. Es stellt sich demnach meist nicht die Frage, ob Forschung und Entwicklung überhaupt betrieben werden soll. Vielmehr steht heute die Frage im Vordergrund, wie die Durchführung von Forschungs- und Entwicklungsaktivitäten möglichst effizient organisiert werden kann.

Die Organisation von Forschungs- und Entwicklungsaktivitäten ist nicht nur eine Problemstellung, die eine einzelne Unternehmung in ihrem internen Bereich bzw. auf einzelwirtschaftlicher Ebene zu lösen hat. Denn in einer arbeitsteilig organisierten Wirtschaft besteht ökonomisch erfolgreiches Unternehmertum besonders darin, seine eigene (Tausch-) Situation und strategische Wettbewerbsposition durch die Realisierung effizienter Transaktionsbeziehungen mit anderen Wirtschaftseinheiten zu verbessern. Arbeitsteilung und die effiziente Ausgestaltung von Tauschbeziehungen sind bereits vom Klassiker Adam Smith als zentrale Antriebskräfte gesellschaftlichen Wohlstands identifiziert worden. Die Organisation von Forschung und Entwicklung im Makrozusammenhang, d.h. beispielsweise zwischen Unternehmen und ganzen Industrien und Branchen, ist daher in einer arbeitsteilig organisierten Wirtschaft von äußerster Wichtigkeit.

Würde man den Blick nur auf die unternehmensinterne Organisation von Forschung und Entwicklung richten, könnte man weder dem gegenseitigen Abhängigkeitsverhältnis der im Wettbewerbsprozeß unterschiedlich verwobenen Unternehmen gerecht werden; noch käme ins Blickfeld, daß auch durch Unternehmensgrenzen überschreitende Transaktionsbeziehungen - also durch Fremdbezug von Forschungs- und Entwicklungsleistungen – forschungs- und entwicklungsträchtiges Wissen beschafft werden kann; noch würde man den neueren Entwicklungen der ökonomisch-induzierten Theorie der Organisation Rechnung tragen.

Diese neuere Entwicklung der Organisationstheorie wurde vor allem durch den von Coase 1937 geborenen Transaktionskostenansatz eingeleitet. Der Transaktionskostenansatz revolutioniert heute zusehends sowohl das praktische Denken und Handeln als auch die ökonomische Theorie. Er widmet sich nicht nur der internen Organisation von Unternehmen, sondern bezieht auch die Analyse von Koordinations- bzw. Organisationsformen für die Abwicklung zwischenbetrieblicher Transaktionsbeziehungen mit ein. Damit wird der bisherigen traditionellen Fokussierung auf die unternehmensinterne Organisation von Forschung und Entwicklung (intraorganisatorische F&E) eine weite und fruchtbare Organisationsperspektive eröffnet. Sie behält besonders auch die kooperative Forschung und Entwicklung und den Fremdbezug von Forschungs- und Entwicklungsleistungen (interorganisatorische F&E) im Blickfeld des Interesses.

Es ist offensichtlich, daß sich durch eine solche organisatorische Perspektive zunächst neue Einblicke für die Organisation von Forschung und Entwicklung im zwischenbetrieblichen Verhältnis von Unternehmen ergeben werden. Durch den Einbezug der interbetrieblichen Beziehungen werden sich aber darüber hinaus auch fruchtbare Ansätze für strategische Überlegungen zum Bereich der Organisation von Forschung und Entwicklung aufzeigen lassen. Und dadurch, daß die Transaktionskostentheorie bei der Behandlung von make-or-buy-Entscheidungen grundsätzlich über eine kurzfristige Betrachtungsperspektive hinausgeht bzw. auch langfristige, konzeptionelle und evolutionäre sowie markt- und wettbewerbliche Bedeutungsaspekte in die Analyse einbezieht, ergibt sich eine prinzipielle strategische Ausrichtung schon allein aus diesen Gründen.

2

Die theoretische Attraktivität einer Verwendung des Transaktionskostenansatzes für die Analyse der Organisation von Forschung und Entwicklung liegt vor allem auch in seiner universellen Anwendbarkeit, mit der er antritt, Organisationsphänomene zu analysieren. Der Transaktionskostenansatz ist ein allgemeiner ökonomisch-theoretischer Ansatz der Organisation unternehmerischer Aktivitäten. Sein Theoriegebäude baut auf sehr wenigen und einfachen und daher praktisch leicht verständlichen, aber heuristisch weitreichenden und äußerst wichtigen ökonomischen Grundkategorien auf, die sich auf unterschiedliche Sachzusammenhänge anwenden lassen. Auch hierdurch wird die strategische Dimension und der heuristisch weitreichende Charakter dieses organisatorischen Ansatzes offensichtlich. Er verengt die Untersuchungsperspektive nicht auf singuläre oder spezifische Managementprobleme, sondern liefert einen allgemeinen theoretischen Bezugsrahmen.

Damit wird der Untersuchung der Organisation von Forschung und Entwicklung ein breit anwendbarer Bezugsrahmen als theoretische Basis zugeordnet. Dieser Bezugsrahmen hat sich für die Analyse vieler ökonomischer Probleme sowohl in theoretischer als auch in praktischer Hinsicht bereits als äußerst fruchtbar erwiesen und empirischen Überprüfungen erfolgreich Stand gehalten.[1)]

Auch hierdurch wird die praktisch-strategische Dimension deutlich, weil ein Untersuchungsraster vorliegt, der auf scheinbar sämtliche Managementphänomene angewandt werden kann.

Die Problemrelevanz und Notwendigkeit einer ökonomisch-theoretischen Analyse der Organisation von Forschung und Entwicklung zwischen make or buy vor dem Hintergrund des Transaktionskostenansatzes wird somit aus zwei verschiedenen Blickwinkeln deutlich:

(1) Angesichts zunehmender Wettbewerbsdynamik wird der Forschungs- und Entwicklungsbereich für das Management in der Praxis immer wichtiger. Damit übt er für die wirtschaftswissenschaftliche Forschung eine zunehmende Anziehungskraft aus. Die wirtschaftswissenschaftliche Forschung hat ihrerseits möglichst allgemeingültige Theorie- oder Modellansätze zur Handhabung des Organisationsproblems von Forschung und Entwicklung bereitzustellen, die vor allem auch das Beziehungsgeflecht zwischen Unternehmen berücksichtigen müssen (z.B. kooperative Forschung und Entwicklung und Fremdbezug von Forschungs- und Entwicklungsleistungen). Dies ist um so wichtiger, je mehr Ressourcen auf der Ebene von Unternehmen und ökonomischen Systemen allgemein in Forschung und Entwicklung gebunden werden. Dies ist auch um so wichtiger, je mehr eine zwischen einzelnen Unternehmen arbeitsteilig organisierte Durchführung von Forschung und Entwicklung als effizient angesehen wird.

(2) Andererseits existiert mit dem Transaktionskostenansatz ein Theoriegebäude, das übergeordnete und vor allem ökonomisch-theoretische Einblicke in die Organisation von Forschung und Entwicklung verspricht, die aus einer organisationstheoretischen Sichtweise, die sich nur auf die unternehmensinterne Organisation konzentriert, nicht entwickelt werden können.

2. Procedere und Ziele

Die transaktionskostenorientierte Durchleuchtung der Organisation von Forschung und Entwicklung zwischen make or buy und die daraus ableitbaren unternehmens- und wettbewerbsstrategischen Überlegungen stehen im Vordergrund dieses Buches. Die folgenden Kapitel weisen hierzu verschiedene inhaltliche Schwerpunkte auf:

Im einleitenden zweiten Kapitel stehen Erläuterungen zu den Begriffen Forschung und Entwicklung sowie Bedeutungsaspekte von Forschung und Entwicklung im Vordergrund. Obgleich eine Begriffsbildung letztlich immer eine mühsame Arbeit darstellt und Realdefinitionen letztlich nie zur Entwicklung allgemein akzeptierter Vorstellungsinhalte ausreichen, werden am Anfang des zweiten Kapitels dennoch Präzisierungsversuche vorgenommen. Dies ist notwendig, um Forschung und Entwicklung von ähnlichen Vorstellungsinhalten abzugrenzen. Erst dann kann auf die Bedeutung von Forschung und Entwicklung für den Innovationsprozeß und den dynamischen Wettbewerb kurz und grundlegend eingegangen werden. Ein knapper Überblick über Umfang und Struktur von Forschungs- und Entwicklungsaufwendungen verdeutlicht schließlich die zunehmende Relevanz von Forschung und Entwicklung auf einzel- und gesamtwirtschaftlicher Ebene.

Im dritten Kapitel werden unterschiedliche Organisationsformen für Forschung und Entwicklung grundlegend dargestellt. Aus einer organisatorischen Perspektive, die auch Transaktionsbeziehungen zwischen Unternehmen zum Inhalt ihres Gegenstandsbereichs macht, gibt es eine Vielzahl unterschiedlicher Organisationsformen. Das für die Realisierung von Forschung und Entwicklung in Frage kommende Spektrum von Organisationsformen reicht von der internen Forschung und Entwicklung (intraorganisatorische F&E) zu unterschiedlichen Formen der kooperativen bis zu verschiedenen Formen der externen Forschung und Entwicklung (interorganisatorische F&E). Neben der internen Forschung und Entwicklung werden daher die Auftragsforschung und -entwicklung und die Lizenznahme als zwei grundsätzliche Ausprägungen der externen Forschung und Entwicklung sowie verschiedene Erscheinungsformen der kooperativen Forschung und Entwicklung kurz beschrieben (Erfahrungs- und Ergebnisaustausch, koordinierte Einzelforschung und -entwicklung und Gemeinschaftsforschung und -entwicklung).

Dieses Kontinuum von Organisationsformen entspricht einer transaktionskostentheoretischen Organisationsauffassung, die neben den grundsätzlichen Organisationsformen „Eigenfertigung" (make) und „Fremdbezug" (buy) noch intermediäre Organisationsformen im Blickfeld hat. Es spannt idealtypisch den Optionsbereich für die Wahl der unterschiedlichen Organisationsformen in der Praxis auf.

Die Betriebswirtschaftslehre liefert insbesondere für die unternehmensinterne Organisation von Forschung und Entwicklung eine heute fast nicht mehr überschaubare Fülle von Beschreibungs-, Systematisierungs- und Erklärungsansätzen sowie zahlreiche Gestaltungsvorschläge.[2] Allerdings wird dabei oftmals aus unterschiedlichen betriebswirtschaftlichen Sichtweisen und Standpunkten argumentiert und/oder auf ad-hoc Überlegungen oder empirischen Einzelerfahrungen aufgebaut. Die Einbeziehung eines weiten Organisationsspektrums für Forschung und Entwicklung, das von Eigenfertigung über Forschungs- und Entwicklungs-Kooperation bis zum Fremdbezug von Forschungs- und Entwicklungsleistungen reicht, wird stiefmütterlich vernachlässigt. Auch eine ökonomisch-theoretisch fundierte Basis, die sich vor allem auf die Transaktionskostentheorie stützt, wurde für die Untersuchung der Organisation von Forschung und Entwicklung noch nicht gelegt. Natürlich kann auch die vorliegende Arbeit einem solchen Anspruch noch nicht voll gerecht werden. Ein zentrales Ziel dieser Arbeit besteht jedoch darin, erste Ansätze für einen allgemeinen ökonomisch-theoretischen Bezugsrahmen zu entwikkeln und auf Managementprobleme der F&E-Organisation anzuwenden. Dies bildet die Basis für die Analyse der verschiedenen Organisationsformen für Forschung und Entwicklung.

Unter dieser zentralen Zielsetzung wird im vierten Kapitel eine ökonomisch-theoretische Basis entwickelt, die auch für ein erfolgreiches F&E-Management in der Praxis eine fruchtbare Grundlage und theoretische Leitlinie bieten kann. Am Anfang des vierten Kapitels werden hierfür grundlegende ökonomische Theorieelemente vorgestellt. Anschließend wird untersucht, in welcher Weise sie in ökonomischen Theorieansätzen Berücksichtigung finden. Da hierzu bereits einzelne Vorarbeiten existieren,[3] werden die Ausführungen im vierten Kapitel möglichst knapp gehalten. In kurzer Form wird besonders die Bedeutung einer transaktionskostenorientierten Perspektive herausgearbeitet und zentrale Einflußgrößen der Wahl von Organisationsformen (Bereitstellungsformen) für die Hervorbringung von Forschungs- und Entwicklungsleistungen abgeleitet.

Auf diesem ökonomisch-theoretischen Bezugsrahmen aufbauend können im fünften Kapitel die Organisationsformen für die Bereitstellung von Forschungs- und Entwicklungsleistungen näher und vor allem theoriegeleitet untersucht werden. Im Mittelpunkt steht die Frage, wie zentrale transaktionskostenorientierte Einflußgrößen auf die Wahl von Organisationsformen einwirken und welche Folgerungen sich daraus für das Organisationsmanagement von Forschung und Entwicklung in Unternehmen ergeben. Ausgangspunkt der Analyse bildet die These, daß sich die Wahl der Organisationsform c.p. an den mit den jeweiligen Organisationsformen verbundenen Transaktionskosten zu orientieren hat.

Die Ergebnisse der bisherigen Kapitel dienen schließlich auch der Vorbereitung einiger strategischer Überlegungen für die Wahl von Organisationsformen für Forschung und Entwicklung (siehe sechstes Kapitel). Obgleich sich bereits bei der transaktionskostenorientierten Analyse der Organisationsformen (siehe fünftes Kapitel) mehrfach implizite und explizite strategische Überlegungen ergeben, werden hier explizit allgemeine strategische Überlegungen angestellt und Handlungsmöglichkeiten aufgezeigt. Die Wahl von Organisationsformen für Forschung und Entwicklung im Rahmen ausgewählter Technologiestrategien steht am Ende des sechsten Kapitels, dem ein kurzer Ausblick folgt (siehe siebtes Kapitel).

Anmerkungen

1) So z.B. für die ökonomische Erklärung der institutionellen Evolution, vgl. z.B. North (1977), (1984); North
   u. Thomas (1973); für die Erklärung und Systematisierung von Informations- und Kommunikationssyste-
   men, vgl. z.B. Malone (1986); Ciborra (1981), (1987) und Picot (1989); für die Erklärung der Entstehung
   von Unternehmen, vgl z.B. Hundsdiek (1987); Schneider (1988); für die Erklärung der Gewinnung innovativer Ideen und der Gestaltung innovationsfreundlicher Organisationsstrukturen, vgl. z.B. Balcerowicz
   (1986); Picot u. Schneider (1988); de Pay (1989); für die Erklärung des Erfolgs und der ökonomischen Bewertung innovativer Unternehmensgründungen, vgl. z.B. Picot, Laub u. Schneider (1989) und Picot,
   Schneider u. Laub (1989); Laub (1989); für die Evolution von Unternehmensgrenzen, vgl. z.B. Williamson
   (1981); Schneider (1991); für die Erklärung von Modernisierungsprozessen von Unternehmen in unterschiedlichen Industrieländern, vgl. z.B. Hotz-Hart (1988); für die Erklärung der Evolution des Marktsy-
   stems, vgl. z.B. Wegehenkel (1981); für die Erklärung von Integrations- und Disintegrations- bzw. make-
   or-buy-Entscheidungen im Automobilbereich, vgl. z.B. Monteverde u. Teece (1982a u. b); Walker u. Weber (1984); Baur (1990a) und den dort auf S. 124 ff. dargestellten Literaturüberblick über empirische Arbeiten; für Integrations- und Disintegrationsentscheidungen im Bereich der Energieerzeugung, vgl. z.B.
   Teece (1976); Joskow (1985), (1987). Vgl. zu einer Zusammenfassung auch Albach (1989), der in seinem
   Sammelband einen Überblick über Anwendungsmöglichkeiten mikroökonomischer Organisationstheorie
   bietet.
2) Vgl. z.B. Schwetlick (1971); Mansfield u. Rapoport (1971); Kern u. Schröder (1977), (1980); Zündorf u.
   Grumt (1982); Beckurts (1983); Brockhoff (1983), (1984), (1988), (1990); Domsch u. Gerpott (1984).
3) Vgl. z.B. Schneider (1988); Picot u. Schneider (1988); Picot, Laub u. Schneider (1989).

6

Zweites Kapitel

Grundlagen zur Bedeutung von Forschung und Entwicklung[4]

1. Charakteristika von F&E

Eine allgemein anerkannte Definition für F&E fehlt bisher in der einschlägigen Literatur. Definitionsprobleme entstehen einerseits primär durch die Heterogenität und Komplexität des Sachverhalts. Andererseits liegen sie in den pluralen Blickwinkeln verschiedener Betrachter sowie der Unterschiedlichkeit der Bezugsobjekte begründet, auf die sich Forschung und Entwicklung im konkreten Fall beziehen können. Definitionsprobleme können letztlich nur durch eine Besinnung auf möglichst weitreichende und allgemein gehaltene Definitionsversuche reduziert werden. Ein sehr weit gefaßter Vorstellungsinhalt liegt beispielsweise der Definition von Kern und Schröder zugrunde:

> „F&E im weitesten Sinne umfaßt dementsprechend alle planvollen und systematischen Aktivitäten, die mit Hilfe wissenschaftlicher Methoden den Erwerb neuer Kenntnisse über Natur- und Kulturphänomene und/oder die erstmalige oder neuartige Anwendung derartiger Kenntnisse anstreben; das Erfordernis der Neuheit bezieht sich dabei auf den Informationsstand der Organisation, die diese Aktivitäten initiiert.“[5]

Die hier angesprochene subjektive Neuheit[6] impliziert, daß die gewonnenen Kenntnisse oder neuartigen Anwendungen bereits im Markt existieren können, jedoch den am F&E-Prozeß beteiligten Personen nicht bekannt sind.

Oft sind F&E-Aktivitäten auch nur insoweit Gegenstand der Betrachtung, als sie

- auf die Gewinnung naturwissenschaftlichen oder technischen Wissens gerichtet sind. Als Ziele eines F&E-Vorhabens könnten dementsprechend die Erstellung neuer und/ oder verbesserter Produkte oder Produktionsvorhaben bzw. die Erschließung neuer Anwendungsmöglichkeiten für bereits vorhandene Produkte bezeichnet werden.[7] Mit einer solchen Abgrenzung geht aber zwangsläufig eine vielleicht etwas verengte Betrachtung von F&E einher, weil administrative, organisatorische oder soziale Forschungs- und Entwicklungsaktivitäten – ähnlich wie beim Innovationsbegriff[8] – aus dem Blickfeld geraten können und als weniger spektakulär und bedeutend in das gesellschaftliche Bewußtsein eingehen.[9]
- von Betrieben (Unternehmungen) durchgeführt werden. Dabei werden als Betriebe alle Arten von Produktionswirtschaften angesehen.[10]

Ein wesentliches Merkmal von F&E-Aktivitäten ist die mit ihrer Durchführung verbundene Unsicherheit.[11] Unsicherheit im F&E-Bereich kann in (prozeß-) interne und externe (Verwertungs-) Unsicherheit getrennt werden:

- (Prozeß-) interne Unsicherheit: Sie bezeichnet z.B. die Unsicherheit über den Erhalt der angestrebten technologisch-physikalischen Kenntnisse im Rahmen der ablaufenden F&E-Prozesse und die Beherrschung der F&E-Prozesse insgesamt. Selbst die Verfolgung der Forderung nach planvollen oder systematischen F&E-Aktivitäten kann dabei nicht ausschließen, daß neben den angestrebten Erkenntnisgewinnen auch ungeplante Erfindungen entstehen können, die aber marktlich grundsätzlich verwertbar sind. In diesem Zusammenhang spricht man vom sogenannten „Serendipitätsrisiko" bzw. „serendity effect"[12].
- Externe (Verwertungs-) Unsicherheit: Sie bezeichnet die Unsicherheit über die ökonomische Verwertbarkeit der erzielten F&E-Ergebnisse im unternehmensinternen und -externen (marktlichen) Bereich.[13]

Vor diesem Hintergrund kann man alle im Interesse der Erhaltung von Handlungsfähigkeit in diesen Unsicherheitsbereichen stehenden Maßnahmen als Promotion bezeichnen.[14] Entsprechend der Unterscheidung zwischen interner Prozeßunsicherheit und externer Verwertungsunsicherheit kann zwischen Prozeß- und Ergebnispromotion getrennt werden. Die Prozeßpromotion soll die internen F&E-Prozesse fördern und am Versanden hindern. Die Ergebnispromotion ist nach außen gerichtet und soll die F&E-Ergebnisse nach außen „verkaufen" bzw. durchsetzen (z.B. gegenüber dem Markt, potentiellen Nachfragern, Kooperationspartnern).

Ferner stellt die Gewinnung des für F&E-Aktivitäten notwendigen neuen technischen Wissens einen dynamischen Prozeß dar. Er vollzieht sich in mehreren Phasen (vgl. Abbildung 1).[15]

Man könnte dem Bereich des Entstehungszyklus Maßnahmen der Prozeßpromotion und dem Bereich des Marktzyklus Maßnahmen der Ergebnispromotion zuordnen. Allerdings ist zu beachten, daß auch innerhalb des Entstehungszyklus Maßnahmen der Ergebnispromotion notwendig werden. So unterliegen beispielsweise auch neue wissenschaftliche Detailergebnisse, die ein singulärer Forscher in einer Forschergruppe im Rahmen des Entstehungszyklus entwickelt, einer gewissen Verwertungsunsicherheit innerhalb des Forschungsteams: Erkennen die anderen Mitglieder des Forschungsteams die Ergebnisse des einzelnen Forschers an? Werden die Forschungsergebnisse unter rivalisierenden Forschern unterdrückt oder gar geheimgehalten? Besitzt der singuläre Forscher die Kommunikationsfähigkeit, um anderen Teammitgliedern seine Ergebnisse kontextuell und kommunikativ adäquat zu übermitteln? Stehen mehrere Detailergebnisse unterschiedlicher Forscher zur Lösung eines bestimmten F&E-Problems miteinander ebenso in Konkurrenz wie die einzelnen Forscher – welches Detailergebnis welchen Forschers soll dann gewählt werden? Vielleicht wird gerade die F&E-Leistung desjenigen Forschers realisiert, der für sein Forschungsergebnis im vorhinein ein positives Akzeptanzklima und Ambiente im Forschungsteam bereitet hat.

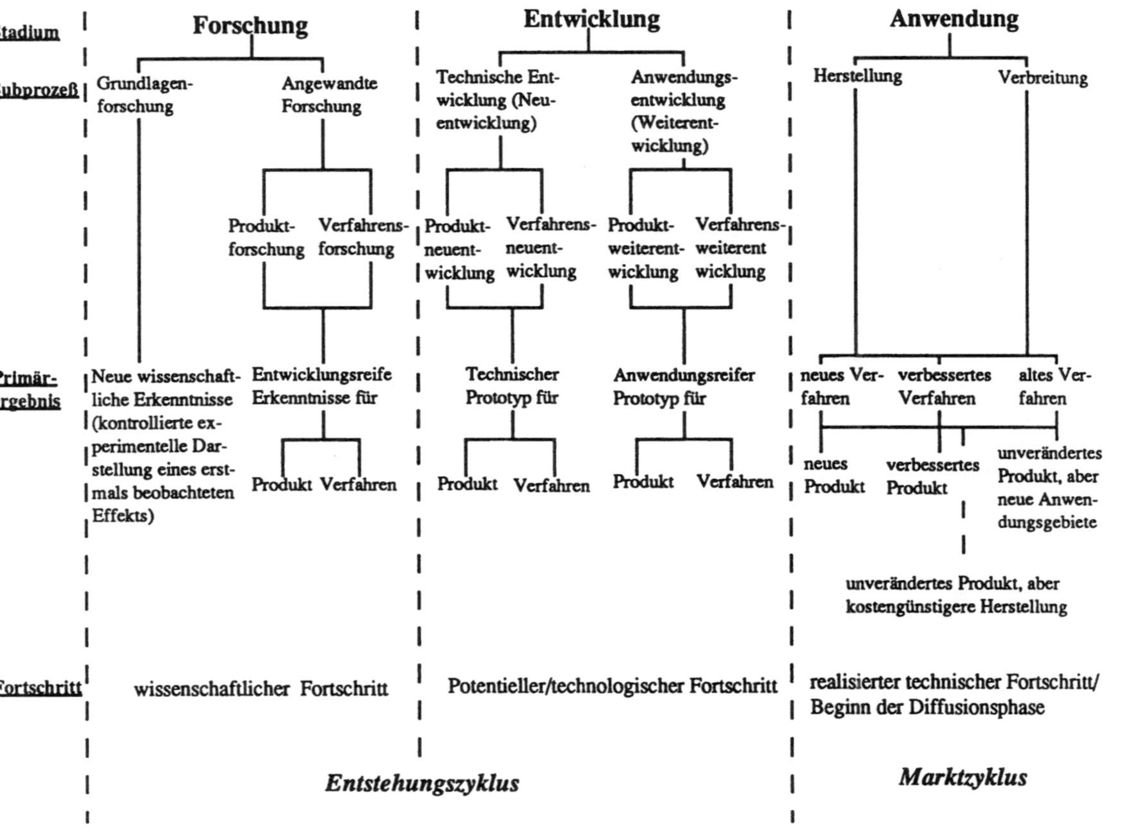

Abbildung 1: Forschungs- und Entwicklungsprozeß

Diese Beispiele machen sehr deutlich, daß auch innerhalb der Prozeßpromotion oftmals auf Maßnahmen der Ergebnispromotion zurückgegriffen werden muß. Und umgekehrt kann man natürlich auch im Verwertungsprozeß auf Maßnahmen der Prozeßpromotion nicht verzichten (z.B. Fort- und Weiterentwicklung von F&E-Ergebnissen und/oder Anpassungen nach ihrem Verkauf an F&E-Anwender).

In ähnlicher Weise lassen sich schließlich F&E-Aktivitäten in drei nacheinander angeordnete Teilbereiche untergliedern, die idealtypisch den „Pfad des Erkenntnisgewinns" abbilden sollen. Danach kann man Grundlagenforschung (basic research), angewandte Forschung (applied research) und Entwicklung (development) unterscheiden (vgl. Abbildung 2).[16]

Zwischen den einzelnen Phasen muß keine zwingende und zeitlich unmittelbare Reihenfolge „im Sinne einer Einbahnstraße"[17] bestehen. Überschneidungen sowie Rückkoppelungen werden in der Praxis stets auftreten. Allerdings sind die Phasen als Stufen eines umfassenden Prozesses zu begreifen, die üblicherweise aufeinander aufbauen oder auch ineinanderfließen. Trotz dieses Mangels ist solch eine Unterscheidung sinnvoll, da jede Phase in unterschiedlicher Weise und mit verschiedenen Intentionen hinsichtlich der Ergebnisse betrieben wird.

In ähnlicher Weise wie oben beschrieben, so könnte man auch hier argumentieren, daß in jeder Phase die Notwendigkeit für Prozeß- und Ergebnispromotion besteht. Die in den vorgelagerten Phasen (Grundlagenforschung) gewonnenen Ergebnisse müssen beispielsweise den nachgelagerten Phasen (angewandte F&E) „verkauft" werden.

2. F&E im Innovationsprozeß

Die Innovationsliteratur hat eine Vielfalt an unterschiedlichen, aber fast nur noch im Detail abgrenzbaren Innovationsprozeßmodellen entwickelt. Darin werden F&E unterschiedlich positioniert.[18] Im engeren Sinne stellen F&E von der Innovation getrennte Aktivitäten dar; im weiteren Sinne sind F&E vorgelagerte Teilphasen eines umfassenden Innovationsprozesses (vgl. Abbildung 3).[19]

Teilbereich	OECD, 1971, 1981	BMFT, 1979	§ 511 Satz 2 Buchst. u. EStG = § 82d II EStDV 1979
Grundlagenforschung	ist ausschließlich auf die Gewinnung neuer wissenschaftlicher Erkenntnisse gerichtet, ohne überwiegend an dem Ziel einer praktischen Anwendbarkeit orientiert zu sein	hat eine Erweiterung der wissenschaftlichen Erkenntnisse zum Ziel, ohne an der praktischen Anwendbarkeit orientiert zu sein	ist Gewinnung von neuen wissenschaftlichen oder technischen Erkenntnissen und Erfahrungen allgemeiner Art
Anwendungsorientierte Grundlagenforschung	-	Grundlagenforschung, die in ihrer Themenstellung durch die praktische Bedeutung des Themas beeinflußt ist	-
Angewandte Forschung	ist ausschließlich auf die Gewinnung neuer wissenschaftlicher oder technischer Erkenntnisse gerichtet. Sie bezieht sich vornehmlich auf eine spezifisch praktische Zielsetzung oder Anwendung	ist überwiegend am Ziel einer praktischen Anwendbarkeit ihrer Ergebnisse orientiert	-
Entwicklung	Nutzung wissenschaftlicher Erkenntnisse, um zu neuen oder wesentlich verbesserten Materialien, Geräten, Produkten, Verfahren, Systemen oder Dienstleistungen zu gelangen (Experimentelle Entwicklung)	Zweckgerichtete Auswertung und Anwendung von Forschungsergebnissen und Erfarungen vor allem technologischer und ökonomischer Art, um zu neuen Systemen, Verfahren, Stoffen, Gegenständen und Geräten zu gelangen (Neuentwicklung) oder um vorhandene zu verbessern	Neuentwicklung von Erzeugnissen oder Herstellverfahren; Weiterentwicklung von Erzeugnissen oder Herstellverfahren, soweit wesentliche Änderungen dieser Erzeugnisse oder Verfahren entwikkelt werden

Abbildung 2: Definitionen unterschiedlicher Teilbereiche von Forschung und Entwicklung

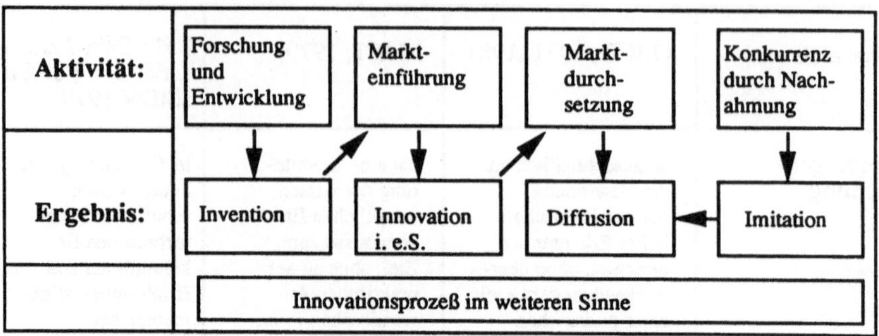

Abbildung 3: Innovationsprozeß im weiteren Sinne

Dabei ist allerdings zu berücksichtigen, daß der hier dargestellte Phasenverlauf einen idealtypischen Innovationsprozeß verkörpert. Zwischen den einzelnen Phasen können z.B. fortwährend sowohl Rückkoppelungen als auch Sprünge auftreten. Die Gestaltung dieses Prozesses wird vor allem von unternehmens- und marktspezifischen Besonderheiten sowie der verfolgten Unternehmensstrategie bestimmt.

Innerhalb dieser groben Phaseneinteilung ist schließlich das Verhältnis zwischen F&E und Invention zu klären. Abbildung 4 verdeutlicht den Zusammenhang zwischen F&E und Invention. Danach stellt die Invention das Ergebnis des F&E-Prozesses dar (vgl. Abbildung 4).[20]

Neueren Datums ist die Zuordnung unterschiedlicher Typen von Wirtschaftssubjekten (Unternehmertypen) zu den einzelnen Phasen des Innovationsprozesses (vgl. Abbildung 5).[21]

Unternehmerische Ideen sind letztlich das Ergebnis der bewußten oder unbewußten Sammlung verschiedener Informationen, die im Rahmen von F&E-Aktivitäten neu gemischt bzw. kombiniert werden.[22] Daher wird vielfach auf die Bedeutung von Informations- und Kommunikationsprozessen für erfolgreiche F&E-Aktivitäten hingewiesen.[23]

In dieser Hinsicht nehmen Informationskoordinatoren verschiedene Informationen auf und interpretieren oder „mischen" sie vor dem Hintergrund ihres subjektiven Kontexts neu.[24] Dabei wird oftmals auf revolutionärem Informationsverhalten (im Gegensatz zum traditionellen Informationsverhalten[25]) aufgebaut. Das Festhalten an traditionellen Informationspools und -verhaltensmustern wird zugunsten von „fremden" Kontexten und „revolutionären" Informationspools überwunden. Informationskoordinatoren bündeln zahlreiche singulär vorhandene und ideenrelevante Informationsfragmente.

> „Durch die Koordinationsleistung eines Informationsbrokers werden zahlreiche Informationsaustausche zwischen den einzelnen Trägern von Informationsfragmenten ersetzt oder bislang wegen prohibitiver Suchkosten nicht zur Kenntnis genommene Informationen erstmals verfügbar. Obgleich in jeder Phase des Innovationsprozesses Informationen gebraucht

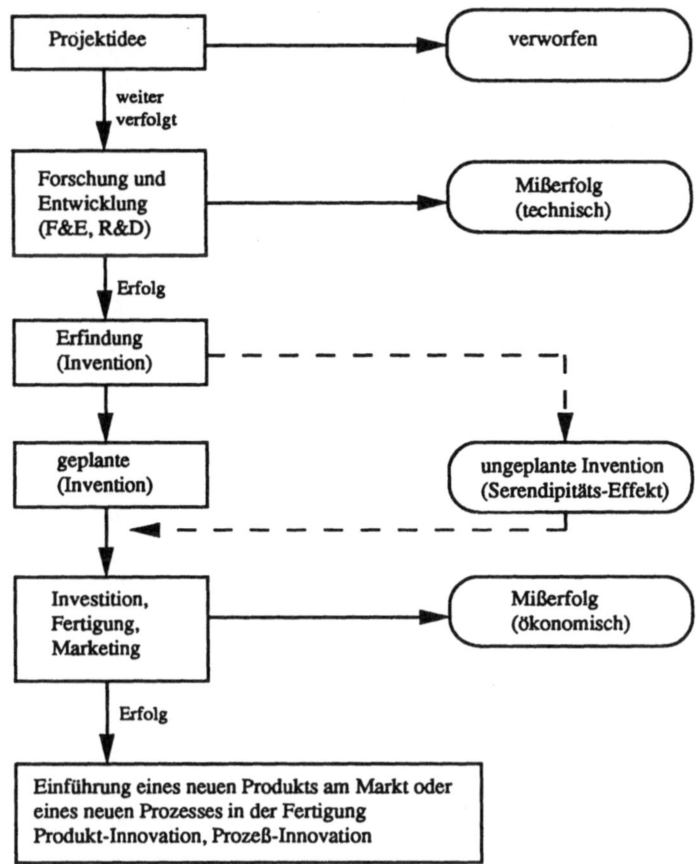

Abbildung 4: Zusammenhang zwischen F&E und Invention

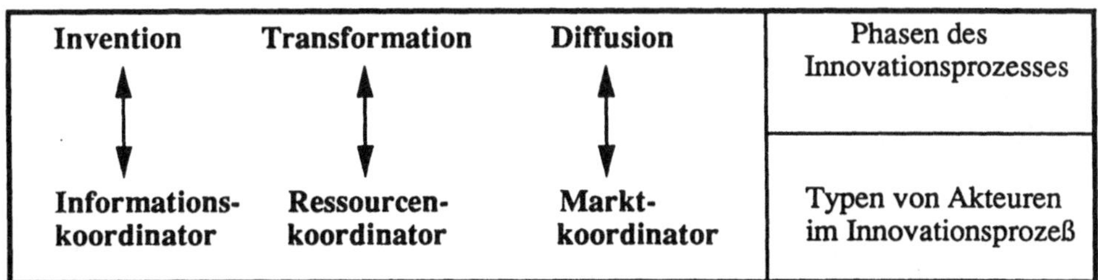

Abbildung 5: Innovationsprozeß und Unternehmertum

werden, ist informationskoordinierendes Unternehmertum insbesondere
für die Ideengenerierung wichtig. Dies gilt nicht nur für den Erwerb des
fachlichen Wissens, sondern vor allem auch für Informationen über die
marktliche Tragfähigkeit einer Idee und potentielle Anwendergruppen."[26]

Hierdurch sichert sich informationskoordinierendes Unternehmertum Informationsvorsprünge gegenüber Rivalen im dynamischen Wettbewerb. Die Koordination von Informationen, die vor allem durch revolutionäres Informationsverhalten gewonnen werden, ist für den Forschungs- und Entwicklungsbereich kennzeichnend.

In der Transformationsphase sind Ressourcen im Hinblick auf die Realisierung der innovativen Idee zu koordinieren. Dies ist das Aufgabengebiet ressourcenkoordinierenden Unternehmertums.

> „Zu den wesentlichen Aufgaben des Ressourcenkoordinators gehört es,
> Entscheidungen darüber zu treffen, welche der für die Realisierung der innovativen Idee notwendigen Teilleistungen von selbständigen Anbietern
> zu erbringen und anschließend im eigenen Bereich zusammenzuführen
> sind (Bezug von Fremdleistungen) und welche Teilleistungen in welcher
> Weise durch die Konzentration verschiedenster Ressourcen innerhalb des
> Unternehmens durchzuführen sind (Eigenerstellung)."[27]

Er hat darüber zu entscheiden, welche Bereitstellungsformen für F&E-Leistungen heranzuziehen sind. Das Spektrum reicht hier von der internen F&E (make) bis zu den verschiedenen Formen der externen F&E (buy; z.B. Lizenznahme).[28] Ressourcenkoordinatoren haben demnach einerseits die für Forschung und Entwicklung notwendigen Ressourcen bereitzustellen. Andererseits haben sie zu entscheiden, welche Organisationsformen (make or buy) zur Anwendung kommen sollen. Sie selbst sind jedoch nur selten Mitglieder von Forschungs- und Entwicklungsabteilungen. Sie sind Organisatoren von F&E und Organisatoren der erstmaligen Realisierung von Outputs (z.B. Prototypen, neue Produkte und Prozesse), die aus den F&E-Aktivitäten hervorgehen.

Marktkoordinatoren organisieren demgegenüber die marktliche Verwertung der F&E-Leistungen. Sie müssen sich zwangsläufig besonders intensiv der Maßnahmen der Ergebnispromotion bedienen. Sie schaffen Markttransparenz und unterstützen die Diffusion von F&E-Leistungen im Markt.

3. F&E im dynamischen Wettbewerb

Innovationen und damit auch vorgelagerte Aktivitäten im Rahmen von F&E bilden eine wichtige Grundlage für die Sicherung der Wettbewerbsfähigkeit im wirtschaftlichen Wandel. Der Organisation von F&E kommt hierdurch unmittelbar unternehmensstrategische Bedeutung zu.

Eine Hauptursache des Wandels von Märkten ergibt sich aus der enormen und ständig noch wachsenden Dynamik.[29] Geradezu turbulente ökonomische und ökologische Veränderungen lassen sich neben anderen Faktoren auf revolutionäre Erfindungen im Bereich der Technik (in der Vergangenheit z.B. vor allem in der Mikroelektronik) zurückführen. Der sich zunehmend schneller vollziehende technische Fortschritt hat infolgedessen eine Verkürzung der Lebenszyklen von am Markt bereits plazierten Produkten bewirkt und zu einer schnelleren Veralterung der Produktionstechnologien geführt.[30] Beckurts weist in diesem Zusammenhang z.B. darauf hin, daß der Anteil der neu entwickelten Produkte am Gesamtumsatz der Siemens AG von 1969 bis 1981 von 38 auf 49 Prozent angestiegen ist.[31]

Für Unternehmen birgt dies zahlreiche strategische Herausforderungen.

> „Die einzige Chance hiervon betroffener Unternehmen, sich gegenüber der Konkurrenz nachhaltig zu behaupten, besteht in der kontinuierlichen Durchsetzung von Innovationen, verstanden als neue bzw. verbesserte Produkte und Verfahren."[32]

Besonders die Dynamik der Märkte und der damit entstehende Innovationsdruck auf die Wettbewerbsfähigkeit stellen hohe Anforderungen an F&E in Unternehmen. Eine strategische Ausrichtung der F&E-Organisation ist notwendig. Denn die Gefahr der Unterschätzung einer neuen Entwicklung und/oder eine Vernachlässigung von F&E hat nicht selten dazu beigetragen, daß ein wichtiger Markt zu spät bemerkt wurde. Das für eine „Aufholjagd" notwendige know-how kann oft nur mit zeitlicher Verzögerung und unter erhöhten Kosten aufgebaut werden. Aufgrund des hohen Innovationstempos der Konkurrenz und den damit verkürzten Lebenszyklen von Produkten und Produktionsverfahren war und ist ein Aufholen in besonders schnell wachsenden Märkten oft grundsätzlich nicht mehr möglich.

Am Beispiel von Siemens, das letztlich repräsentativ für einen Großteil der geringen Reagibilität europäischer Unternehmen ist, zeigen Schwarzer und Hasenbeck die Folgen einer falschen bzw. verzögerten Markt- und Technologieeinschätzung auf.[33] Nach ihren Untersuchungen erkannte das Unternehmen den Wachstumsmarkt für Mikrochips zu spät und vernachlässigte in diesem Bereich F&E-Aktivitäten. Selbst die nachfolgend forcierten F&E-Aktivitäten konnten aufgrund des hohen Innovationstempos in diesem Markt nicht verhindern, daß Siemens erst dann auf den Markt kam, als der Produktlebenszyklus bereits seinen Höhepunkt überschritten hatte und die Preise durch Innovation und nachfolgende Imitation seitens der Konkurrenz am fallen waren (vgl. Abbildung 6.).[34]

Dieses Beispiel zeigt sehr offensichtlich die wettbewerbsstrategische Bedeutung des Informationsvorsprungs im dynamischen und rivalisierenden Wettbewerb zwischen Unternehmen.

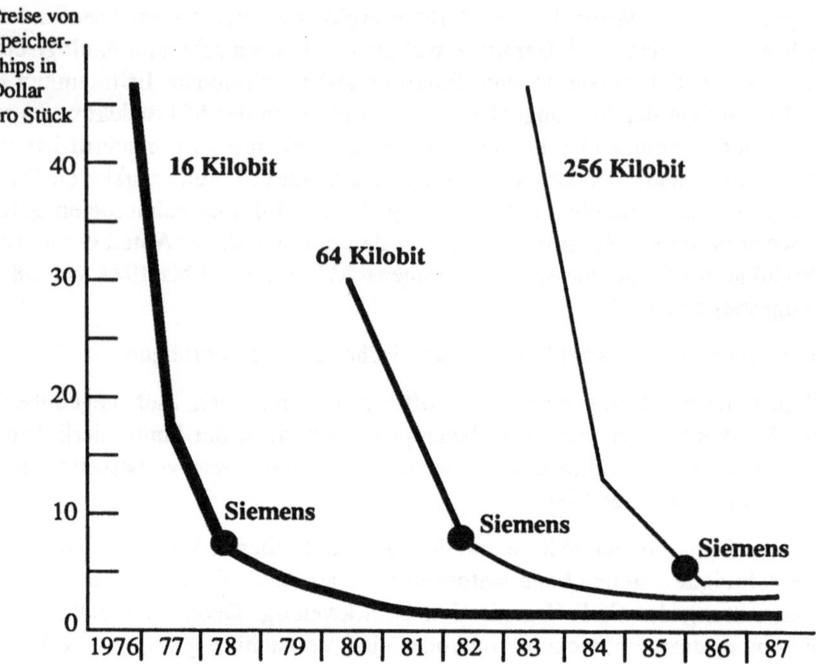

Abbildung 6: Folgen eines zu späten Markteintritts im Bereich der Mikroelektronik, dargestellt am Beispiel von Siemens

4. F&E-Aufwendungen

Auf Informationsvorsprünge basierende Wettbewerbsvorteile können einerseits zufällig, z.B. durch ungeplante Perzeption (Intuition), werden aber andererseits in der Praxis meist doch durch geplante und zielgerichtete F&E erreicht.[35] Innovationen sind demnach entgegen der älteren Ansicht von Schumpeter[36] kein eigenständiger Veränderungsfaktor, sondern Innovationen können zumindest teilweise durch Umfang und Struktur der betrieblichen F&E erklärt werden (vgl. hierzu Abbildung 7).[37]

Die Basis für die Sicherung der Wettbewerbsfähigkeit liegt demnach heute mehr denn je im Bereich von F&E. Die Tatsache, daß der Wertschöpfungsanteil von F&E-Leistungen gegenüber der Fertigung pro Produkt ständig steigt, trägt diesem Trend eindrucksvoll Rechnung.[38]

Es ist daher notwendig und interessant, ergänzend zu skizzieren, welcher Zusammenhang zwischen F&E-Tätigkeit und Innovationsrate in der Realität besteht. Eine wichtige Datenquelle bildet hierfür der „Bundesbericht Forschung"[39] und die in letzter Zeit dazu

16

erscheinenden Faktenberichte.[40] International vergleichende Angaben präsentiert die OECD in ihren Veröffentlichungen.

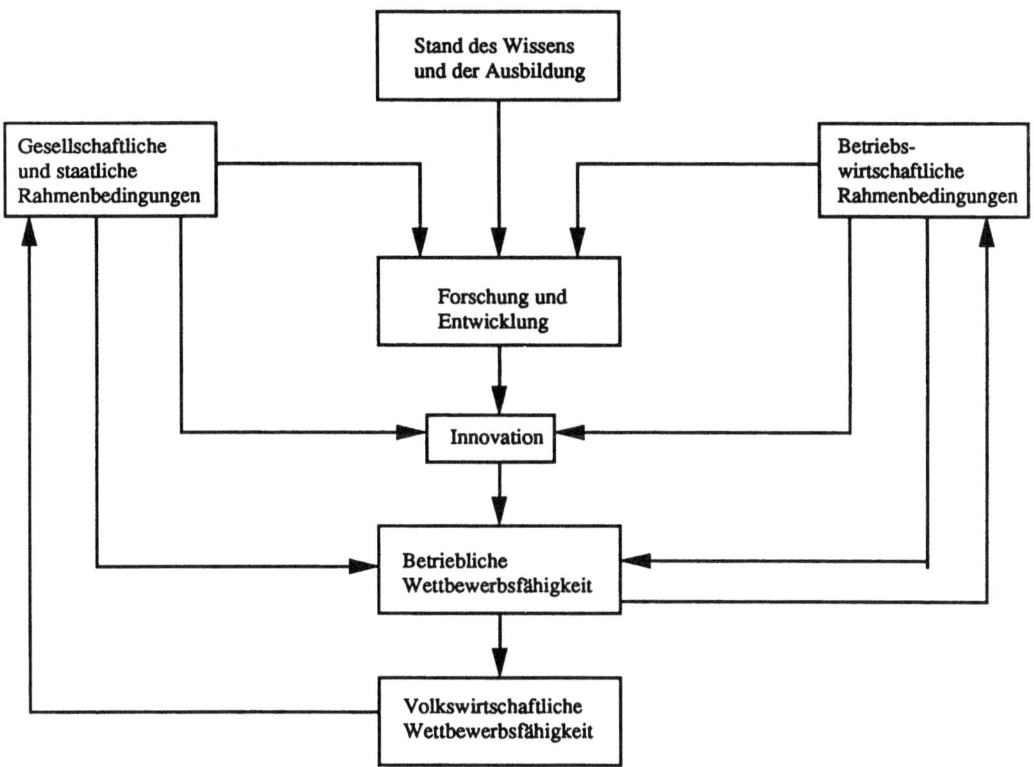

Abbildung 7: Zusammenhang zwischen F&E, Innovation und Wettbewerbsfähigkeit

In diesen Untersuchungen wird vermutet, daß ein Unternehmen durch zunehmende F&E-Ausgaben ein insgesamt höheres technologisches Niveau erreichen kann.[41] Daher wird eine ständige Förderung und Weiterentwicklung des know-hows durch eine geplante F&E-Tätigkeit eine höhere Innovationswahrscheinlichkeit bedingen als ein Verzicht auf F&E. Diese Aussage erscheint trivial und unmittelbar plausibel. Allerdings ergeben sich bei empirischen Erfassungsversuchen zahlreiche Probleme. Vor allem liegen keine vollkommenen Kriterien für die Bewertung der Effektivität von F&E-Anstrengungen vor. Darüber hinaus existiert keine mechanische und stabile Kausalbeziehung zwischen F&E-Aufwand und Innovationen.[42]

Im Rahmen einer Input-/Outputdarstellung (F&E-Aufwand/F&E-Ertrag) kann jedoch versucht werden, für die Intensität von F&E-Aktivitäten eines Unternehmens Meßkriterien zu entwickeln.[43] Dabei stellt neben dem absoluten F&E-Aufwand der relative F&E-Aufwand (z.B. gemessen am Bruttosozialprodukt, Umsatz, Gewinn oder an der

17

Beschäftigtenzahl) eine gute Vergleichsmöglichkeit dar. Für die Erfassung des F&E-Ertrages entwickelte sich vor allem die Anzahl der erteilten Patente als Meßkriterium. Aber auch dieses Kriterium wird in der einschlägigen Literatur kritisch betrachtet.[44]

Dennoch stellen die F&E-Aufwendungen immer noch die wichtigste Meßgrundlage der Innovationsleistung dar. Bei ländervergleichenden Untersuchungen ist allerdings zu vermerken, daß Daten über F&E-Aktivitäten in verschiedenen Ländern bisher noch nicht auf Grundlage strenger und gleichmäßig angewandter Normen erhoben werden.[45]

Daneben hängt die explizite Erfassung der F&E-Aufwendungen u.a. auch von der Unternehmensgröße ab. So existieren bei kleineren und mittleren Unternehmungen oft keine oder nur unzureichende Aufzeichnungen über F&E-Aufwendungen. Auch die Tatsache, daß diese Unternehmen häufig keine eigens ausgewiesenen oder überhaupt keine F&E-Abteilungen besitzen, erschwert die Erfaßbarkeit von F&E-Aufwendungen.[46]

Trotz der beschriebenen Probleme soll mit Hilfe einiger ausgewählter Aussagen und Tabellen ein kurzer Überblick über das Ausmaß und die Bedeutung der F&E-Aktivitäten gegeben werden. Aufgrund der Vielfalt empirischer Erhebungen zu diesem Gebiet[47] soll und kann es sich bei den Abbildungen 8 – 11 nur um einen kleinen Ausschnitt handeln.

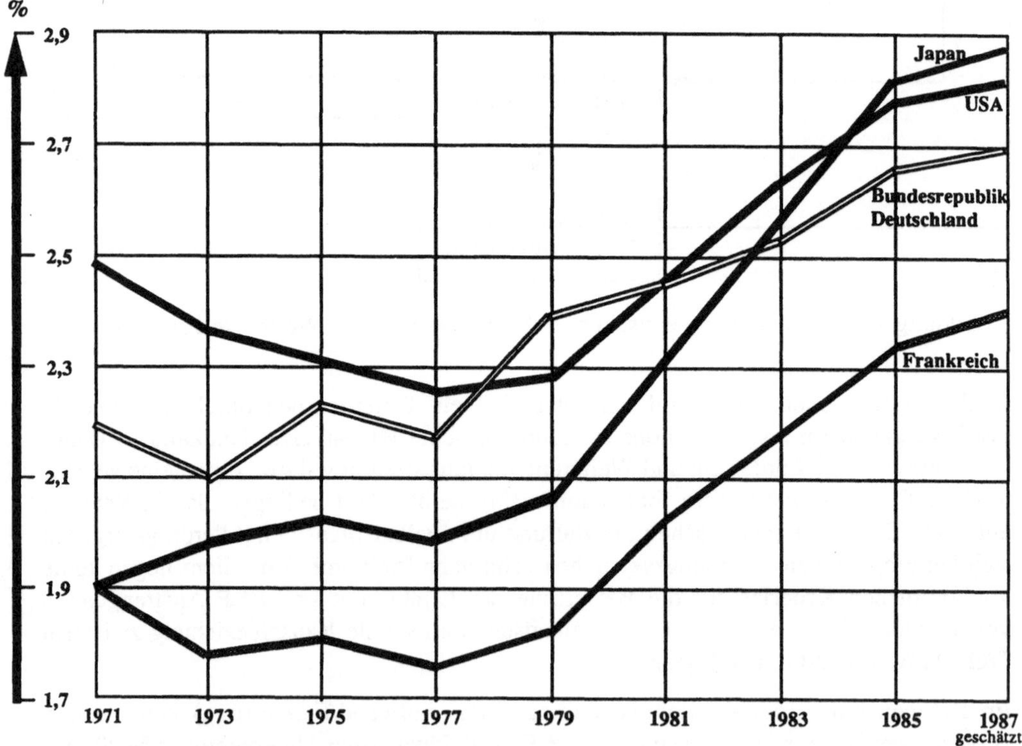

Abbildung 8: Bruttoinlandsausgaben für F&E als Anteil am Bruttosozialprodukt (Vergleich führender Industrieländer 1971 – 1987)[48]

Jahr	F&E-Ausgaben (in Mrd. DM)			gesamte F&E-Ausgaben in vH des BSP	staatliche F&E-Ausgaben in vH des Volumens des staatlichen Gesamthaushalts
	insge-samt	finanziert durch			
		staat-liche	nicht-staatl.		
		Organisationen			
1962	4,5	2,3	2,2	1,3	2,1
1969	12,3	5,7	6,6	2,0	3,3
1978	30,1	13,9	16,2	2,3	3,2

Quelle: eigene Berechnungen und Zusammenstellungen nach BMFT (Hrsg.): Bundesbericht Forschung VI, Tab. 3, S. 390 f., und Übersicht 2, S. 73

Abbildung 9: Ausgaben für Forschung und Entwicklung in der Bundesrepublik Deutschland insgesamt und nach Finanzierungsträgern in den Jahren 1962, 1969 und 1978[49)]

Jahr	durchführender Sektor		
	Wirtschaft	Hochschule	außeruniv. Forschungseinrichtung
1962	54,6	20,3	25,1
1969	59,8	18,4	21,8
1978	63,4	17,4	19,2

Quelle: eigene Zusammenstellung nach BMFT (Hrsg.): Bundesbericht Forschung VI, Tab. 2, S. 389

Abbildung 10: Verteilung der Ausgaben für Forschung und Entwicklung auf Sektoren in den Jahren 1962, 1969 und 1978 in v.H.[50)]

Wirtschaftszweige Beschäftigtengrößenklassen	1983				
	Beschäftigte	Umsatz	F&E- Aufwand		
			insgesamt	je Beschäftigten	Anteil am Umsatz
	1.000	Mio DM	Mio DM	DM	%
1 Energie- und Wasserversorgung, Bergbau	352	109.937	1.940	5.510	1,8
10 Elektriz.-, Gas-, Fernwärme- und Wasserversorgung	137	79.354	1.427	10.430	1,8
11 Bergbau	215	30.583	512	2.380	1,7
2 Verarbeitendes Gewerbe	4.157	810.476	29.733	7.150	3,5
20 Chemische Industrie usw., Mineralölverarbeitung darunter:	598	228.384	7.099	11.880	3,1
Chemische Industrie	596	149.282	6.637	11.670	4,4
21 Herstellung von Kunststoff- und Gummiwaren	132	18.815	520	3.930	2,8
22 Gewinnung und Verarbeitung von Steinen und Erden usw.	125	18.028	344	2.750	1,9
23 Metallerzeugung und -bearbeitung darunter:	405	74.949	882	2.180	1,2
Eisenerschaffende Industrie	241	42.439	400	1.660	0,9
NE-Metallerzeugung usw.	51	16.043	183	3.560	1,1
24 Stahl-, Maschinen- und Fahrzeugbau usw. darunter:	1.593	285.927	11.384	7.150	4,0
Maschinenbau	735	110.663	3.619	4.960	3,3
H. v. Kraftwagen und deren Teilen	626	132.131	4.882	7.800	3,7
Luft- und Raumfahrzeugbau	54	8.489	1.699	31.550	20,0
25 Elektrotechnik, Feinmechanik, Herstellung von EBM-Waren usw. darunter:	980	132.065	8.789	8.970	6,7
Elektrotechnik	745	101.975	7.771	10.430	7,6
Feinmechanik, Optik	83	9.987	483	5.830	4,8
Herstellung von EBM-Waren	130	17.890	460	3.530	2,6
26 Holz-, Papier- und Druckgewerbe	119	20.514	252	2.120	1,2
27 Leder-, Textil- und Bekleidungsgewerbe	81	10.944	117	1.440	1,1
28/29 Ernährungsgewerbe, Tabakverarbeitung	124	50.850	346	2.790	0,7
Restliche Wirtschafts- abteilungen (0,3 bis 8)	1.113	128.529	835	750	0,6
0 bis 8 insgesamt	5.622	1.078.941	32.507	5.780	3,0
Unternehmen mit ... bis ... Beschäftigte					
unter 100 Beschäftigte	243	36.307	2.715	11.150	7,5
100 bis 499 Beschäftigte	664	99.767	3.200	4.820	3,2
500 bis 999 Beschäftigte	318	62.778	1.302	4.090	2,1
1.000 bis 1.999 Beschäftigte	432	95.557	1.879	4.350	2,0
2.000 bis 4.999 Beschäftigte	658	229.820	3.373	5.130	1,5
5.000 bis 9.999 Beschäftigte	419	85.274	2.761	6.590	3,2
10.000 und mehr Beschäftigte	2.887	469.439	17.276	5.980	3,7
insgesamt Unternehmen	5.622	1.078.941	32.507	5.780	3,0

* Daten aus Erhebungen der Stifterverband-Wissenschaftsstatistik GmbH unter Einbeziehung der Daten des F&E-Perso-nalkostenzuschußprogramms (AIF), um Doppelzählungen bereinigt

Abbildung 11: Beschäftigte, Umsatz und F&E-Aufwendungen der Unternehmen nach Wirtschaftszweigen und nach Beschäftigtengrößenklassen[51]

Im Vergleich der relativen F&E-Aufwendungen gemessen am Bruttoinlandsprodukt schneidet die Bundesrepublik Deutschland überdurchschnittlich ab.[52] Die Ausgaben für F&E betrugen in der Bundesrepublik Deutschland im Jahre 1978 30,1 Mrd DM gegenüber 12,3 Mrd 1969 und 4,5 Mrd im Jahre 1962. Der Anteil der Ausgaben für F&E an der Gesamtverwendung des Bruttosozialprodukts stieg damit von 1,3% (1962) über 2,0% (1969) auf 2,3% (1978)[53] und belief sich 1987 auf rd. 57 Mrd. DM. Dies entspricht einem Anteil von 2,7% des Bruttosozialprodukts.[54] Dabei wurden im Jahre 1978 bereits 63,4% der F&E-Aktivitäten im Bereich der Wirtschaft durchgeführt; 1988 lag der Anteil der Wirtschaft bei über 70%.[55] Dies zeigt die hohe und zunehmende Bedeutung der betrieblichen F&E-Tätigkeit.[56]

Der größte Anteil der F&E-Ausgaben wird in der Elektroindustrie (27,3%) und in der Chemischen Industrie (26,7%) eingesetzt.[57] Mit einem durchschnittlichen Anteil der F&E-Aufwendungen am Umsatz von 3% wird die Stellung von F&E als strategische Komponente von Unternehmen deutlich. Überdurchschnittlich hohe Ausgaben weisen hier wiederum die Elektroindustrie (6,7%) und die Chemische Industrie (4,4%) auf.[58] Gerade in diesen Branchen stellt die Dynamik schnell wachsender und sich wandelnder Märkte hohe Anforderungen an die F&E-Leistung der Unternehmen. Informationsvorsprünge haben besonders hier nur temporären Charakter.

Pfeiffer spricht mit Blick auf die enorm ansteigenden F&E-Kosten von einer „F&E-Kostenexplosion". In Anlehnung an Branchenexperten geht er davon aus, daß sich bei technologieorientierten Unternehmen das F&E-Budget auf mehr als 10 Prozent des Umsatzes – bei zunehmender Dynamik des Kostenanstiegs – beläuft.[59]

In den Abbildungen 12 und 13 aufgeführten Aufstellungen werden die 20 bzw. 25 Unternehmen aufgeführt, die in der Bundesrepublik Deutschland absolut und in Prozent vom Umsatz den höchsten F&E-Aufwand betreiben.[60] Die Bedeutung von F&E für das volkswirtschaftliche Wohlergehen, der Zukunftssicherung und der Wettbewerbsfähigkeit kommt auch durch die Forschungsförderung des Staates zum Ausdruck.[61]

Wie die empirischen Befunde zeigen, stellt sich daher für viele Unternehmen nicht die Frage, ob F&E überhaupt betrieben werden soll. In den meisten Fällen kann zwar über das Ausmaß, nicht aber über die grundsätzliche Notwendigkeit und erheblich Strategierelevanz diskutiert werden. Vielmehr stellt sich die Frage, wie F&E-Aktivitäten möglichst effizient organisiert werden können. Dabei ist davon auszugehen, daß ein Unternehmen nicht zwangsläufig die gesamte F&E-Leistung selbst erbringen kann. Es bietet sich eine Vielzahl von Alternativen für die Bereitstellung von F&E-Leistungen an.

Die größten Geldgeber für F&E in Deutschland

Ausgaben in Millionen DM

Unternehmen	1987	1988
1 Siemens Konzern	6211	6480
2 Daimler Benz Konzern	4000	4800
Daimler-Benz AG	2200	2600
3 Bayer Welt	2298	2460
4 Hoechst Welt	2217	2416
5 Volkswagen Konzern	1900	2100
6 BASF Gruppe Welt	1613	1789
7 Bosch Gruppe Welt	1425	1640
Bosch gruppe Inland	1321	1500
Bayer AG	1359	1475
BASF AG	1205	1299
Volkswagen AG	1200	1200
Hoechst AG	1029	1075
AEG AG	929	1090
8 Thyssen Welt	- *	730
9 Alldelphi GmbH	688	-
10 Boehringer Gruppe	665	677
Thyssen Inland	-	670
Deutsche Aerospace	500	653
11 SEL Gruppe	593	643
12 Schering Gruppe	561	630
SEL AG	562	610
13 Ford Werke AG	464	615
14 BBC Konz./ABB Konzern	500	540
15 Nixdorf Computer AG	477	527
MTU Konzern	435	445
16 Mannesmann Konzern Welt	366	442
17 Porsche AG	380	425
Schering AG	390	421
18 MAN Konzern	-	400
19 Boehringer Mannheim	381	380
20 Degussa Konzern	350	375

* keine Angaben

Abbildung 12: Größte Geldgeber für F&E in der Bundesrepublik
Deutschland (in Millionen DM)

Die 25 F&E-intensivsten Unternehmen

F&E-Ausgaben in Relation zum Umsatz in Prozent

Unternehmen	1987	1988
1 Deutsche Aerospace	31,1	34,0
2 Dr. Thomae GmbH	33,3	25,2
3 Boehringer Mannheim	23,9	21,4
4 Hell GmbH	17,7	18,8
5 Porsche AG	11,2	17,1
6 Boehringer Gruppe	17,1	16,3
7 Schering	16,8	16,3
8 Kali-Chemie Pharma GmbH	-	16,0
9 SEL AG	15,1	15,9
10 SEL Gruppe	15,1	15,8
11 AVL GmbH	-	15,0
12 Krone AG	15,0	15,0
13 Merck Gruppe Intern.	14,6	14,8
14 MTU	14,4	13,6
15 Quante GmbH	14,0	-
16 PKI AG	13,3	13,3
17 Biotest AG	12,2	13,3
18 Schering Gruppe	11,9	12,0
19 Siemens Konzern	12,1	10,9
20 Zeiss	9,9	10,7
21 BBC/ABB	10,1	9,9
22 Nixdorf Computer AG	9,4	9,9
23 Berthold AG	10,3	9,6
24 Dräger AG	8,8	9,4
25 Merck Gruppe	9,1	8,8

Abbildung 13: Die 25 F&E-intensivsten Unternehmen in der Bundesrepublik Deutschland (F&E-Ausgaben in Prozent vom Umsatz)

Anmerkungen

4) Forschung und Entwicklung = F&E
5) Kern u. Schröder (1977), S. 16.
6) Vgl. Kern u. Schröder (1977), S. 15.
7) Vgl. Machunsky (1985), S. 4.
8) Vgl. z.B. Picot u. Schneider (1988), S. 109 u. S. 111 f.
9) Diese Problematik sollte hier nur kurz angesprochen werden. In den folgenden Ausführungen wird darauf nicht mehr aufgebaut.
10) Vgl. Kern u. Schröder (1977), S. 16.
11) Vgl. Kern u. Schröder (1977), S. 16 ff.; Brockhoff (1984), S. 161; Viefers (1986), S. 18 – 25.
12) Vgl. z.B. Schanz (1975), S. 452; Brockhoff (1984), S. 161.
13) Vgl. Kern u. Schröder (1977), S. 17.
14) Vgl. z.B. Kirsch (1976), S. 177.
15) Vgl. Kowalski (1980), S. 35.
16) Vgl. z.B. Brockhoff (1983), Sp. 423 – 424.
17) Kern u. Schröder (1977), S. 24.
18) Vgl. z.B. Pfeiffer u. Bischoff (1974), S. 136; Thom (1980), S. 45 – 53; Brose (1982), S. 39 – 52; Schmeisser (1986), S. 18 – 21; Biegel (1987), S. 38 – 43; aus Sicht eines Kulturvergleichs Albach (1990).
19) Vgl. Brockhoff (1988), S. 20.
20) Vgl. z.B. Brockhoff (1988), S. 18 – 20.
21) Vgl. Picot u. Schneider (1988), S. 107; Picot, Schneider u. Laub (1989), S. 366; sowie Picot, Laub u. Schneider (1989), S. 42 f.

22) Vgl. Picot (1986), S.757 f.; Schneider (1991).
23) Vgl. z.B. Pfeiffer (1971), der den Prozeß der technischen Entwicklung als Informationsgewinnungsprozeß beschreibt; vgl. hierzu ferner Maas (1986), der in Anlehnung an Kaufer (1980) von einem Prozeß der sequentiellen Informationssammlung spricht.
24) In diesem Zusammenhang gibt es vielfältige interessante Hinweise auf die Bedeutung von Immigranten für den Zustrom neuen Wissens und die kontextuell unterschiedliche Re-Interpretation (z.B. aufgrund einer anderen Kultur oder eines „fremden" Milieus der Immigranten im Vergleich zur traditionellen Kontextgebundenheit der bereits etablierten Mitglieder einer Gesellschaft) des in einer Gesellschaft bereits vorhandenen Wissens; vgl. z.B. Pennings (1980), S. 149 f.; Smith (1986), S. 24.
25) Vgl. Kirsch (1978), S. 57 – 61.
26) Picot u. Schneider (1988), S. 108.
27) Picot, Laub u. Schneider (1989), S. 35.
28) Vgl. hierzu tiefergehend das dritte Kapitel.
29) Vgl. z.B. Bierfelder (1980), S. 46; Schlarmann (1987), S. 1 ff.
30) Vgl. Schlarmann (1987), S. 1 ff.
31) Vgl. Beckurts (1983), S. 16 f.
32) Schlarmann (1987), S. 1 f.
33) Vgl. Schwarzer (1985), S. 30 ff.; Hasenbeck (1988), S. 37.
34) Vgl. hierzu auch die Ausführungen zu Technologiestrategien im sechsten Kapitel.
35) Vgl. z.B. auch Picot u. Schneider (1988), S. 97; Picot, Laub u. Schneider (1989), S. 108 – 144.
36) Vgl. Schumpeter (1961), S. 91 ff.
37) Vgl. Brockhoff (1988), S. 17.
38) Vgl. hierzu z.B. Zeidler (1983), S. 88.
39) Vgl. Bundesminister für Forschung und Technologie (1988a).
40) Vgl. Bundesminister für Forschung und Technologie (1988b).
41) Vgl. Busch (1987), S. 34.
42) Vgl. Busch (1987), S. 32 ff.
43) Vgl. Wicher (1986), S. 238 ff.; vgl. hierzu ferner Viefers (1986), S. 89 – 94, der zwischen outputorientierten und inputorientierten Meßkonzepten unterscheidet. Danach stellen outputorientierte Konzepte auf die Ergebnisse der F&E-Aktivitäten ab (z.B. Anzahl der Patente, neue Produkte), während inputorientierte Konzepte an der Erfassung der zur Durchführung von F&E-Aktivitäten aufzuwendenden Ressourcen ansetzen (z.B. F&E-Personal, F&E-Kosten).
44) Vgl. z.B. Busch (1987), S. 114 ff.; Corsten (1984), S. 225.
45) Vgl. Brockhoff (1988), S. 44.
46) Vgl. Corsten (1984), S. 225.
47) Zu Darstellungen einiger Studien, die den Zusammenhang zwischen F&E und technologischer Innovation untersucht haben, vgl. z.B. Corsten u. Junginger-Dittel (1983), S. 127 ff.
48) Vgl. Bundesminister für Forschung und Technologie (1988a), S. 24.
49) Vgl. Corsten u. Junginger-Dittel (1983), S. 106.
50) Vgl. Corsten u. Junginger-Dittel (1983), S. 107.
51) Vgl. Brockhoff (1988), S. 55.
52) Vgl. Busch (1987), S. 114; Bundesminister für Forschung und Technologie (1988a), S. 25.
53) Vgl. Corsten u. Junginger-Dittel (1983), S. 105.
54) Vgl. hierzu Hummel (1989), S. 12 f., der sich auf eine Schätzung des Bundesministers für Forschung und Technologie stützt. 1990 lag der F&E-Aufwand bei ca. 63 Mrd. (ca. 2,8% des Bruttosozialprodukts).
55) Vgl. Hummel (1989), S. 14.
56) Vgl. auch Corsten u. Junginger-Dittel (1983), S. 106.
57) Vgl. Corsten u. Junginger-Dittel (1983), S. 36.
58) Vgl. Brockhoff (1988), S. 55. Einen interessanten Überblick über F&E-Quoten verschiedener Branchen liefern auch Krubaski u. Wenzel (1989), 88. Danach werden z.B. im Minicomputerbereich 10 – 12, im Pharmabereich 10 – 15, in der Vermittlungstechnik 14 – 20 und in der Luft- und Raumfahrt 20 – 50 Prozent des Umsatzes für F&E aufgewendet. Zu einer anderen branchenorientierten Darstellung vgl. Reitzle (1988), S. 501. Der Anteil der F&E-Aufwendungen wird dabei z.B. im Maschinenbau auf 2,5 – 3,5, im Fahrzeugbau auf 3 – 5 und in der Chemie auf 3,5 – 7 Prozent vom Umsatz geschätzt.
59) Vgl. Pfeiffer (1983), S. 58.
60) Quelle: highTech (1989), Nr. 10, S. 8.
61) Vgl. Molkenthin (1981), S. 1 ff.; Bundesminister für Wirtschaft (1986), S 11 ff.; Busch (1987), S. 85 ff.; Bundesminister für Forschung und Technologie (1988a), S. 121 ff.; Hummel (1989).

24

Drittes Kapitel

Grundlagen der Organisation von Forschung und Entwicklung

Im folgenden werden im Rahmen eines Deskriptions- und Systematisierungsansatzes die zur Auswahl stehenden Organisationsformen für die Bereitstellung von F&E-Leistungen kurz skizziert. Nicht die Diskussion über die grundsätzliche Präferierung von Koordinationsformen in Abhängigkeit verschiedener Einflußgrößen, sondern ein Überblick über Organisationsalternativen und Hinweise auf einzelne dabei auftretende formspezifische Vor- und Nachteile steht im Vordergrund.

1. Organisationsformen für die F&E-Bereitstellung

Die beispielhafte Systematisierung erhebt keinen Anspruch auf Vollständigkeit. Sie verfolgt lediglich den Zweck, einen globalen Einblick in die verschiedenen Organisationsformen für die Bereitstellung von F&E-Leistungen zu geben (vgl. hierzu überblickweise Abbildung 14).

Bereits durch die Darstellung der alternativen Organisationsformen wird verdeutlicht, daß das Entscheidungsproblem der Wahl der ökonomisch günstigeren Form grundsätzlich auf zwei Ebenen beschrieben werden kann. Die erste Ebene der Alternativen (interne, externe oder kooperative F&E) bezieht sich auf das Entscheidungsproblem, ob eine völlige Integration (interne F&E bzw. Eigenforschung), Auslagerung (externe F&E bzw. Fremdforschung) oder mögliche Mischformen (kooperative F&E) zur Anwendung kommen sollen. Idealtypisch erfolgt auf der zweiten Ebene die Wahl der spezifischeren Ausgestaltung.

1.1. Interne F&E (Eigenforschung)

Im eigenen Unternehmen durchgeführte F&E stellt die Grundform einer Unternehmens-F&E dar. F&E sind bei dieser Form organisatorisch-rechtlich in das Unternehmen eingegliedert. F&E stellen dann einen sachlichen Leistungsbereich des betrachteten Unternehmens dar.[62] Interne F&E setzt demnach den entsprechenden Aufbau eigener F&E-

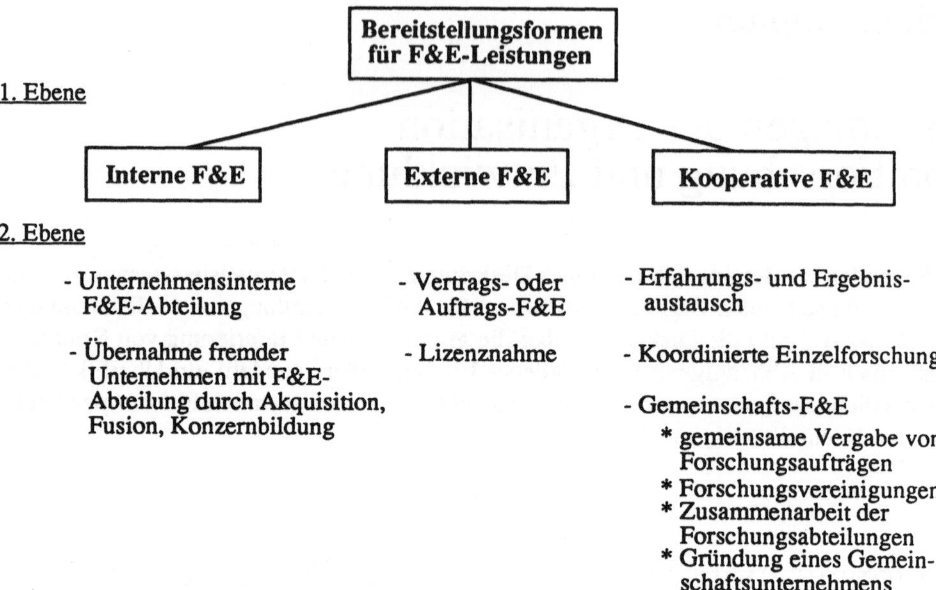

Abbildung 14: Deskriptions- und Systematisierungsansatz der Bereitstellungsformen für F&E-Leistungen

Kapazitäten durch Einrichtung von Labors mit den dazugehörigen Ausrüstungsgegenständen sowie insbesondere auch die Beschaffung des entsprechend qualifizierten Personals (eigene Forscher, Techniker, Versuchsingenieure usw.) voraus.

In der Bundesrepublik Deutschland ist die interne F&E (Eigenforschung) stark ausgeprägt. Durchschnittlich über alle Branchen lag der Anteil der Ausgaben für interne F&E 1985 bei 90,7% gegenüber 9,3% für externe und kooperative F&E zusammen (vgl. Abbildung 15).

Die interne F&E ist demnach die am stärksten vertretene Organisationsform. Einen interessanten Gesichtspunkt stellt die unterschiedliche Möglichkeit der organisatorischen Gestaltung interner F&E dar. Dabei sind zwei prinzipielle Organisationssysteme zu unterscheiden:[64]

– interne Organisation der F&E-Abteilung (intrasystemare Strukturierung, vgl. Abbildung 16)
– Eingliederung der F&E-Abteilung in die Organisation (Stellung in der Gesamtorganisation, vgl. Abbildung 17)

Abhandlungen über die möglichst effiziente Organisation von F&E im unternehmensinternen Bereich (interne F&E) stehen im Mittelpunkt der traditionellen Literatur zum F&E-Management. Über die Gestaltung der internen Organisation von F&E-Abteilungen sind aus unterschiedlichen Perspektiven schon zahlreiche Vorschläge und Konzepte veröffentlicht worden.[65] Daher sollen nur einige Aspekte kurz angerissen

Ausgewählte Wirtschaftszweige

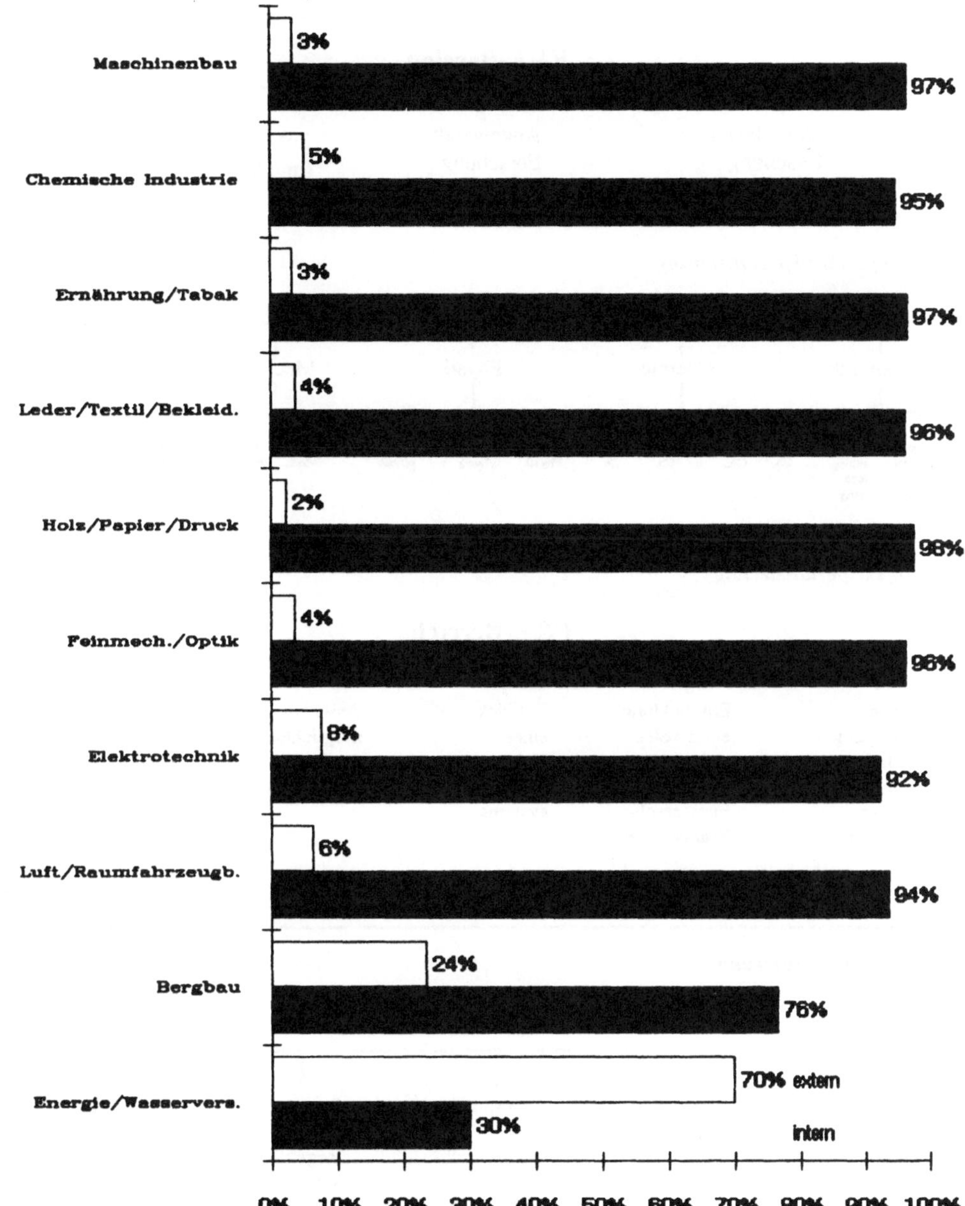

Abbildung 15: Interne und externe F&E-Aufwendungen nach Wirtschaftszweigen[63]

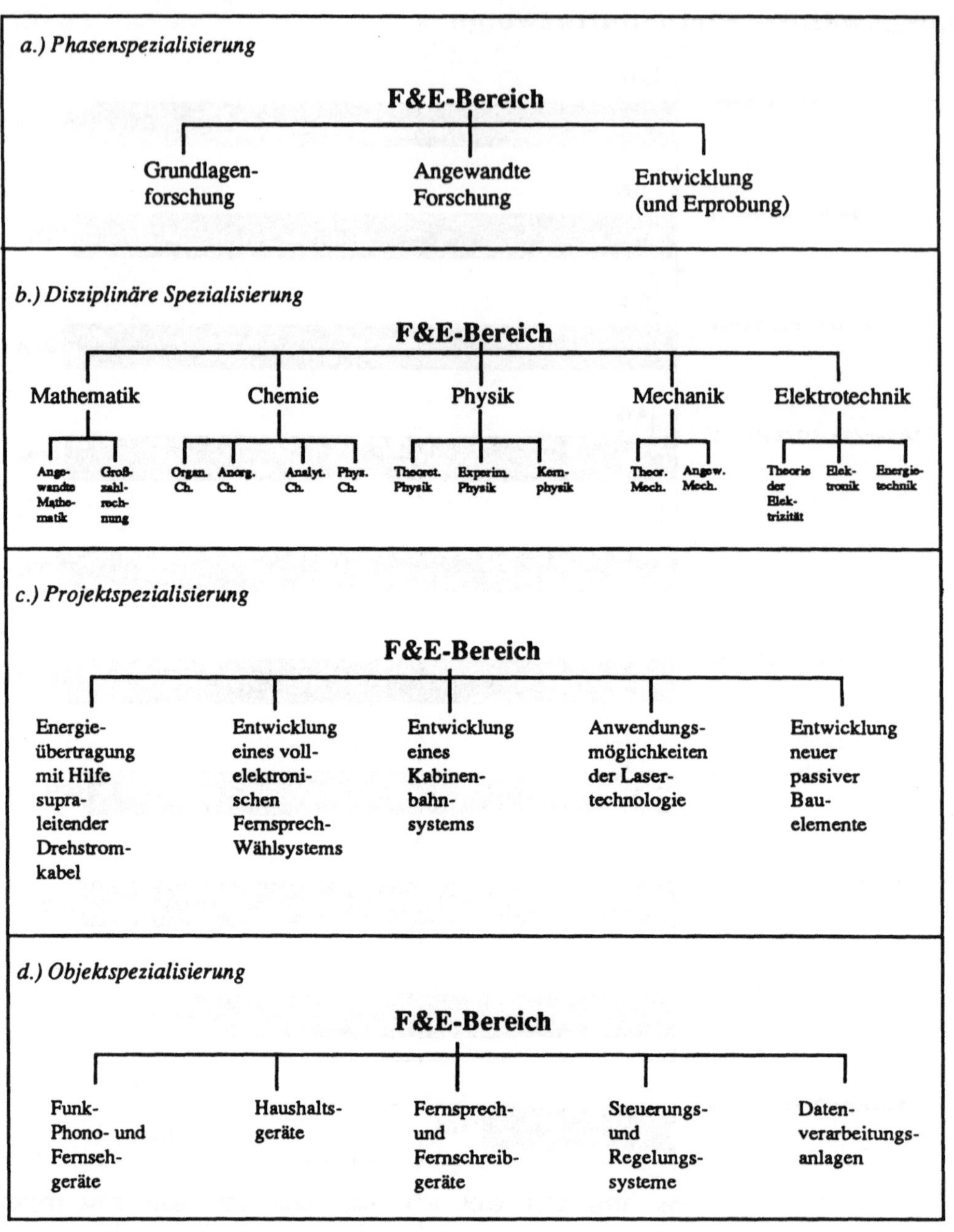

Abbildung 16: Wichtigste Formen der Abteilungsspezialisierung im F&E-Bereich

28

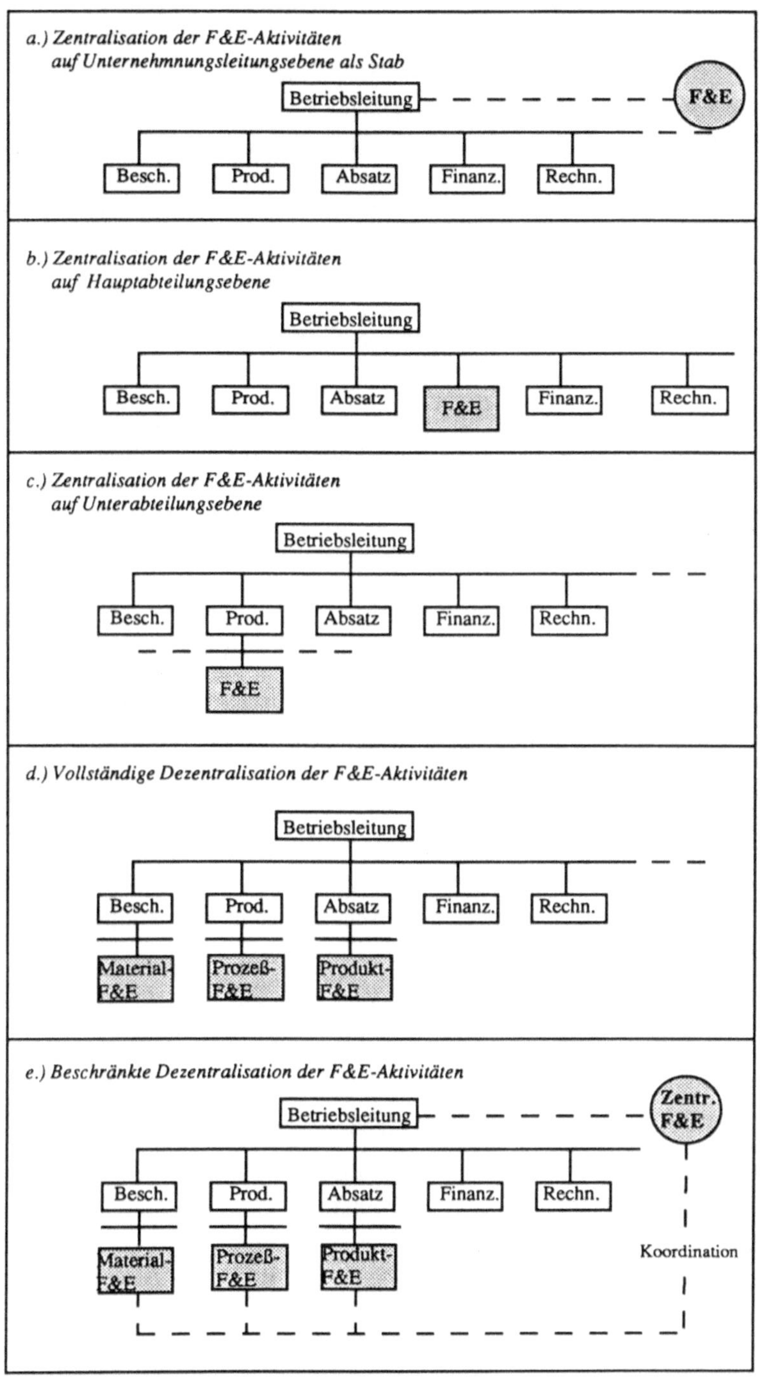

Abbildung 17: Möglichkeiten der Einordnung von F&E in funktionale Organisationen

werden. Ökonomisch-theoretisch fundierte Analysen, die beispielsweise auf transaktionskostentheoretische Elemente aufbauen, liegen dagegen erst spärlich vor.[66]

Die Gestaltungsmöglichkeiten von F&E in Unternehmen haben direkten Einfluß auf die Kosten dieser Organisationsform. Die Eingliederung und interne Gestaltung der F&E stehen beispielsweise in engem Zusammenhang mit dem organisatorischen Aufbau der Unternehmung. Oftmals erfordert eine effiziente Erstellung von F&E-Leistungen in Unternehmen die Überwindung hierarchischer Strukturen, bevor wichtige F&E-Informationen an die entscheidenden Instanzen gelangen. Ein schneller Informationsdurchlauf durch die Organisation ist auch vor dem Hintergrund der Verkürzung von Entwicklungszeiten eine wichtige Voraussetzung. Organisatorisch kann dies durch die Installierung verschiedener Mechanismen unterstützt werden:

Möglichkeiten des organisatorisch verankerten by-passing, wodurch Hierarchieebenen bei Informationsprozessen schnell übersprungen werden können, sind hier ebenso zu nennen, wie teilautonome Gruppen im Rahmen von teamorientierten Organisationsformen, die eine hierarchiefreie Kommunikationssphäre in F&E-Abteilungen von Unternehmen fördern. Hierdurch wird Intrapreneurship im Unternehmen, eine hierarchiefreie Kommunikation und insgesamt ein innovationsfreundliches Klima geschaffen. Durch teilautonome F&E-Teams wird es auch möglich, innovative Akteure von den oftmals bürokratischen Strukturen und widerstandsträchtigen Antagonisten einer Großunternehmung abzuschotten. Unter dem Gestaltungsaspekt interner F&E kann durch diese Maßnahmen ferner die in der Praxis oft beklagte demotivierende Wirkung großer Forschungs- und Entwicklungslaboratorien in Großunternehmen[67] reduziert werden.

Neben den internen Gestaltungsmechanismen werden oft auch die prinzipiellen Vorteile interner F&E dargestellt. Die bessere Möglichkeit der Geheimhaltung von F&E-Ergebnissen, die Erzielung von Lerneffekten aufgrund der Durchführung in eigenen F&E-Abteilungen, intensivere Kommunikation und bessere Abstimmung auf die Unternehmenserfordernisse sowie eine höhere Entscheidungsfreiheit werden in diesem Zusammenhang häufig genannt.

Dem stehen Nachteile gegenüber: Hohes und vor allem selbst zu tragendes F&E-Risiko, beträchtlicher F&E-Aufwand, der meist im Aufbau von Fixkostenpotentialen zum Ausdruck kommt; oftmals unnötig betriebene Parallelforschung, organisatorische Probleme wie Überorganisation, Bürokratisierung und strategische Inflexibilität. Diese Probleme können die Effizienz der F&E-Tätigkeit im eigenen Unternehmen stark in Frage stellen.

Ebenfalls der internen F&E-Politik zugerechnet sei hier die Übernahme fremder Unternehmen mit F&E-Abteilungen, z.B. durch Akquisition oder Konzernbildung.[68]

Diese hier nur angedeuteten Gestaltungsmöglichkeiten interner F&E sowie die beispielhafte Gegenüberstellung der Vor- und Nachteile der Eigenforschung sollen an dieser Stelle bereits darauf aufmerksam machen, daß die Frage, inwieweit eigene F&E betrieben werden soll, einer überlegten Entscheidung bedarf. Sie muß sowohl anhand einer Vielzahl von Kriterien als auch abhängig von bestimmten Situationsgegebenheiten beantwortet werden.

1.2. Externe F&E (Fremdforschung)

Vielfach ist es nicht möglich, allein durch interne F&E das Unternehmen hinreichend mit Wissen zu versorgen. Als Beispiel seien hier Unternehmen genannt, die mit sehr vielen verschiedenen Produkten auf mehreren dynamischen Märkten tätig sind, und denen es oft nicht möglich ist, auf allen interessierenden technologischen Gebieten eine Spitzenstellung zu halten.[69] Die Möglichkeiten der externen F&E können demnach nicht nur ausschließlich, sondern vor allem auch ergänzend herangezogen werden.

Externe F&E-Aktivitäten werden zwar durch das Unternehmen finanziert, aber nicht selbst ausgeführt. F&E-Leistungen werden ausgelagert bzw. von außen bezogen (Fremdbezug von F&E-Leistungen bzw. Fremdforschung und -entwicklung). Die externe Bereitstellung kann sowohl auf Dauer als auch nur zeitweise (z.B. projektbezogen) erfolgen.

Es bieten sich zwei grundsätzliche buy-Alternativen an: Die Vertrags- oder Auftragsforschung und -entwicklung einerseits und die Lizenznahme andererseits.

1.2.1. Vertrags- und Auftrags-F&E

Bei der Vertrags- oder Auftragsforschung und -entwicklung vergibt ein Unternehmen F&E-Aufträge an außenstehende Dritte. Diese übernehmen gegen Vergütung im Rahmen eines Dienstvertrages das vorher festgelegte F&E-Programm und stellen die gewonnenen Erkenntnisse dem Auftraggeber zur Verfügung. Diese Organisationsform für F&E-Leistungen wird daher auch als Vertrags- oder Auftrags-F&E bezeichnet.[70] Die Begriffe Auftrags-F&E und Vertrags-F&E werden meist synonym verwendet.

Als Auftragnehmer treten gewerbliche Unternehmen, insbesondere Ingenieurbüros, sowie Institute und Einrichtungen in öffentlicher (z.B. Institute der Fraunhofer-Gesellschaft oder Hochschulinstitute) und privater (z.B. Battelle-Institut) Trägerschaft auf. Darüber hinaus können die entsprechenden F&E-Aufträge nicht nur von einem einzelnen Unternehmen stammen, sondern auch von mehreren oder einem ganzen Wirtschaftsverband.[71] Hier liegt bereits eine Überschneidung zu Formen der F&E-Kooperation vor.[72]

Grundsätzlich gibt die Auftrags-F&E den Unternehmen die Möglichkeit, z.B. auch bei nicht vorhandenen eigenen F&E-Kapazitäten (v.a. bei kleinen und mittleren Unternehmen) F&E zu betreiben bzw. bei auftretenden Engpässen erforderliche F&E-Vorhaben im Auftrag extern durchführen zu lassen.

Daneben kann die Auftrags-F&E von Bedeutung sein, wenn für das Unternehmen neuartige Probleme oder F&E-Gebiete bearbeitet werden sollen, für die im bestehenden Unternehmen keine finanzielle und/oder know-how-orientierte Basis besteht und/oder auch zukünftig nicht beabsichtigt wird, eine solche aufzubauen. Durch Inanspruchnahme der Auftrags-F&E können z.B. Neuinvestitionen für spezielle technische Geräte und besonders ausgebildetes Personal vermieden werden.[73] Dies ist vor allem auch deshalb ein wichtiger Einflußfaktor, weil damit im Unternehmen zwangsläufig auch ein Aufbau von Fixkostenpotentialen verbunden wäre, die sich nur sehr schwer abbauen lassen (Problem der Kostenremanenz von F&E-Kapazitäten, vgl. hierzu v.a. das sechste Kapitel).

Vielfach bietet die zeitweise Inanspruchnahme externer F&E-Institute auch die Chance, eingefahrene Strukturen im eigenen Unternehmen zu überwinden. Durch neue Lösungsansätze können die oftmals anzutreffende Betriebsblindheit aufgelöst und festgefahrene Lösungskonzeptionen überwunden werden;[74] und/oder man entwickelt zumindest für andere Vorgehensweisen und neuere Wandlungen und Strömungen im F&E-Bereich eine gewisse Sensibilität.

Diesen grundsätzlichen Vorteilen der Vertrags-F&E stehen jedoch auch Nachteile gegenüber. Der Auftraggeber kann den außerhalb der eigenen Unternehmensgrenzen stattfindenden F&E-Prozeß oft nur unzureichend selbst beeinflussen und steuern. Vielfach begibt er sich in die Abhängigkeit des Auftragnehmers. Es besteht außerdem die Gefahr, daß aufgrund unkorrekter oder unvollständiger Information über die speziellen Unternehmensbedürfnisse externe Forscher und Entwickler schwerwiegende Fehlentwicklungen einleiten[75] und die komplexe und spezifische Problemstruktur des Auftraggebers „schablonenhaft vergewaltigt" wird.

In diesem Zusammenhang sei auch auf die Problematik fehlender Lerneffekte im eigenen Unternehmen hingewiesen. Ebenso darf nicht übersehen werden, daß bei den eigenen Mitarbeitern sich eine grundsätzlich ablehnende Haltung oder Geringschätzung gegenüber extern erworbenen Wissenspotentialen formieren kann ("not-invented-here Syndrom").[76] Aus diesem Grund wird von außen bezogenes know-how oft nicht effizient umgesetzt und genutzt. Für viele Unternehmen stellt die Unsicherheit, ob nicht über externe Stellen Betriebsgeheimnisse über neue und zukünftig wachstumsträchtige Projekte allgemein bekannt oder Konkurrenten zugänglich werden könnten, einen weiteren großen Nachteil des Fremdbezugs von F&E-Leistungen dar.

Insgesamt spielt die Auftragsforschung und -entwicklung im Vergleich zur internen F&E in den meisten Wirtschaftszweigen eine relativ geringe Rolle. Der durchschnittliche Anteil der F&E-Ausgaben in der Bundesrepublik Deutschland über alle Branchen bei externer F&E 1985 lag unter 10 Prozent. Dennoch zeigt sich eine steigende Beliebtheit der Fremdvergabe von Forschungs- und Entwicklungsaufträgen. Die Auftragsforschung wird daher von unabhängigen Forschungsinstituten (Fraunhofer Gesellschaft, Battelle-Institut usw.) als noch offener und erfolgsträchtiger Wachstumsmarkt bezeichnet.[77] Durch die Entwicklung zu einer selbständigen Branche mit mehreren anbietenden Institutionen unterliegen die Träger der Auftragsforschung in einer freien Marktwirtschaft genauso wie Unternehmen anderer Produktionszweige zunehmend den Gesetzen eines dynamischen Marktes und rivalisierenden Wettbewerbs.[78]

Neben der internen Hervorbringung und Bereitstellung von F&E-Leistungen und des externen Erwerbs durch Auftragsvergabe besteht auch die Möglichkeit, daß das notwendige Wissen nicht mehr neu erforscht bzw. entwickelt werden muß, sondern daß es im Ergebnis bereits existiert und am Beschaffungsmarkt für F&E-Leistungen erhältlich ist. In diesem Fall kann der externe Erwerb von F&E-Wissen durch Lizenznahme erreicht werden.

1.2.2. F&E-Lizenznahme

Der Zukauf von Lizenzen kann als „Extremfall der externen F&E" angesehen werden. Das Unternehmen wird hier nur insoweit aktiv, als es sich darüber informiert, welche F&E-Leistungen auf dem Beschaffungsmarkt erhältlich sind und unter welchen Bedingungen sie von den ins Auge gefaßten externen Organisationen erworben werden können. Das Lizenzobjekt kann unterschiedlicher Art sein:

> „Lizenzverträge gewinnen zusätzlich dadurch an Bedeutung, daß nicht mehr nur „Erfindungen" (Konstruktionspläne für neue Produkte), sondern auch „know-how" im weitesten Sinne (technisches Wissen, Fertigungsverfahren, Anwendungsmethoden usw.) übertragen werden."[79]

Ist man sich mit dem Beschaffungsmarktpartner einig, werden Lizenzen erworben, die eine Nutzung des fremden Wissens ermöglichen.[80] Es sind sogar ausschließliche Lizenzen denkbar, die dem Lizenznehmer die alleinigen Rechte am erworbenen know-how übertragen. Dabei ist eine Nutzung des Wissens als solches möglich, als auch die Verwendung des erworbenen Wissens als Inputfaktor für darauf aufbauende Forschung und Entwicklung. Die erworbene Lizenz stellt dann einen Baustein eines umfassenden F&E-Projektes eines Unternehmens dar.

Durch den Kauf von Lizenzen mindert sich das Risiko des Käufers: Da das Ergebnis bekannt ist und folglich die Erfolgsträchtigkeit der andernfalls erst noch vorzunehmenden F&E-Aktivitäten nicht mehr abgewartet werden muß, entfällt die eingangs erläuterte prozeßinterne Unsicherheit von F&E. Das Gut „F&E-Leistung" als Ergebnis vorgelagerter „F&E-Aktivitäten" liegt im „marktreifen" Zustand vor.

Für den Lizenznehmer sind vielerlei Kosteneinsparungen denkbar. Die Kosten von Fehlschlägen, für Risikoabsicherung (z.B. Laborversicherung), für Handlungspromotion (Anreize, organisatorische Maßnahmen usw.) werden zwar vom Lizenzgeber in die Lizenzgebühren einkalkuliert. Allerdings unterliegen diese Kostenkomponenten keiner Veränderungsdynamik mehr, die durch Unsicherheit während des F&E-Prozesses eintreten könnte, sondern nur noch „normalen" marktlichen Preisveränderungen. Zumindest der Aufwand für die F&E-Leistung ist für den Lizenznehmer genau abschätzbar. Nicht nur das Gut „F&E-Leistung" liegt im marktreifen Zustand vor, sondern auch sein Marktpreis. Auch das Auslastungsrisiko für fixkosteninduzierende F&E-Investitionen (Gebäude, Labor, Apparaturen, Miete, Personal usw.) tritt nicht auf.[81]

Ein Nachteil dieser Methode liegt darin, daß auch bei der Lizenznahme gekauftes Wissen meist nicht vollständig und korrekt zu übermitteln ist. Während des Prozesses des konkreten know-how-Transfers werden (u.a. durch Kommunikations- und Auffassungsprobleme ausgelöste) Informationslücken und daraus resultierende Anpassungs- und

Transferprobleme auftreten. Besonders hieraus können Probleme der Akzeptanz und Übernahme des neuen know-how durch die internen Mitarbeiter entfacht werden.

1.3. Kooperative F&E

Neben den beiden „extremen" Bereitstellungsformen der internen Durchführung von F&E im eigenen Unternehmen (Eigenforschung) und der vollständigen Auslagerung, d.h. Durchführung von F&E im Rahmen externer Koordinationsformen (Fremdforschung), existiert eine Vielfalt von Mischformen. Diese kooperativen Formen der arbeitsteiligen Bereitstellung von F&E-Leistungen werden im folgenden kurz vorgestellt.

1.3.1. Merkmale

Die F&E-Kooperation kann in Angrenzung zu den beiden vorher genannten Bereitstellungsformen als deren Mischform betrachtet werden. Jedes Unternehmen führt im Rahmen einer F&E-Kooperation einerseits interne F&E durch und nimmt andererseits im gewissen Umfang externe F&E in Anspruch. Der Begriff Kooperation (aus dem lateinischen co(n)-operare = zusammenarbeiten)[82] signalisiert bereits die grundlegende Basis dieser Koordinationsform im Rahmen einer Zusammenarbeit. In der Literatur hat sich bisher noch keine einheitliche Definition durchgesetzt. Es existiert eine ausgeprägte Definitionsvielfalt.[83]

In Anlehnung an eine der allgemeinen Diskussion meist zugrundegelegten Auffassung führt beispielsweise Blohm aus:

> „Im allgemeinen wirtschaftlichen Sprachgebrauch kann jede Art der Zusammenarbeit von Personen und Institutionen im Wirtschaftsleben als Kooperation bezeichnet werden. In der Betriebswirtschaft wird der Begriff jedoch mit einem engeren Sinngehalt gebraucht. Hier versteht man unter Kooperation eine auf stillschweigenden oder vertraglichen Vereinbarungen beruhende Zusammenarbeit zwischen rechtlich selbständigen und in den nicht von der Kooperation betroffenen Bereichen auch wirtschaftlich nicht voneinander abhängigen Unternehmungen."[84]

Eine eingehendere Begriffsbestimmung kann durch Anwendung einiger konstitutiver Merkmale herausgearbeitet werden:

- Die Zusammenarbeit erfolgt nicht innerhalb sondern zwischen Unternehmen und wird daher auch als zwischen- oder überbetriebliche Kooperation[85] bezeichnet.
- Durch Zusammenarbeit wirtschaftlich selbständiger[86] Unternehmen unterscheidet sich die Kooperation von der Koordinationsform konzentrierter Unternehmungen

34

(z.B. Konzern), bei welcher die beteiligten Unternehmen wirtschaftlich in einem Über- oder Unterordnungsverhältnis stehen.[87] Die Übergänge sind jedoch fließend.[88]

Gegenstand der Betrachtung bildet der Bereich der F&E-Kooperation von Unternehmen:

> „Zweck des Zusammenwirkens ist es, gegenüber dem eigenständigen Vorgehen die Wirtschaftlichkeit der Leistungserstellung zu steigern und/oder die Wettbewerbsfähigkeit zu sichern, dabei die Entscheidungsfreiheit der einzelnen Unternehmungen aber weitgehend zu erhalten."[89]

Generelle vorteilhafte Merkmale der F&E-Kooperation bilden die Möglichkeiten, F&E-Aufwendungen zu verringern und das Risiko von F&E-Aktivitäten nicht alleine tragen zu müssen ("pooling" des F&E-Risikos). Außerdem kann es zu einem Pooling des Wissens mehrerer Organisationen bzw. Träger von F&E-know-how kommen. Hieraus können sich u.a. Synergieeffekte ergeben.

Nachteilig können sich Probleme des Wissenstransfers in das Unternehmen, Abstimmungs- und Koordinationsaufwendungen sowie eventuelle Autonomieverluste bzw. Eingrenzungen von Entscheidungsfreiräumen auswirken.

Da die Vor- und Nachteile erheblich davon determiniert werden, welche Ausgestaltung der kooperativen F&E gewählt wird, müssen die unterschiedlichen Erscheinungsformen der F&E-Kooperation voneinander abgegrenzt werden.

1.3.2. Formen

Die Zusammenarbeit von Unternehmen im F&E-Bereich kann auf verschiedene Weise erfolgen. In der Literatur findet sich wiederum eine Vielzahl unterschiedlicher Abgrenzungsmöglichkeiten und Systematisierungsansätze.[90]

Besonders das Abgrenzungskriterium „Bindungsintensität"[91] bzw. Stärke des gegenseitigen Abhängigkeitsverhältnisses zwischen den Kooperationspartnern kommt in diesem Zusammenhang häufig zur Anwendung. Die wichtigsten Kooperationsformen für F&E sind der Erfahrungs- und Ergebnisaustausch, die koordinierte Einzel-F&E und die Gemeinschafts-F&E.[92]

1.3.2.1. F&E-Austausch

Der F&E-Austausch bzw. F&E-orientierte Erfahrungs- und Ergebnisaustausch stellt die Kooperationsform mit der geringsten Bindungsintensität dar. In der Praxis ist diese Möglichkeit der kooperativen F&E am häufigsten anzutreffen (wenn auch nicht explizit, so liegt sie dennoch oft implizit vor). Sowohl technisches Wissen als auch Erfahrungen können Gegenstand der gegenseitigen Vereinbarung sein. Der know-how Transfer kann dabei sehr informellen, kurzfristigen und „lockeren" Charakter haben (geringe Bindungsintensität), aber auch auf eine autorisierte und strukturell festgelegte Weise erfolgen und langfristig angelegt sein (hohe Bindungsintensität).[93]

1.3.2.2. Koordinierte Einzel-F&E

Bei der koordinierten Einzelforschung spezialisieren sich die beteiligten Unternehmen in abgestimmter Form jeweils auf bestimmte Forschungsgebiete.[94] Das F&E-Ergebnis kann durch die zusammenfließenden Einzelbeiträge eine einheitliche Gesamt-F&E-Leistung darstellen, die dann z.B. als Grundlage für die Weiterentwicklung eines oder aller beteiligten Unternehmen gebraucht wird. Die Einzelbeiträge können aber z.B. auch Erfindungen darstellen, die als singuläre Bausteine unmittelbar in einem Endprodukt Verwendung finden.[95]

1.3.2.3. Gemeinschafts-F&E[96]

Bei der koordinierten Einzelforschung und dem Erfahrungs- und Ergebnisaustausch forschen die beteiligten Unternehmen weitgehend selbständig und tauschen ihre F&E-Erfahrungen und F&E-Ergebnisse gegenseitig in einer mehr oder minder koordinierten Form aus. Bei den verschiedenen Erscheinungsformen der Gemeinschaftsforschung und -entwicklung werden dagegen von mehreren Unternehmen gemeinschaftlich Forschungsergebnisse erarbeitet, für die grundsätzlich auch gemeinsame Schutzrechte erworben werden. Die Gemeinschaftsforschung stellt demnach eine engere Form der F&E-Kooperation dar als der Erfahrungs- und Ergebnisaustausch oder die koordinierte Einzelforschung. Sie bietet Unternehmen eine unerschöpfliche Vielfalt an Realisierungsmöglichkeiten gemeinschaftlicher F&E, die den einzelnen unternehmensspezifischen Anforderungen der Kooperationspartner in unterschiedlicher Weise entgegenkommen:

Gemeinsame Vergabe von Forschungsaufträgen[97]

Wie bereits dargestellt, bestehen enge Beziehungen zur Auftragsforschung und kooperativen F&E. In besonderer Weise gilt dies für die gemeinsame Vergabe von Forschungsaufträgen und der externen Auftragsforschung. Bei der gemeinsamen Vergabe schließen sich zwei oder mehrere Unternehmen zusammen, um einen F&E-Auftrag an Dritte (z.B. privates oder öffentliches Forschungsinstitut) zu vergeben.

Forschungsvereinigungen[98]

Forschungsvereinigungen entstehen dann, wenn die gemeinsame F&E „institutionalisiert" wird. Dies bedeutet, daß eigens zu F&E-Zwecken Institutionen gegründet werden. Diese Institutionen bearbeiten F&E-Probleme, die für alle beteiligten Unternehmen von Interesse sind. Oft werden dafür branchen- und industriespezifische Forschungseinrichtungen aufgebaut. Ein Beispiel hierfür ist die Arbeitsgemeinschaft Industrieller Forschungsvereinigung (AIF), deren Forschungsergebnisse grundsätzlich allen Mitgliedern zur Verfügung stehen.[99]

Zusammenarbeit der Forschungsabteilungen[100]

Im Gegensatz zur koordinierten Einzelforschung zielt die Zusammenarbeit der einzelnen Unternehmen in diesem Fall auf die Erarbeitung gemeinschaftlicher Forschungsergebnisse ab. Die einzelnen Forschungsinstitute sind zwar autonom, ihre jeweiligen Interessen bündeln sich aber im gemeinsam verfolgten F&E-Ziel. Oft wird bei dieser Form auch ein gleichzeitiger gemeinschaftlicher Erwerb von Schutzrechten angestrebt.

Gründung eines Gemeinschaftsunternehmens[101]

Nach dem Grad der wirtschaftlichen Selbständigkeit[102] ist zwischen Gemeinschaftsunternehmen zu unterscheiden, die mit vollen Unternehmensfunktionen und wirtschaftlich selbständig arbeiten, und Gemeinschaftsunternehmen, denen nur Teile der Gesellschaftsunternehmen übertragen werden (beispielsweise gemeinschaftliches Forschungsunternehmen). Problematisch ist dabei, daß die Gründung eines Gemeinschaftsunternehmens für F&E alleine oft als nicht sehr sinnvoll angesehen wird. Auch Produktion und Vertrieb werden daher bei dieser Art meist gemeinsam durchgeführt. Da dies unter Umständen zu einer Verzerrung des Wettbewerbs führen kann, zieht die Gründung eines Gemeinschaftsunternehmens häufig eine genaue wettbewerbsrechtliche Prüfung durch die zuständigen Kartellbehörden nach sich.[103]

2. Resümee

Die Systematisierung und kurze Beschreibung erbrachte eine kasuistische Bündelung von Bereitstellungsformen für F&E-Leistungen wie sie für viele Veröffentlichungen kennzeichnend ist. Ebenso kasuistischen Charakter kann man dabei der Aufzählung der jeweiligen Vor- und Nachteile der verschiedenen Bereitstellungsformen zuordnen. Was vor allem fehlt, ist eine für das praktische F&E-Management einfache, aber an übergeordneten ökonomischen und vor allem an strategierelevanten Kriterien orientierte Einordungsheuristik für die beschriebenen Bereitstellungsformen, anhand derer man gleichzeitig die jeweiligen Vor- und Nachteile systematisch und vor allem theoriegeleitet diskutieren kann. Unter der Zielsetzung, einige erste Ansätze für eine solche Vorgehensweise aufzuzeigen, stehen die folgenden Kapitel.

Anmerkungen

62) Vgl. Schwetlick (1971), S. 38.
63) Diese Zahlen wurden selbst errechnet. Zu den absoluten Werten vgl. Bundesminister für Forschung und Technologie (1988a), S. 375.
64) Vgl. Kern u. Schröder (1980), Sp. 709 ff.
65) Vgl. hierzu die in Fußnote 2 angegebene Literatur.
66) Vgl. z.B. Leipold (1978); Balcerowicz (1986); Schneider (1988), S. 112 – 151; Schneider u. Zieringer (1991).
67) Vgl. z.B. Mueller (1986), S. 110.
68) Vgl. Guiniven u. Fisher (1987), S. 12 ff.
69) Vgl. Mittag (1985), S. 86 ff.
70) Vgl. Zenz (1980), S. 105; Brockhoff (1984), S. 163.
71) Vgl. Bartenbach (1985), S. 10 f.
72) Vgl. hierzu Abschnitt 1.3. in diesem Kapitel.
73) Vgl. Pfeiffer (1970), S. 90.
74) Vgl. Weiss (1985), S. 157.
75) Vgl. Kern u. Schröder (1977), S. 54.
76) Vgl. Kern u. Schröder (1977), S. 303.
77) Vgl. o. V. (1980), S. 34.
78) Vgl. Pfeiffer (1970), S. 89.
79) Hoepfner (1974), S. 333.
80) Vgl. Schmalen (1980), S. 1077 ff.
81) Vgl. Schmalen (1980), S. 1077 ff.
82) Vgl. Rasche (1970), S. 17.
83) Vgl. Benisch (1969), S. 59 ff.; Knoblich (1969), S. 501; Schneider (1973), S. 50 f.; Strebel (1983), S. 59; Tröndle (1987), S. 13 – 23.
84) Blohm (1980), Sp. 1112.
85) Vgl. Blohm (1980), Sp. 1112.
86) Vgl. Schneider (1973), S. 39 ff.; Blohm (1980), Sp. 1112 f.
87) Zu weitergehenden Ausführungen über die Abgrenzung zwischen Kooperation und Fusion vgl. Rasche (1970), S. 23.
88) Vgl. Blohm (1980), Sp. 1112 f.
89) Blohm (1980), Sp. 1113.
90) Vgl. Benisch (1969), S. 82 ff.; Knoblich (1969), S. 505 ff.; Rasche (1970), S. 33 ff.; Kern u. Schröder (1977), S. 19; Schneider (1973), S. 120 ff.; Küting (1983), S. 16 ff.; Strebel (1983), S. 61; Bartenbach (1985), S. 7 ff.; Rotering (1990).
91) Vgl. Benisch (1969), S. 84; Knoblich (1969), S. 509 f.; Strebel (1983), S. 61; Machunsky (1985), S. 5.
92) Zu dieser Unterteilung vgl. z.B. Machunsky (1985), S. 5 ff.; Bartenbach (1985), S. 5 – 10 sowie die dort jeweils angegebenen Literaturhinweise.
93) Vgl. Machunsky (1985), S. 6 f.; ferner v. Hippel (1987).
94) Vgl. Machunsky (1985), S. 7.
95) Vgl. Bartenbach (1985), S. 8.
96) Vgl. z.B. Ziebart (1983), S. 10; Machunsky (1985), S. 9 ff.
97) Vgl. Machunsky (1985), S. 9 f.
98) Vgl. Machunsky (1985), S. 10.
99) Vgl. hierzu die zahlreichen Beiträge in der Zeitschrift Forschung und Entwicklung, die von der AIF herausgegeben wird.
100) Vgl. Machunsky (1985), S. 11.
101) Vgl. Machunsky (1985), S. 12 ff.
102) Vgl. Benisch (1969), S. 225 f.
103) Vgl. Benisch (1969), S. 26 und S. 70 ff. und S. 158 ff.; Rasche (1970), S. 29 ff.; Machunsky (1985), S. 36.

Viertes Kapitel

Ökonomisch-theoretische Grundlagen für das Organisations-Management von Forschung und Entwicklung

In diesem Kapitel werden in einem kurzen Überblick allgemeine ökonomisch-theoretische Grundlagen für die Organisation von Forschung und Entwicklung aufgezeigt. Dabei stellt sich vor allem die Frage, auf welche zentralen ökonomischen Elemente sich die Analyse von Organisationproblemen zurückführen läßt.

1. Grundlagen eines ökonomisch-theoretischen Organisationsansatzes für F&E

Bereits im einführenden Kapitel wurden Gründe für eine ökonomisch-theoretische Fundierung der Analyse von Organisationsproblemen im Forschungs- und Entwicklungsbereich aufgeführt. Sie brauchen daher an dieser Stelle nicht mehr weiter ausgeführt werden. Allerdings ist zu konkretisieren, auf welchen grundlegenden ökonomischen Elemente und Beziehungen ein ökonomischer Theorieansatz aufzubauen wäre, der auch für das praktische F&E-Management eine weitreichende und heuristische Organisationsperspektive darstellen kann. Erst wenn sich solche basale ökonomische Theorieelemente und Beziehungen identifizieren lassen, kann sich letztlich ein allgemeiner Theorieansatz für die Organisation unternehmerischer Aktivitäten allgemein und eine theoriefundierte Organisationsperspektive für das F&E-Managment in der Unternehmenspraxis im besonderen Fall etablieren.

Folgende ökonomische Theorieelemente sind hierfür grundlegend:

Tausch

In der klassischen Nationalökonomie hat bereits Adam Smith auf die zentrale Bedeutung des Tauschs für den ökonomischen Wohlstand von Volkswirtschaften hingewiesen. Mit dem Einzug der Mathematik in die Nationalökonomie mußte allerdings im Zuge der Etablierung der Neoklassik ein Großteil klassischen Denkens geopfert werden.[104] Obgleich aber Tauschprozesse im neoklassischen Modelldenken nur in einer sehr vereinfachten Weise behandelt werden, so baut die auf die mathematisch orientierte Grenznutzenschule basierende Neoklassik dennoch auf dem Tauschparadigma auf. Auch die Neoklassik begreift den Tausch als grundlegendes ökonomisches Theorieelement. Tauschprozesse laufen in und zwischen Unternehmen ab. Sowohl im intraorganisatorischen als auch im interorganisatorischen Bereich werden F&E-Leistungen ausgetauscht. Tauschprozesse bestimmen die Beziehungen zwischen einzelnen Wirtschaftssubjekten und Unternehmen in einem ökonomischen System.

Akzeptiert man den Tausch als zentrale ökonomische Grundkategorie, so lassen sich daraus unmittelbar weitere grundlegende ökonomische Theorieelemente ableiten:

Güterknappheit

Zunächst gerät die Knappheit von Gütern in das Blickfeld. Tausch bildet die Grundlage für die Minderung von Knappheit, d.h. für die Verbesserung von Wohlstandspositionen. Knappheitsüberwindung ist der Anreiz für das Eingehen von Tauschbeziehungen zwischen einzelnen Wirtschaftssubjekten, Unternehmen und Volkswirtschaften. Tausch ist nicht notwendig, wenn Wirtschaftssubjekte keine Knappheit empfinden und mit dem erreichten Status Quo an Gütern zufrieden sind. Das Knappheitsargument ist im Zuge von F&E-Prozessen vielfach anzutreffen. Einerseits stellen ökonomisch verwertbare F&E-Leistungen selbst knappe Güter dar; andererseits sind in der Regel auch die Güter knapp, die in F&E-Prozesse allokiert werden.

Arbeitsteilung

Darüber hinaus besteht dort keine Notwendigkeit für Tausch, wo Selbstversorgertum vorherrscht. Dies gilt wiederum auf der Ebene von einzelnen Wirtschaftssubjekten ebenso wie auf der Ebene von Unternehmen und Volkswirtschaften. Erst bei arbeitsteiliger Organisation einer Wirtschaft gewinnt der Tausch an Bedeutung. Arbeitsteilung resultiert aus ökonomischen Effizienzüberlegungen und trägt zur Steigerung gesellschaftlichen Wohlstands bei. Angesichts des Verhältnisses der F&E-Kosten von ca. 90 % an interner F&E und 10 % an externer F&E kommt die geringe Arbeitsteilung im F&E-Bereich zum Ausdruck. Ob die Dominanz der internen F&E ökonomisch effizient ist, kann nur mit Blick auf spezifische Vor- und Nachteilskalküle beantwortet werden. Allerdings sprechen viele Gründe dafür, daß eine zu starke Dominanz der internen F&E und damit eine potentielle Vernachlässigung der interorganisatorischen Arbeitsteilung unternehmensstrategisch bedrohlich ist.[105]

Insgesamt ist damit auf das nächste zentrale Theorieelement hingewiesen: Arbeitsteilung.

> „In der Tat leitet sich die ... Kennzeichnung vom Wirtschaften aus dem Gedanken ab, daß Wirtschaften (Bestimmung und Anwendung von Tauschverhältnissen) erst zum Problem wird durch die Arbeitsteilung unter den Menschen, denn Arbeitsteilung unter Menschen führt nur dann zur Verbesserung ihres Wohlstandes, wenn die jeweiligen Leistungen gegeneinander getauscht werden."[106]

Damit arbeitsteilig produzierte Güter getauscht werden können, müssen Informationen über Tauschpartner und deren Güter eingeholt werden. Information und Kommunikation sind demnach notwendige Bedingungen für Tauschprozesse zwischen Wirtschaftssubjekten. Es kann davon ausgegangen werden, daß durch die Unterschiedlichkeit der zwischen den Wirtschaftssubjekten zu transferierenden Güter auch die zur Anbahnung und Aufrechterhaltung der Tauschprozesse notwendigen Informations- und Kommunikationsprozesse unterschiedlichen Charakter haben. Der Transfer von F&E-Leistungen in einem ökonomischen System löst größere Informations- und Kommunikationsprobleme aus als der Transfer standardisierter Güter. Bereits aus dieser kurzen Andeutung wird unmittelbar ersichtlich, daß somit verschiedene Tauschobjekte und -prozesse auch unterschiedliche Ressourcenverzehre (z.B. in Form von Aufwendungen für Informations- und Kommunikationsprozesse) mit sich bringen.

Ressourcenverzehr des Tauschs

Schließlich ist auf die grundlegende Bedeutung von Zeit und andere Ressourcenverzehre hinzuweisen, die durch Tauschprozesse ausgelöst werden. Tauschprozesse haben eine zeitliche Ausdehnung und verursachen Ressourcenverzehr. Man denke in diesem Zusammenhang auch an die Zeit- und Kostenintensität von Informations- und Kommunikationsprozessen, welche die Tauschbeziehungen zwischen Transaktionspartnern im F&E-Bereich vorbereiten und überlagern.

2. Theorieelemente in ökonomischen Organisationsansätzen

In welcher Weise werden die grundlegenden Theorieelemente in verschiedenen ökonomischen Ansätzen berücksichtigt? Diese Frage soll für das herrschende ökonomische Paradigma, die Neoklassik, und die sogenannte Transaktionskostentheorie, die heute zunehmend Eingang in das ökonomische Denken findet, beantwortet werden.

2.1. Neoklassik

Für die Etablierung der Neoklassik ab etwa 1870, unter der die klassische Nationalökonomie zu bröckeln begann, waren die Arbeiten von Jevons in England, Walras in Frankreich und Menger in Österreich ausschlaggebend. Die durch diese Autoren vorangetriebene Grenznutzenschule lieferte ein marginalanalytisches Instrumentarium für eine mathematisch orientierte Modelltheorie. Besonders die Bestimmung von gleichgewichtigen Tauschverhältnissen stand und steht heute noch im Vordergrund des neoklassischen Denkens.[107)

Die Berechnung von Marktgleichgewichten erfolgt dabei (meist) unter den Bedingungen der vollkommenen Konkurrenz. Der Ablauf von Tauschprozessen wird dadurch jedoch sehr verkürzt und wenig realitätsnah beschrieben. Dazu gehört die Unterstellung eines atomistischen Markts (Polypol, Mengenanpasserprinzip), eines vollkommenen Markts (Homogenität der Güter und vollständige Markttransparenz) und eines freien Marktzutritts (keine institutionelle oder informatorische Marktzutrittsbarrieren, kostenlose Tauschprozesse).[108)

Preise übernehmen in dieser Modellwelt die Diffusion sämtlicher für die Tauschprozesse notwendigen Informationen und zeigen das Ausmaß der Knappheit der Güter an. Über das Ausmaß der Güterknappheit ist ferner jedes Wirtschaftssubjekt genau informiert, weil von vollkommener Information ausgegangen wird und Preise in der Neoklassik eine vollkommene „Informationsstatistik" im Sinne von v. Hayek darstellen.[109) Es gibt keine „unentdeckte Knappheit". Preisdifferentiale zeigen unabgestimmte Märkte sofort an. Solange Preisdifferentiale bestehen, ist noch kein Marktgleichgewicht eingetreten. Es besteht noch ein Freiraum für Tauschbeziehungen, die von einem fiktiven Auktionator „... bzw. innerhalb sogenannter walrasianischer tatonnement-Prozesse simultan und ohne Zeit- oder anderen Ressourcenaufwand adjustiert ..."[110) werden.

Unternehmer, welche in der Realität über schöpferische Zerstörung[111) und ausgeprägte Findigkeit[112) den dynamischen Wirtschaftsprozeß durch Kreativität, Intuition, Innovationsfreudigkeit und die ständige Suche nach ausnutzbaren Gewinngelegenheiten am Leben erhalten, degradieren in der Neoklassik zu maximierenden Reaktionsautomaten.[113)

Aufgrund vollkommener und symmetrischer Information können einzelne Marktteilnehmer auch keine Informationsvorteile haben. „Das Auftreten erstmaliger Informationen bzw. innovativen Wissens ist aus einer Sichtweise, die von vollkommener Information ausgeht und eine Welt beschreibt, die einem geschlossenen System entspricht, nicht erklärbar."[114) Schon allein aus diesem Grunde kann in einer neoklassischen Betrachtung die Untersuchung von F&E-Aktivitäten, durch die man in der Realität ja versucht, ökonomisch verwertbare Informationsvorteile im dynamischen Wettbewerb zu erreichen, nicht zu einem untersuchungsrelevanten Problem werden. Auch in dieser Hinsicht weist die Neoklassik ein Defizit auf.

Die Unternehmung als arbeitsteilig organisiertes sozio-technisches System, in dem unterschiedliche Transaktionsbeziehungen in organisierter Form ablaufen, wird darüber hinaus einer Produktionsfunktion gleichgesetzt. Damit geht auch der Blick dafür verloren, daß Unternehmen im Rahmen einer vertikal angeordneten Produktionsstruktur eingebunden sind und ihre Unternehmensgrenzen auf den Beschaffungs- und Absatzmärkten in Abhängigkeit unterschiedlicher Einflußgrößen immer wieder neu organisieren und definieren müssen. Damit wird auch eine zwischen einzelnen Unternehmen arbeitsteilige Organisation von F&E-Prozessen, die durch vielfältige Austausch- und Informations- und Kommunikationsprozesse überlagert wird, nicht untersuchungsfähig. Eine solche Interpretation von Unternehmen negiert daher nicht nur die Existenz von Tauschprozessen zwischen und in Unternehmen; sondern sie negiert auch die institutionellen Strukturen, die gleichsam die Infrastruktur für Tauschbeziehungen in einem ökonomischen System darstellen.[115] „Die Produktionsfunktion bildet das einzige Bindeglied zwischen Input und Output".[116]

Die einseitige Unterstellung von marktlichen Koordinationsmustern unter Ausschluß institutioneller Regelungen (neoklassisches „institutionelles Vakuum"[117]) abstrahiert insbesondere von hierarchischen Transaktionsbeziehungen (in der Unternehmung). Besonders vor dem Hintergrund der F&E-Problematik wirkt diese Sichtweise äußerst reduzierend und realitätsfern. Denn ihre Anwendung würde bedeuten, daß F&E-Aktivitäten ausschließlich durch einzelne und voneinander unabhängigen Wirtschaftssubjekten realisiert und deren Ergebnisse (F&E-Leistungen) ausschließlich marktlich und unabhängig von einem institutionellen Rahmen zwischen Wirtschaftssubjekten transferiert und verwertet würden.

Ein Großteil der im dritten Kapitel beschriebenen Organisationsformen für die Bereitstellung von F&E-Leistungen käme nicht in das Blickfeld der Analyse. Dies gilt nicht nur für die kooperative und die (auf die Zusammenfassung verschiedener Menschen unter einer übergeordneten Leitung basierende) interne F&E, sondern vor allem auch für die marktliche Bereitstellung von F&E-Leistungen durch Lizenznahme. So fehlt in der Neoklassik der hierfür notwendige institutionelle Bezug. Bei der Lizenznahme kommt er u.a. dadurch zum Ausdruck, daß mit dem Erwerb einer Lizenz bestimmte Verfügungsrechte (temporäres Nutzungsrecht, das eventuell ein exklusives Schutzrecht für immer oder eine bestimmte Zeit beinhaltet) verbunden sind, die im Rahmen eines neoklassischen institutionenleeren Marktparadigmas nicht berücksichtigt werden. Und auch die Kosten, die für die Aktivierung und Aufrechterhaltung dieser Infrastruktur aufzuwenden sind (z.B. Ressourcenverzehr des Tauschs in Form von Notargebühren bei Lizenzerwerb, von Suchkosten nach Lizenzen), werden in diesem Theoriegebäude vernachlässigt.

Obgleich die Leistungen der Neoklassik insbesondere auch für eine ökonomische Theriebildung und für die Nationalökonomie allgemein von äußerst hoher Bedeutung sind[118] und die Aufzählung eines Mängelkatalogs der Neoklassik stets von der latenten Gefahr des künstlichen Aufbaus eines Pappkameraden und/oder der einseitigen Verteufelung umgeben ist[119], wird die Unangemessenheit einer neoklassischen Perspektive für die Analyse der Bereitstellungsformen für F&E-Leistungen schon aus diesen kurzen Darstellungen unmittelbar deutlich. Welche Erweiterungen bringt in diesem Zusammenhang eine transaktionskostentheoretische Besinnung?

2.2. Transaktionskostenansatz

2.2.1. Grundlagen

Die Entwicklung der Transaktionskostentheorie geht auf einen von Coase 1937 veröffentlichten Aufsatz zum Thema „The Theory of the Firm" zurück.[120] Coase wirft die Frage auf, warum es in einem grundsätzlich marktwirtschaftlich organisierten ökonomischen System zur Herausbildung von Unternehmen kommt.

Zu dieser Zeit hatte sich die Neoklassik ständig weiterentwickelt. Die neoklassische Tradition der Nationalökonomie ging von individuellen Wirtschaftssubjekten und restriktionsfreien bzw. von Institutionen (z.B. Regeln, Normen, Verfügungsrechte) losgelösten und „kostenlosen" Tauschprozessen aus. Sie unterstellte ausschließlich „marktliche Koordinationsformen", die lediglich über das Steuerungsinstrument des Preismechanismus gelenkt wurden.

Coase weist dagegen erstmals auf die Bedeutung „hierarchischer Koordinationsformen" hin. Er bezweifelt, daß der Preis alle für die Allokation von Ressourcen notwendigen Informationsbedürfnisse der Wirtschaftssubjekte befriedigen kann. Er diskutiert die Frage, unter welchen Bedingungen in einem arbeitsteilig organisierten Wirtschaftssystem eine Transaktion dem marktlichen Preismechanismus als Steuerungsinstrument aus Effizienzgründen entzogen und in der Unternehmung, d.h. über eine hierarchische Koordinationsform, abgewickelt werden sollte.

Danach kann der Markt als Koordinationsform und der Preis als einziges Informations- und Kommunikationsinstrument versagen („Marktversagen"). Die Bereitstellung von Leistungen wird nicht mehr nur marktlich, sondern vor allem auch als unternehmensintern organisierbar gesehen („Hierarchie"). Markt und Unternehmung stellen zwei Extrempunkte alternativer Organisationsformen für die Abwicklung und Bereitstellung von ökonomischen Leistungen dar.

Ab etwa 1973 hat insbesondere Williamson – ein Hauptvertreter des sogenannten „Neuen Institutionalismus"[121] – die Ideen von Coase aufgegriffen und sich um eine ständige Fortentwicklung und Verfeinerung des Transaktionskostenansatzes verdient gemacht.

Williamson untersucht sehr eingehend die Umstände, unter denen Transaktionen dem marktlichen Preismechanismus entzogen und im Rahmen einer hierarchischen Organisationsform abgewickelt werden (und umgekehrt). Sowohl Williamson als auch andere, nachfolgende Vertreter des Transaktionskostenansatzes arbeiten sehr deutlich heraus, daß Markt und Unternehmung lediglich zwei Extrempunkte eines vielschichtigen Kontinuums unterschiedlicher Koordinationsformen zwischen make or buy darstellen.

In Anlehnung an Picot[122] und Schneider[123] zeigen die Abbildungen 18 und 19 beispielhaft ein solches Kontinuum auf. Sie bringen jeweils in vereinfachter Form Infrastrukturen zum Ausdruck, durch die das Möglichkeitsspektrum für organisatorisch-rechtliche Ausgestaltungen von Tauschprozessen abgesteckt wird.

44

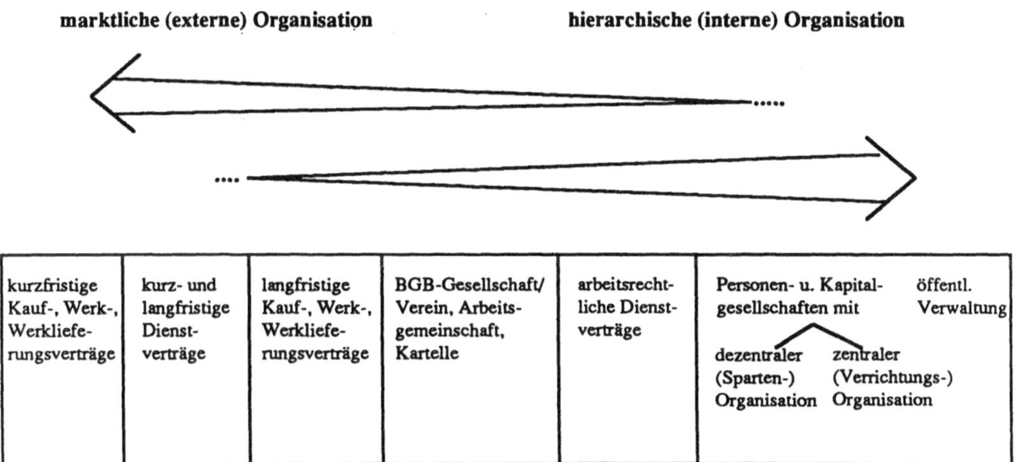

Abbildung 18: Kontinuum zwischen „Markt und Hierarchie"

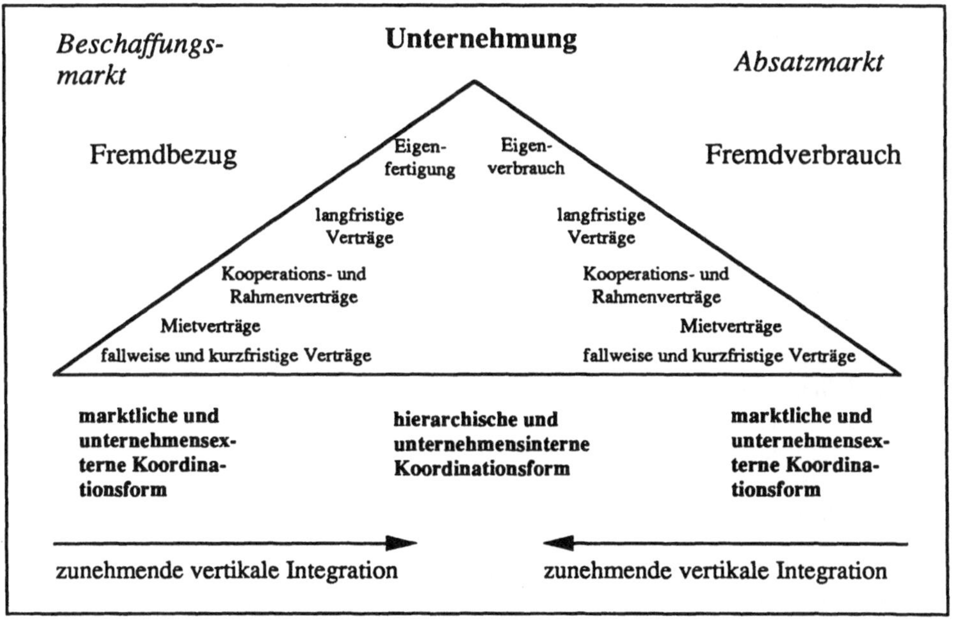

Abbildung 19: Koordinationsformen zwischen Markt und Unternehmung

In der empirischen Untersuchung von Baur[124] über Integrations- und Disintegrationsentscheidungen in der Automobilindustrie wird eine solche Infrastruktur für verschiedene interorganisatorische Forschungs- und Entwicklungsformen aufgespannt (vgl. Abbildung 20).

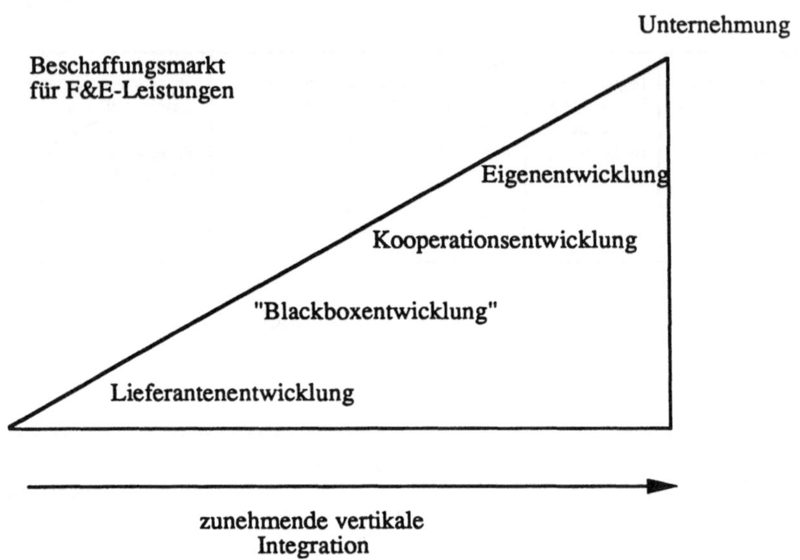

Abbildung 20: Bereitstellungsformen für F&E-Leistungen in der Automobilindustrie

Die Koordinationsformen bringen den vertikalen Integrationsgrad zwischen Unternehmen und deren Unternehmensgrenzen zum Ausdruck. Zur Verdeutlichung kann die
Wertkette, die ein Produkt bis zur endgültigen Marktreife durchläuft, in vertikal angeordnete Produktionsstufen aufgespalten werden. Wird dann beispielsweise ein Vorprodukt, das früher vom Beschaffungsmarkt bezogen wurde, zukünftig selbst erstellt (Eigenfertigung; bzw. über eine sehr enge Vertragsform eingebunden, z.B. langfristiger
Vertrag), erhöht sich der vertikale Integrationsgrad. Damit geht auch eine steigende Produktionstiefe (Fertigungstiefe) und Verlängerung der Wertschöpfungskette des Unternehmens einher.[125]

Wird demgegenüber ein Vorprodukt, das früher selbst erstellt wurde, zukünftig vom Beschaffungsmarkt bezogen (bzw. ein langfristiger in einen kurzfristigen Vertrag überführt), wird der vertikale Integrationsgrad vermindert, die Produktionstiefe reduziert und
die Wertkette des Unternehmens verkürzt (Disintegration und Fremdbezug, bzw. Reduzierung des Integrationsgrades).

In diesem Zusammenhang kann man auch von Änderungen des sogenannten „quasi-
vertikalen Integrationsgrades" sprechen. Ein quasi-vertikaler Integrationsgrad liegt vor,

46

wenn zwar keine Eigenfertigung besteht, durch eine entsprechend enge organisatorisch-rechtliche Einbindungsform (z.B. langfristiger F&E-Kooperationsvertrag) aber von einer „eigenfertigungsnahen" Organisationsform ausgegangen werden kann.[126)]

Die Bestimmung der geeigneten Organisationsform und des vertikalen Integrationsgrades ist prinzipiell für jede einzelne Leistung in der gesamten Wertkette des Unternehmens relevant. So ist nicht nur darüber zu entscheiden, ob F&E grundsätzlich selbst durchgeführt (Eigenfertigung bzw. make) oder extern vergeben werden (Fremdbezug bzw. buy). Es ist auch festzulegen, ob bestimmte F&E-Teilleistungen extern oder intern bereitzustellen sind und welche organisatorisch-vertragliche Einbindungsform bei Fremdbezug einer F&E-Teilleistung zur Anwendung kommen soll.

Unter diesem Blickwinkel bereitet es wenig Schwierigkeiten, die im dritten Kapitel aufgeführten Organisationsformen für Forschung und Entwicklung in Analogie zu den Abbildungen 18 – 20 in ein Raster von einerseits eher marktlich und andererseits eher hierarchisch organisierten Bereitstellungsformen einzureihen (vgl. Abbildung 21).

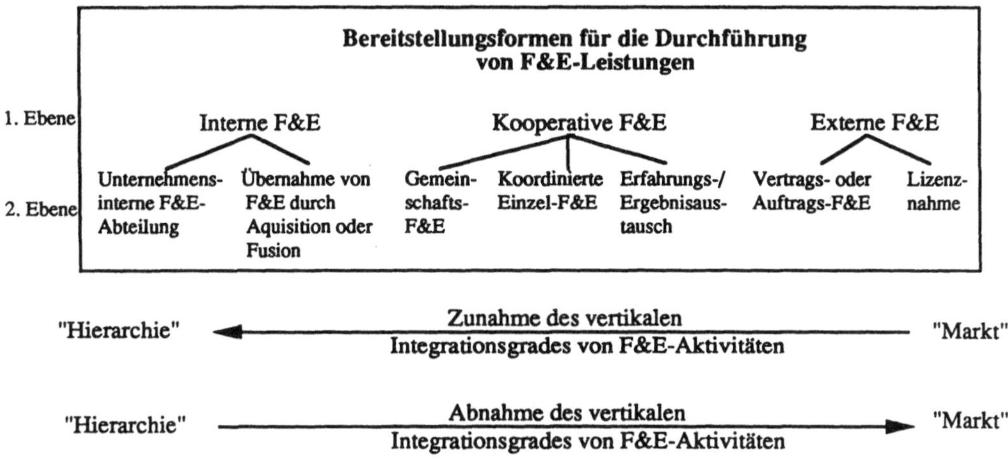

Abbildung 21: F&F-orientiertes Organisationskontinuum zwischen Markt und Hierarchie

Tauschprozesse werden in der Realität durch eine institutionelle Infrastruktur gesteuert und kanalisiert. Abbildung 21 zeigt letztlich eine solche institutionelle Infrastruktur für die arbeitsteilige Bereitstellung von F&E-Leistungen auf. Der Aufbau sowie die Aufrechterhaltung und Weiterentwicklung der institutionellen Infrastruktur induziert Ressourcenverzehr. Jede Bereitstellungsform löst unterschiedliche Kosten aus. Im neoklassischen Denken wird von diesen Zusammenhängen vollkommen abstrahiert.

2.2.2. Transaktionskosten

In der Transaktionskostentheorie wird (im Gegensatz zum neoklassischen Theoriegebäude) davon ausgegangen, daß Tauschprozesse Kosten verursachen. Für die Organisation ökonomischer Transaktionsbeziehungen bzw. die Nutzung der institutionellen Infrastruktur entsteht ein spezifischer Ressourcenaufwand: Transaktionskosten.[127]

Transaktionskosten entstehen während der Anbahnung, Aufrechterhaltung und Veränderung von Tauschbeziehungen. In Anlehnung an Ciborra[128] und Picot[129] lassen sich beispielsweise folgende Kategorien unterscheiden:

(1) Anbahnungskosten

Sie entstehen beispielsweise bei der Suche nach geeigneten Transaktionspartnern (Branchenanalyse, Marktforschung, Studium von Lieferantenverzeichnissen und Prospekten usw.). Im F&E-Bereich sind hier zum Beispiel bei Eigenfertigung auch Kosten für Bewerbungsgespräche mit potentiellem F&E-Personal und Suchkosten im Zuge von Prospektauswertungen über F&E-Investitionen zu nennen. Bei Fremdbezug von F&E-Leistungen entstehen z.B. Kosten für die Suche nach geeigneten Forschungsinstituten und für die Prüfung ihrer Kompetenz und Reputation.

(2) Vereinbarungskosten

Dies sind Kosten, die bei Vertragsschluß entstehen. Dazu gehören beispielsweise Verhandlungskosten, Kosten der Qualitätsspezifizierung für Produkte, Vertragskosten und Notargebühren. Ähnliche Kosten werden auch im Rahmen von marktlichen Transaktionsbeziehungen für die Bereitstellung von F&E-Leistungen auftreten. Dies sind z.B. Kosten für die genaue vertragliche Festlegung der F&E-Leistungen und der Institutionalisierung der Verwertungsrechte bei kooperativer Forschung. Bei der internen F&E-Organisation entstehen z.B. im Rahmen der Führung von F&E-Einheiten durch Ziele ("management by objectives") Vereinbarungskosten, wenn die Unternehmensleitung mit der Leitung von F&E-teams bestimmte Ziele festlegt. Auch die Aushandlung von Prämien für herausragende F&E-Leistungen und Verkürzungen von Entwicklungszeiten lösen im unternehmensinternen Bereich Vereinbarungskosten aus.

(3) Kontrollkosten

Nach Vertragsschluß ist bei externer und kooperativer F&E-Bereitstellung beispielsweise stets zu überwachen, ob die geschlossenen Verträge von den Transaktionspartnern eingehalten werden (z.B. hinsichtlich der Geheimhaltungsvereinbarungen, der Qualität und Menge der F&E-Leistungen). Bei interner F&E ist an Kosten für die Anweisung und Überprüfung des F&E-Personals und dessen Leistungen zu denken. Hinzu kommt, daß zum Beispiel geprüft werden muß, ob nicht über Mechanismen der Ergebnispromotion nur ein hervorragendes F&E-Ergebnis vorgegaukelt wird, weil Fehler bei der Prozeßpromotion gemacht wurden. Dies gilt neben der internen auch für die kooperative und externe F&E-Bereitstellung.

(4) Anpassungskosten

Anpassungskosten entstehen beispielsweise durch die Veränderung von F&E-Verträgen aufgrund neuer Konstellationen oder durch die Auflösung einer Transaktionsbeziehung (z.B. Konventionalstrafen, Kompensationszahlungen, Kosten des Marktaustritts). Bei interner F&E ist z.B. an die Kosten für die Freisetzung von F&E-Personal oder an Kündigungsdrohungen von know-how-Trägern zu denken, die z.B. durch zusätzliche Anreize (Ergebnisbeteiligung usw.) abgewendet werden können. Bei kooperativer und externer F&E treten besonders hohe Anpassungskosten auf, wenn langjährige F&E-Partner ihre Transaktionsbeziehung aufkündigen oder opportunistisch ausnutzen, indem sie Schutzrechte auszuhöhlen versuchen (Ideenklau, Spionage, Geheimnistransfer an Konkurrenten) und daher zusätzliche Schutzmechanismen installiert werden müssen (Schmiergelder an Geheimnisträger, nachträgliche Patentierung usw.).

Transaktionskosten stellen Kosten des Tauschs in arbeitsteilig organisierten Wirtschaftssystemen dar. Sie entstehen sowohl bei der marktlichen als auch bei der hierarchischen Organisation unternehmerischer Aktivitäten. Wollen Wirtschaftssubjekte ihre Tauschsituation verbessern bzw. ihre empfundene Knappheit an Gütern überwinden, so muß auch sichergestellt sein, daß neben der eigentlichen Nutzenstiftung des Tauschs auch die aufzuwendenden Transaktionskosten durch die Vornahme des Tauschs mindestens überkompensiert werden. Vielfach ist das Ausmaß der empfundenen Knappheit noch nicht so weit fortgeschritten, daß Tauschprozesse lohnen bzw. die Kosten für den Aufbau der notwendigen institutionellen Infrastruktur durch das Ausmaß der Knappheitsreduktion gedeckt werden. In diesem Fall wirken Transaktionskosten tauschhemmend bzw. „prohibitiv".

Mit zunehmender Knappheit von Gütern erscheint demgegenüber der für Tauschbeziehungen notwendige Aufbau institutioneller Regelungen, durch die Tauschbeziehungen zwischen Wirtschaftssubjekten erst möglich werden, zunehmend gerechtfertigt. Man denke in diesem Zusammenhang beispielsweise an Umwelt als ökonomisches Gut. Aufgrund steigender Verknappung wird die „Verwendung" von Umwelt zunehmend institutionell geregelt (Umweltschutzgesetze usw.). Bislang geschieht dies noch sehr „grobkörnig".[130] Bei steigender Verknappung der Umwelt ist jedoch damit zu rechnen, daß die Verwendung von Umwelt immer „feinkörniger" gestaltet und organisiert wird. Die Signale in diese Richtung werden heute immer deutlicher (z.B. Verschärfung von Emissionsschutzgesetzen im Rahmen der privaten Heizungsanlagen). In diesem Trend läßt sich z.B. ein Szenario zeichnen, in dem die Verwendung von Umweltkomponenten (z.B. Luft, Wasser, Bäume) immer mehr von rechtlichen Regelungen überzogen wird. Setzt man dieses Szenario fort, so kann es sich selbst für Privatpersonen lohnen, in teure Meßgeräte für die Bestimmung des Luftverschmutzungsgrades in ihrer Wohnung und die Emission der Nachbarn zu investieren, um immer mehr eine direkte Zuordnung von

Umweltschäden auf die Verursacher zu erreichen. Schließlich könnten Umweltkomponenten so knapp werden, daß eine exklusive und private Zuordnung von umweltspezifischen Verfügungsrechten notwendig erscheint, was extrem hohe Transaktionskosten induzieren würde. Zumindest gegenwärtig erscheint die damit verbundene Transaktionskostenintensität noch unverhältnismäßig hoch. Bei zunehmender Verknappung der Umwelt ist aber davon auszugehen, daß sie um so eher in Kauf genommen wird.

In ähnlicher Weise ist es im F&E-Bereich vorstellbar, daß mit zunehmender Dringlichkeit einer F&E-Leistung zunehmende Transaktionskosten in Kauf genommen werden. Bei Unmöglichkeit einer internen Bereitstellung ist zu erwarten, daß für die Anbahnung und Aufrechterhaltung einer Infrastruktur für eine marktliche Bereitstellung von F&E-Leistungen sehr hohe Transaktionskosten getragen werden, um die marktliche Transaktionsbeziehung in jeder Hinsicht rechtlich abzusichern. D.h., obgleich der externe Bezug von F&E-Leistungen (Fremdbezug) sehr hohe Transaktionskosten auslöst, werden sie trotzdem in Kauf genommen, weil die F&E-Leistungen für das nachfragende Unternehmen von außerordentlicher Wichtigkeit sind und intern nicht bereitgestellt werden können (z.B. aus Gründen von Engpässen oder fehlenden F&E-know-hows).

Vielfach wird die Bedeutung von Transaktionskosten sowohl in der Praxis als auch in der Theorie unterschätzt. Die Gründe liegen u.a. darin, daß sich Transaktionskosten einer exakten Quantifizierung entziehen und oft kein Problembewußtsein für ihre Existenz vorliegt – vielleicht gerade deswegen, weil sie quasi allgegenwärtig sind und oft unbewußt in Kauf genommen werden. Ihre Vernachlässigung mag beispielsweise beim Kauf einer Zeitschrift am Kiosk (Transaktionskosten entstehen z.B. in diesem Fall durch das Aufsuchen eines Kiosks, Wartezeiten, die Äußerung des Kaufwunschs, Reklamationen bei fehlenden Seiten) vielleicht gerechtfertigt erscheinen. Aus den oben angeführten Beispielen wird jedoch unmittelbar einsichtig, daß sie insbesondere beim Transfer von F&E-Leistungen vor allem angesichts der damit verbundenen Informations- und Kommunikationsprobleme in ausgeprägt hohem Maße auftreten und Tauschbeziehungen sogar völlig unterbinden können.

Dabei ist allerdings zu beachten, daß die Berücksichtigung von auftretenden Transaktionskosten auch von der spezifischen Bedeutung des im Mittelpunkt der Transaktion stehenden Gutes determiniert wird. Hier könnte z.B. der im Rahmen des Marketing bereits gebräuchliche warentypologische Ansatz (commodity approach) analog im Rahmen dieser Problematik übertragen werden.[131] Danach würden für die Deckung längerfristiger Bedarfe mehr Transaktionskosten in Kauf genommen als für Güter des alltäglichen Bedarfs.

In dieser Hinsicht kann man zu hohe Transaktionskosten auch als Ineffizienzmerkmal einer arbeitsteilig organisierten Gesellschaft interpretieren. Aufgrund fehlender Informations- und Kommunikationstechnologien und defizitärer rechtlich-organisatorischer Infrastrukturen wird besonders Staaten, die eine zentrale Planwirtschaft und ausgeprägte Autarkiebestrebungen verfolgen, ein hohes Niveau an Transaktionskosten zugeordnet.[132] Sowohl im landesinternen als auch im externen bzw. grenzüberschreitenden Bereich werden dadurch Transaktionsbeziehungen erschwert bzw. völlig unterbunden.

50

Durch Arbeitsteilung erreichbare Effizienzvorteile können nicht realisiert werden. Selbstversorgertum und hohe Eigenfertigungsquoten sind die zwangsläufige Folge.

Vor diesem theoretischen Hintergrund ist es keine Überraschung, wenn beispielsweise in der Automobilproduktion der ehemaligen Deutschen Demokratischen Republik eine Eigenfertigungsquote von ca. 80 Prozent herrschte, während die Automobilunternehmen in der Bundesrepublik Deutschland eine Quote von ca. 40 Prozent bei zunehmender Reduzierungstendenz aufweisen.[133] Angesichts einer Schätzung von North, der das Ausmaß der Transaktionskosten in den USA sogar auf über 50 Prozent des Bruttosozialprodukts beziffert,[134] wird die (strategische) Relevanz von Transaktionskosten auch für Unternehmen in der westlichen Welt nochmals nachdrücklich offensichtlich.

2.2.3. Einflußgrößen

Neben die Systematisierung verschiedener Organisationsformen und der Darstellung unterschiedlicher Ausprägungen von Transaktionskosten tritt schließlich das Alternativenauswahlproblem.[135] Aus transaktionskostentheoretischer Sicht bilden ceteris paribus die bei den einzelnen Organisationsformen auftretenden Kosten die Entscheidungsgrundlage.

> „Aus Effizienzgründen sind solche Koordinationsformen zu wählen, die eine möglichst transaktionskostengünstige Abwicklung versprechen, um im Markt wettbewerbsfähig zu bleiben."[136]

Für die Beantwortung der Frage, unter welchen Bedingungen eher marktliche und unter welchen Bedingungen eher hierarchische Bereitstellungsformen zu wählen sind, hat die Transaktionskostentheorie einen auf wenigen Elementen aufbauenden Argumentationsmechanismus entworfen.

In Anlehnung an das sogenannte „organizational failure framework" von Williamson[137] ist es besonders das Zusammenwirken von „human factors" und „environmental factors", durch die eine Transaktionssituation beschrieben werden kann und die über die Wahl von Bereitstellungsformen entscheidet (vgl. Abbildung 22).

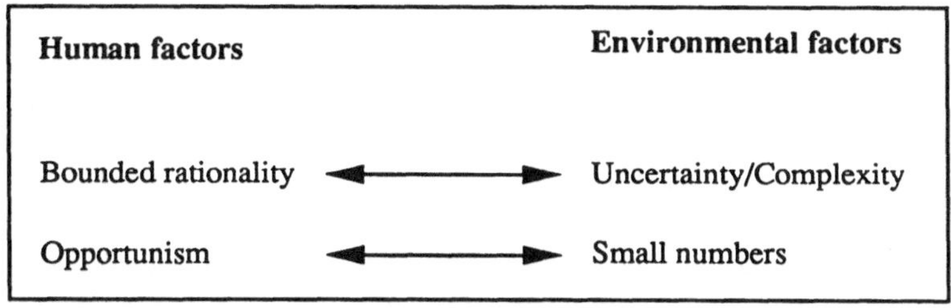

Abbildung 22: „organizational failure framework"

Je stärker die Komplexität und die Beschränkung der Rationalität einerseits wirken und je intensiver das small-numbers-Problem und die damit verbundene Opportunismusgefahr andererseits zu veranschlagen sind, desto eher sollten hierarchische bzw. Bereitstellungsformen mit hohem Integrationsgrad oder völlige Integration (Eigenfertigung) zur Anwendung kommen (Umgekehrtes gilt für marktliche bzw. Bereitstellungsformen mit geringem Integrationsgrad oder hohe Disintegration (Fremdbezug)).

Besonders in Situationen, in denen spezifische Güter zwischen Transaktionspartnern transferiert werden sollen, schlagen die „human factors" und „environmental factors" auf die Transaktionssituation durch. Unsicherheit und Komplexität wirken hier u.a. aufgrund beschränkter Rationalität sehr stark, weil für diese Güter kaum Vergleichsmöglichkeiten vorliegen. Damit herrschen vor allem auch hohe Informationsprobleme. Sie werden dadurch noch verstärkt, daß – im Gegensatz zum Tausch von eher standardisierten Gütern – solche Güter kaum durch informationsstabilisierende Mechanismen (z.B. DIN-Normen, Güte- und Qualitätskennzeichen) „einzufangen" sind. Die Phase der gegenseitigen Abtastung und des Informationsaustauschs zwischen den Transaktionspartnern wird in diesem Fall intensiver sein als beim Tausch von eher standardisierten Gütern, um aufgrund von a-priori fehlenden Informationen entstehende Unsicherheit zu reduzieren.

Informationsprobleme entstehen aber nicht nur aus der Spezifität des Gutes selbst, wodurch die informatorische Verankerung des Gutes allein schon Informationsprobleme mit sich bringt und starke Unsicherheiten bei den Transaktionspartnern auslöst. Informationsprobleme entstehen vor allem auch aufgrund der marktlichen small-numbers-Situation im Hinblick auf die Seriosität bzw. das potentiell opportunistische Verhalten der Transaktionspartner, das vor allem durch Spezifität ausgelöst wird und stets latent vorhanden ist; d.h. bei zunehmender Spezifität müssen nicht nur vermehrt Informationen über das Gut selbst, sondern auch über die Transaktionspartner eingeholt werden. Mit vergleichsweise hoher Koordinierungsunsicherheit und hohen Transaktionskosten ist zu rechnen.

Der Einfluß der Spezifität läßt sich insgesamt beispielhaft wie folgt beschreiben:

> „Besonders für spezifische Güter ist dies kennzeichnend, für die nur sehr wenige (oder im Extremfall nur ein) Transaktionspartner zur Auswahl stehen. Hierdurch entsteht ein small-numbers-Problem... Zwischen den Transaktionspartnern werden hierdurch zunehmende Quasi-Renten aufgebaut – es entsteht eine Vergütung über den Betrag hinaus, den ein anderer Transaktionspartner für das spezifische Gut bezahlen würde. Um aufgebaute Quasi-Renten nicht zu gefährden und transaktionsspezifisch investiertes Kapital auch zukünftig und längerfristig zu nutzen sowie einer opportunistischen Vorteilnahme sowohl des Abnehmers gegenüber dem Lieferanten als auch des Lieferanten gegenüber dem Abnehmer vorzubeugen, besteht bei den Transaktionspartnern ein transaktionsspezifisches Interesse an einer längerfristigen Beherrschung und Aufrechterhaltung der vertraglichen Beziehungen. Der vertikale Integrationsgrad steigt; mit einem Über-

gang zu einer hierarchisch organisierten Koordinationsform mit vergleichsweise hohem Integrationsgrad ist zu rechnen"[138]

Marktliche Koordinationsformen (z.B. kurzfristiger Liefervertrag) würden hier zwangsläufig versagen. Der Preismechanismus als marktliches Steuerungs- und Informationsinstrument könnte nicht alle für diese Transaktionssituation notwendigen Informationen über das Gut und die Transaktionspartner bereitstellen. Preisinformationen allein würden für die Senkung der Koordinierungsunsicherheit nicht ausreichen.

Andererseits wären eher marktliche Koordinationsformen zu wählen, wenn die Transaktion keine Informationsprobleme auslöst und die Transaktionssituation nicht mit Unsicherheit behaftet ist. Diese Situation liegt z.B. beim Transfer eines Standardprodukts vor, für dessen Bereitstellung viele Transaktionspartner in Frage kommen. Die Opportunismusgefahr wäre aufgrund hohen Anbieterwettbewerbs gering. Es bestehen gute Vergleichsmöglichkeiten mit anderen (standardisierten) Produkten, so daß auch die Bewertungsunsicherheit gering ist. Von einer hohen Koordinierungsunsicherheit kann daher nicht ausgegangen werden. Im Gegensatz zu marktlichen würden hierarchische Koordinationsformen hier unangemessen hohe Transaktionskosten auslösen. D.h. unnötigerweise würde man in aufwendige und hierarchische Organisationsmechanismen investieren, wo dies ökonomisch nicht gerechtfertigt ist.

Die dominante Stellung der Information als zentraler Einflußfaktor der Wahl von Bereitstellungsformen legt es nahe, die Transaktionskosten unterschiedlicher Bereitstellungsformen in Abhängigkeit vom Ausmaß der transaktionsspezifischen Informationsprobleme darzustellen (vgl. Abbildung 23).[139]

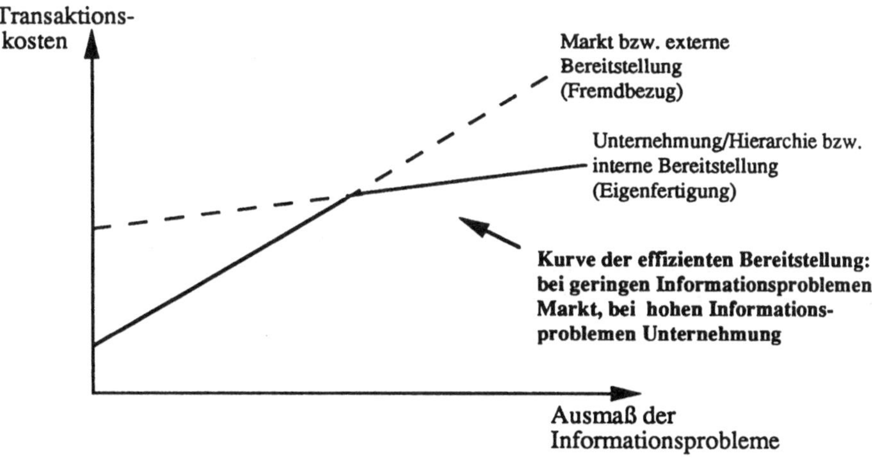

Abbildung 23: Transaktionskosten in Abhängigkeit von Informationsproblemen

Nach Picot, der vor allem in Anlehnung an die Arbeiten von Williamson argumentiert, lassen sich neben der hier diskutierten (1) Unternehmensspezifität (small-numbers-problem/opportunism) und (2) Unsicherheit (uncertainty/complexity, bounded rationality) die (3) Häufigkeit, die (4) rechtlichen und die (5) technologischen Rahmenbedingungen als weitere Einflußgrößen des Informationsphänomens und damit sowohl der Transaktionskosten als auch der Wahl von Bereitstellungsformen identifizieren.

ad (3): Mit zunehmendem Anfall gleicher Transaktionen werden z.B. Lern- und informationsstabilisierende Effekte ausgelöst. Auch die Kosten einer Erstvereinbarung einer Tauschbeziehung (z.B. insbesondere Such- und Anbahnungskosten) lassen sich auf eine größere Anzahl von Transaktionen verteilen. Hierdurch sinken die durchschnittlichen Transaktionskosten pro Transaktion.

ad (4): Rechtliche Rahmenbedingungen können Informationsprobleme im Rahmen von Transaktionsbeziehungen erhöhen und senken. Denkt man beispielsweise an ein ökonomisches System, in dem hohe Rechtsunsicherheit herrscht, so löst die Beherrschung der Transaktionssituation erhebliche Informationsprobleme aus und macht zusätzliche Stabilisierungsmechanismen notwendig (z.B. Suche nach vertrauenswürdigen Vertragspartnern, welche die Rechtsunsicherheit nicht zu ihrem Vorteil ausnutzen, sondern sich „fair" verhalten; Zahlungen von Schutzgeldern an die Vertreter eines Rechtssystems, um die Konstanthaltung des rechtlichen Rahmens, unter dem die Erstvereinbarung stattfand, zu sichern). In einem ökonomischen System mit hoher Rechtssicherheit und in Zukunft gerichteter Verläßlichkeit und Konstanz können dagegen solche „Irritationen" und daraus resultierende Informationsprobleme reduziert werden.

ad (5): Die technologischen Rahmenbedingungen betreffen z.B. besonders die technischen Möglichkeiten der Information und Kommunikation. Verbesserte Informations- und Kommunikationstechnologien erleichtern sowohl die Suche und Anbahnung von Transaktionsbeziehungen (z.B. Telefonbestellung, Btx) als auch ihre Durchführung und Überwachung (z.B. Teleshopping, Scanner für die Zahlungsabwicklung in Kaufhäusern, Prüfgeräte für die Qualitätsüberwachung).

Die Aufzählung der Einflußgrößen verdeutlicht, daß die Frage nach der geeigneten Organisationsform für die Bereitstellung von F&E-Leistungen in der Transaktionskostentheorie nicht über die Anwendung explizit quantifizierbarer und kurzfristiger Kriterien beantwortet wird, wie dies z.B. im Rahmen der traditionellen kostenrechnerischen Beurteilung von Eigenfertigungs- und Fremdbezugsentscheidungen bzw. sogenannter make-or-buy-Fragen geschieht.[140] Vielmehr ist eine längerfristige, strategische und insbesondere an übergeordneten Kriterien orientierte Perspektive angezeigt, die vor allem auch kooperative und marktliche Bereitstellungsformen im Blickfeld behält. Dies gilt in besonderer Weise für die Bereitstellung von F&E-Leistungen.

Nach dem kurzen Abriß der Tranaktionskostentheorie stellt sich daher zunächst die Frage, welche grundlegenden ökonomischen Zusammenhänge sich für ein F&E-orientiertes

Organisationsmanagement ergeben, das sich am Gedankengut des Transaktionskostenansatzes orientiert und welche Beziehungen sich daraus für die gesellschaftliche Arbeitsteilung im F&E-Bereich ableiten lassen (Abschnitt 3.). Anschließend kann untersucht
werden, wie die abgeleiteten Einflußgrößen auf die Wahl von Organisationsformen für
die F&E-Bereitstellung einwirken (fünftes Kapitel).

3. Unternehmerisches Organisationsmanagement für F&E, Transaktionskosten und gesellschaftliche Arbeitsteilung

Vor dem aufgezeigten Hintergrund wird deutlich, daß ein F&E-orientiertes Organisationsmanagement nicht darauf beschränkt bleiben darf, allein für die unternehmensinterne Organisation von F&E-Aktivitäten zu sorgen. Auch externe und kooperative Bereitstellungsformen sind im Blickfeld zu behalten. Intraorganisatorisches F&E-Management
muß um die interorganisatorische Komponente erweitert werden, und beide müssen sich
gegenseitig befruchten.[141] Dies gilt vor allem deshalb, weil in der Literatur über das Organisationsmanagement für F&E meist die interne F&E-Organisation im Vordergrund
steht, während die interorganisatorische Dimension häufig völlig unbeachtet bleibt. Insbesondere wenn man die ökonomischen Vorteile der Arbeitsteilung angesichts der
Knappheit von Ressourcen auch im F&E-Bereich nutzen möchte, kommt dem zwischenbetrieblichen Organisationsmanagement von F&E ein zunehmender strategischer Stellenwert zu.

Gleichzeitig wurde die enorme Bedeutung von Transaktionskosten für die arbeitsteilige
Organisation von F&E-Aktivitäten deutlich. Hohe Transaktionskosten können kooperative und externe Koordinationsformen für die F&E-Bereitstellung bzw. die Disintegration von F&E-Aktivitäten behindern. Damit determinieren sie den Grad der zwischenbetrieblichen Arbeitsteilung im F&E-Bereich einer Gesellschaft.

Da die Einflußgrößen der Transaktionskosten einem andauernden Wandel unterliegen,
ändert sich der effiziente Grad der Arbeitsteilung ständig. Unternehmen, die ihrerseits in
einem komplexen Netz horizontaler und vertikaler Transaktionsbeziehungen eingebettet
sind, sollten daher unter Beachtung der Veränderungen der Einflußgrößen von Transaktionskosten ihre F&E-orientierten Integrationsstrukturen stets den neuen Gegebenheiten
anpassen. Ein strategisch ausgerichtetes Management für die Organisation von F&E
muß daher für den Wandel der Einflußgrößen Sensibilität entwickeln, sowie stets überprüfen, ob die gewählte Mischung aus Integration und Disintegration von F&E-
Aktivitäten den geänderten Rahmenbedingungen noch entspricht. In Abhängigkeit der
dargestellten Einflußkriterien sollte daher die Zuordnung von F&E-Aktivitätsbündeln
auf interne und externe Aufgabenträger im Laufe der Zeit ständig auf notwendige (vor

allem interorganisatorische, aber natürlich auch intraorganisatorische) Reorganisations-
maßnahmen überprüft werden. Das Festhalten an tradierten Organisationsformen, die
vielleicht in der Vergangenheit effizient waren, kann in der Gegenwart kontraproduktiv
sein und sowohl den F&E-Erfolg als auch den Unternehmenserfolg insgesamt bedrohen.[142]

Diese Aussagen gelten auch im internationalen Zusammenhang um so mehr, als sich die
Bundesrepublik Deutschland anstrengt, sich im Zuge der internationalen Arbeitsteilung
immer mehr zu einem Technologie- und know-how-Lieferanten zu entwickeln (Integration von F&E-Aktivitäten) und eher standardisierbare Produktionsprozesse – nicht zu-
letzt vor dem Hintergrund der EG-Marktöffnung – an die Peripherie Europas zu delegieren (Disintegration traditioneller industrieller Produktionsstrukturen). Auch der allgemeine Trend zu einer Informations- und Bildungsgesellschaft unterstützt diese Entwicklung, weil er letztlich den Aufbau wachstumsträchtiger know-how-Potentiale fördert und
deren Diffusion in einer Gesellschaft beschleunigen hilft.

In der (internationalen) Wertkette vertikal angeordneter Produktionsprozesse belegen
Technologie- und know-how-Lieferanten die erste Produktionsstufe. Wollen Volkswirtschaften diese wachstums- und innovationsträchtige sowie im internationalen Rahmen
strategisch ungeheuer wichtige Führungsposition einnehmen und langfristig sichern,
müssen sie für die in ihr handelnden Unternehmen eine möglichst transaktionskostengünstige Infrastruktur schaffen. Hohe Transaktionskosten erschweren, niedrige Transaktionskosten fördern den „Informationsdurchsatz" in einer Gesellschaft. Andererseits
müssen sie darauf achten, daß ihre Transaktionsbeziehungen zu anderen Volkswirtschaften und den internationalen Nachfragern nach F&E-know-how nicht durch zu hohe
Transaktionskostenpegel belastet werden. Besonders die Struktur und die Höhe von
Transaktionskostenpegeln in und zwischen Volkswirtschaften bestimmt über die internationale Wettbewerbsfähigkeit von Volkswirtschaften und damit ihren gesellschaftlichen
Wohlstand. Daher wird eine transaktionskosteneffiziente Organisation von F&E nicht
nur für Unternehmen, sondern besonders auch für Volkswirtschaften ein äußerst bedeu-
tender Strategiefaktor im dynamischen Wettbewerb.

Die Organisation von F&E in einer Gesellschaft (und auf der ganzen Welt) unterliegt
folglich einem andauernden Evolutionsprozeß. Er wird durch die ständige Veränderung
der genannten Einflußgrößen sowie die ständigen Suchaktivitäten von findigen Unter-
nehmern nach effizienten Organisationsformen für F&E ausgelöst. Das Effizienzstreben
ergibt sich aus der Knappheit von Ressourcen und dem rivalisierenden Wettbewerbsprozeß, in dem Unternehmen in einer marktwirtschaftlichen Gesellschaft und Volkswirtschaften im internationalen Zusammenhang agieren.

Um in diesem wettbewerblichen Evolutionsprozeß bestehen zu können, muß das Organisationsmanagement für F&E ein ausgeprägtes Informationsmanagement unterhalten:

> „Erfolgreiches Unternehmertum im F&E-Bereich von Unternehmen be-
> steht unter diesem Blickwinkel vor allem darin, im dynamischen Wettbe-
> werb gegenüber Konkurrenten einerseits Informationsvorteile hinsichtlich

des Angebots von ökonomisch verwertbaren F&E-Leistungen zu gewinnen und andererseits Organisationsvorteile hinsichtlich der Bereitstellungswege und Organisationsformen für F&E-Leistungen aufzuspüren und zu nutzen."143)

Nur unter diesen Bedingungen scheint langfristig eine transaktionskostengünstige und erfolgreiche F&E-Organisation möglich. Das Wissen über grundsätzliche Determinanten der Wahl von Organisationsformen für die Bereitstellung von F&E-Leistungen bildet für ein solches Informationsmanagement eine wichtige strategische Komponente.

Das folgende fünfte Kapitel steht daher unter der Zielsetzung, diese Determinanten auf der Ebene von Unternehmen eingehender zu analysieren. Angesichts der hier nur angedeuteten Vielschichtigkeit der Zusammenhänge und des erst heute verstärkt in das praktische und theoretische Bewußtsein und Denken eingehenden Gedankenguts der Transaktionskostentheorie, erhebt es keinen Anspruch auf Vollständigkeit und/oder abschließende Betrachtung, sondern ist als „Entwicklung erster Sensibilität" zu begreifen. Insofern verfolgt das fünfte Kapitel die Strategie des Aufweichens für eine transaktionskostentheoretische Betrachtungsweise des Organisationsproblems von F&E zwischen make or buy.

Anmerkungen

104) Vgl. z.B. Rothschild (1986), S. 22.
105) Vgl. hierzu insbesondere die unternehmensstrategischen Ausführungen im sechsten Kapitel.
106) Schneider (1987), S. 19.
107) Vgl. hierzu beispielsweise Rothschild (1986); ferner Stavenhagen (1969), S. 227 – 300; überblickweise Geigant, Sobotka u. Westphal (1983), S. 471 – 473; Schneider (1987), S. 41 – 47.
108) Vgl. z.B. überblickartig Schneider (1988), S. 14 und die dort angegebene Literatur.
109) Vgl. v. Hayek (1945).
110) Schneider (1988), S. 15.
111) Vgl. Schumpeter z.B. (1961), S. 79 – 117.
112) Vgl. Kirzner (1978), (1979).
113) Vgl. z.B. Leibenstein (1968), S. 72; Casson (1982), S. 9 – 21.
114) Schneider (1988), S. 19.
115) Vgl. z.B. Jensen u. Meckling (1976), S. 306 f.; Michaelis (1985), S. 19.
116) Schneider (1988), S. 21 f.
117) Vgl. zu diesem Begriff z.B. Albert (1978), S. 81; Streißler (1980), S. 41; Riekhof (1984), S. 51 – 55.
118) Vgl. z.B. überblickweise Seraphim (1963), S. 20 – 29; Machlup (1967).
119) Vgl. z.B. Frey (1985), S. 18.
120) Vgl. Coase (1937).
121) Vgl. z.B. Williamson (1973), (1975), (1985), (1986).
122) Vgl. Picot (1982), S. 274 f.
123) Vgl. Schneider (1988), S. 164.
124) Vgl. Baur (1990a), S. 207 ff. und (1990b).
125) Vgl. z.B. Schneider (1989), S. 154; Baur (1990a), S. 1 – 5; und die dort angegebenen Literaturhinweise.
126) Vgl. z.B. Schneider u. Zieringer (1991); Monteverde u. Teece (1982), S. 321 f. definieren quasi-vertikale Integration so: „Quasi-vertical integration differs from full vertical integration in that the down-stream firm still contracts with a supplier for the actual manufacturer of the component, where as with full vertical integration the production process itself is internalized".
127) Zum Begriff der Transaktionskosten, zu Abgrenzungen gegenüber sogenannten Produktionskosten, die durch die technisch-physikalischen Eigenheiten des Fertigungsprozesses bestimmt werden, und zu Verwobenheiten zwischen Transaktions- und Produktionskosten vgl. z.B. Wegehenkel (1981), S. 15 – 20; Pi-

cot (1982), S. 270 – 273; Bössmann (1983), S. 107 f.; Michaelis (1985), S. 61 – 100; Picot u. Schneider
(1988), S. 105 – 112; Picot, Laub u. Schneider (1989), S. 25 – 28 u. S. 45 – 49 sowie S. 149 – 161.

128) Vgl. Ciborra (1981).

129) Vgl. Picot (1982), S. 270 – 273.

130) Vgl. zu diesem Begriff z.B. Wegehenkel (1981), S. 57 – 59; Schneider (1988), S. 50.

131) Derartige warentypologische Faktoren werden z.B. im Marketing im Rahmen einer Typenbildung für
Waren zur näheren Erklärung von Konsumenten- und Einkaufsverhalten berücksichtigt. Für die Deckung
längerfristiger Bedarfe (z.B. sog. shopping goods) wird der Konsument mehr Mühe und Aufwand (Transaktionskosten) in Kauf nehmen als bei kürzerfristigen Bedarfsgütern (z.B. sog. convenience goods, bzw.
Güter des täglichen und täglich häufigen Bedarfs, bzw. Güter mit geringer Bedeutung für den Konsumen-
ten). Vgl. zu dieser Thematik z.B. Leitherer (1985), S. 323 ff.

132) Vgl. z.B. Wegehenkel (1981). Im Hinblick auf die Überwindung von Defiziten bei der informations- und
kommunikationstechnologischen Infrastruktur werden angesichts der enormen Belastungen für eine flou-
rierende Ökonomie derzeit z.B. in der ehemaligen Deutschen Demokratischen Republik größte Anstrengungen unternommen; vgl. hierzu z.B. Lütge (1990b), S. 33. Aus der hier im Vordergrund stehenden
ökonomisch-theoretischen Sicht wird unmittelbar deutlich, daß es dabei letztlich um die Senkung der gesellschaftlichen Transaktionskostenpegeln geht.

133) Vgl. z.B. auch die Arbeiten von Fieten (1986a u. b) sowie (1989), wonach die Eigenfertigungstiefe bei
deutschen Automobilherstellern bei 40 – 50 %, bei GM und Ford in den USA bei 50 – 65 % und bei
Toyota und Nissan bei nur 20 – 30 % liegt; ferner die FAST-Sudie (1988) sowie Baur (1990a), S. 125 –
127 und die dort angegebenen Literaturhinweise.

134) Vgl. North (1984), S. 7.

135) Diese Formulierung darf nicht dahingehend interpretiert werden, daß der Transaktionskostenansatz nur
von bereits vorhandenen Organisationsformen ausgeht und (ähnlich wie die normative Entscheidungslogik) nur für die Auswahl, aber nicht für die Entwicklung von Alternativen einen fruchtbaren Beitrag leisten würde. Vielmehr trägt eine transaktionskostentheoretische Analyse sowohl zur Entwicklung von Organisationsformen als auch zur Entwicklung unternehmerischer Ideen allgemein bei, vgl. hierzu auch Picot u. Schneider (1988), S. 109 – 112.

136) Schneider (1988), S. 162.

137) Vgl. Williamson (1975), S. 40; Michaelis (1985), S. 103; zu ähnlichen Darstellungen Williamson u. Ouchi (1981); sowie Ouchi (1980), der in Analogie zum „organizational failure framework" ein „market failure framework" entwirft.

138) Picot, Schneider u. Laub (1989), S. 362.

139) Vgl. Picot (1982), S. 277; Michaelis (1985), S. 211.

140) Vgl. hierzu z.B. Männel (1981), (1983); Heinen und Dietl (1985), S. 1033; zu einer kritischen Beurteilung einer kurzfristigen kostenrechnerischen Betrachtungsweise der make-or-buy-Entscheidung vgl. z.B.
Schneider(1989); Baur (1990a), S. 13 – 24.

141) Vgl. hierzu auch Schneider und Zieringer (1991).

142) Darauf wird noch zurückzukommen sein; vgl. hierzu die Darstellungen zu sogenannten „Reagibilitäts-
strategien" im sechsten Kapitel.

143) Schneider und Zieringer (1991).

Fünftes Kapitel

Transaktionskostenorientierte Strategiefaktoren für die F&E-Organisation zwischen make or buy

Dieses Kapitel hat die zentrale Zielsetzung, die bei der Wahl von Organisationsformen für die Bereitstellung von F&E-Leistungen auftretenden Entscheidungsprobleme aufzuzeigen und das Wirkungspotential der maßgeblichen Einflußfaktoren auf die Transaktionskosten zu analysieren. Wie bereits dargestellt, lassen sich die grundlegenden Einflußfaktoren aus der Theorie der Transaktionskosten heraus beschreiben. Ausgangspunkt der folgenden Untersuchung bildet dabei die These, daß sich die Wahl der Organisationsform nach der Transaktionskosteneffizienz zu richten hat. Die Aussage, die Kosten einer Koordinationsform seien zu hoch, kann demnach immer nur im Vergleich mit den Kosten anderer Koordinationsformen beurteilt werden.

Um die Transaktionskosten der verschiedenen Organisationsformen vergleichen zu können, könnte – wie oben angedeutet – grundsätzlich pro mögliche Organisationsform eine nähere Spezifizierung bzw. Operationalisierung in Anbahnungs-, Vereinbarungs-, Kontroll- und Anpassungskosten vorgenommen werden. Diese Kostenarten sind im konkreten Fall jedoch nicht kardinal meßbar. Zudem müßte ein erhebliches Ausmaß heuristischen Erklärungspotentials geopfert werden, wollte man die jeweiligen Ausmaße dieser Kostenkategorien exakt messen bzw. auf dieser Grundlage allgemeingültige Empfehlungen für die Organisation von F&E ableiten. Denn wichtige Hintergrundfaktoren, welche die Transaktionskosten beeinflussen und von erheblicher strategischer Bedeutung sind, kämen nicht in den Gesichtskreis.

Die Höhe der Transaktionskosten wird von den oben abgeleiteten Kontextfaktoren bestimmt. Sie stellen somit die Kosteneinflußgrößen der Transaktionskosten dar:

(1) unternehmensspezifischer Charakter
(2) Grad der Unsicherheit
(3) Häufigkeit des Auftretens
(4) rechtliche Rahmenbedingungen
(5) technologische Rahmenbedingungen.

Diese fünf Kosteneinflußgrößen bilden die Ausgangsbasis der folgenden Abschnitte. Unter Anwendung dieser Größen als Analysekriterien wird herausgearbeitet, ob und wie sie die eine oder andere Bereitstellungsform für F&E-Leistungen vorteilhafter erscheinen lassen. Wenngleich zwischen diesen Kontextfaktoren auch Interdependenzen bestehen können und Überschneidungen in der Argumentation im Einzelfall unvermeidbar sind, soll ihr jeweiliger Einfluß auf die Wahl der Organisationsformen dennoch separat diskutiert werden. Nur so werden ihre einzelnen Einflußpotentiale klarer erkennbar.

Abbildung 24 verdeutlich die angestrebte Analysestruktur. Für ein F&E-orientiertes Management kann sie in der Praxis als Leitfaden für die Entscheidungsfindung bei Organisationsfragen herangezogen werden.

		Interne F+E	Externe F+E	Kooperative F+E
Kapitel V.1	Unternehmensspezifischer Charakter	Kapitel V.1.1	Kapitel V.1.2	Kapitel V.1.3
Kapitel V.2	Grad der Umgebungsunsicherheit	Kapitel V.2.1	Kapitel V.2.2	Kapitel V.2.3
Kapitel V.3	Häufigkeit des Auftretens	Kapitel V.3.1	Kapitel V.3.2	Kapitel V.3.3
Kapitel V.4	Rechtliche Rahmenbedingungen	Kapitel V.4.1	Kapitel V.4.2	Kapitel V.4.3
Kapitel V.5	Technologische Rahmenbedingungen	Kapitel V.5.1	Kapitel V.5.2	Kapitel V.5.3

Abbildung 24: Einflußfaktoren der Wahl von Koordinationsformen für die Durchführung von F&E-Leistungen (Analysestruktur)

1. Unternehmensspezifität

Je unternehmensspezifischer die Leistungsobjekte eines Unternehmens, desto eher treten Beschreibungs- und Bewertungsschwierigkeiten im Rahmen von Transaktionsbeziehun-

gen auf. Der Grund liegt z.B. in den mangelnden Vergleichs-, Bewertungs- und Meß-
möglichkeiten für die Leistungsobjekte.[144] Unternehmensspezifität löst große Informationsprobleme und damit hohe Transaktionskosten aus.

Zur Verdeutlichung seien hierzu einige Argumente dafür aufgeführt, wie sich ein hoher
Grad an Unternehmensspezifität auf Transaktionsbeziehungen auswirkt:

- Je spezifischer das Transaktionsobjekt, desto schwieriger sind alternative Verwen-
  dungsmöglichkeiten realisierbar. Die Transaktionspartner befinden sich in einem gegenseitigen Abhängigkeitsverhältnis, da z.B. transaktionsspezifische Investitionen
  (z.B. Spezialaggregat in Form eines F&E-Instruments oder -meßgeräts) vorgenommen wurden, die nur in einer bestimmten Verwendungsmöglichkeit bzw. im Rahmen
  einer bestimmten Transaktionsbeziehung einen wirtschaftlichen Wert aufweisen und/
  oder nur einem spezifischen Zweck dienen. Durch den unternehmensspezifischen
  Charakter der Leistung findet sich oftmals nur eine begrenzte Zahl verfügbarer
  Transaktionspartner. Das small-numbers-Problem sowie dadurch ermöglichte Frei-
  räume für opportunistisches Verhalten[145] erweisen sich als hohe Belastung vertraglicher Vereinbarungen aufgrund der gegenseitigen monopolartigen Stellung der
  Transaktionspartner. Wurde in eine Beziehung transaktionsspezifisch investiert und
  kommt im Extremfall nur ein Transaktionspartner in Betracht, droht der wirtschaftliche Wert der Investition auf Null zu sinken, sobald einer der Transaktionspartner die
  Verbindung aufkündigt. In der Vergangenheit aufgebaute Quasi-Renten werden gefährdet.

Auch die Transaktionskosten die, im Zuge der Etablierung einer Transaktionsbeziehung bereits hingenommen wurden (z.B. Such- und Anbahnungskosten bzw. sogenannte „set-up-costs"), wären bei einer Aufkündigung der Transaktionsbeziehung
vergeudet gewesen. Nicht nur über die spezifischen F&E-Leistungen müssen daher
eingehende Informationen beschafft werden, sondern vor allem müssen auch Informationen über die Seriosität und das Geschäftsgebaren sowie über den Ruf und die
Vertrauenswürdigkeit der Tauschpartner eingeholt und die Transaktionsbeziehung
immer wieder kontrolliert werden, wenn Spezifität vorliegt. Mit zunehmender Spezifität wird daher ein zunehmender Bedarf nach substantiellen Informationen (Informationssubstanz im Gegensatz zu Informationssubstituten[146]) ausgelöst. Der Preismechanismus als einziges Informationsinstrument und als Informationssubstitut für Informationssubstanz für die Transaktionspartner muß zwangsläufig versagen („Marktversagen"). So zeigt auch die Empirie, daß Vertragsbeziehungen, die den Transfer
von spezifischen Gütern regeln, durch intensivere Vertragsverhandlungen und durch
eher hierarchische Koordinationsformen mit höherem vertikalen Integrationsgrad gekennzeichnet sind als dies bei eher standardisierten Gütern der Fall ist.[147] Der durch
Spezifität ausgelöste Informationsbedarf bewirkt tiefgehende Informations- und
Kommunikationsprozesse und einen engeren Einbindungsgrad zwischen den Transaktionspartnern.

- Hinzu kommt, daß besonders bei F&E-Leistungen das Transaktionsobjekt häufig aus
  Informationen (z.B. über Forschungsergebnisse, technische Verfahren, Rezepturen)

besteht. Hieraus kann ein Informationsparadoxon entstehen:[148] Die angebotenen Informationen können erst wirtschaftlich bewertet werden, wenn man sie genau einsehen kann. Werden sie aber eingesehen, so hat man sie sich in diesem Moment bereits angeeignet und quasi kostenlos erworben. Vertrauensprobleme sowie Probleme der Geheimhaltung erschweren daher oftmals vertragliche Vereinbarungen und/oder wirken für marktliche Tauschbeziehungen im F&E-Bereich sogar prohibitiv.[149]

Diese beispielhaften Argumente zeigen, daß mit zunehmender Spezifität der Bedarf der Transaktionspartner nach einem vergleichsweise hohen gegenseitigen organisatorisch-rechtlichen Einbindungsgrad ("Hierarchie") besteht. Die Vereinbarung von marktlichen Koordinationsformen wird immer schwieriger. Der Preismechanismus kann bei hoher Spezifität nicht alle transaktionsnotwendigen Informationen zwischen den Transaktionspartnern transportieren. Die zu überwindenden Transaktionskosten steigen bzw. können so hoch werden, daß kein marktlicher Leistungstransfer mehr zustande kommt und zur Eigenfertigung bzw. vollen Integration übergegangen werden muß.

1.1. Unternehmensspezifität und interne F&E

> „Die Grundform unternehmerischer Tätigkeit ist und bleibt das Erbringen
> von Leistungen in der auf sich alleingestellten Unternehmenseinheit. Sie
> ist der Kooperation und der Konzentration vorzuziehen, wenn ihre Effi-
> zienz im Einzelfall gleich groß wäre."[150]

Selbst die Verfügbarkeit anderer Bereitstellungsformen stellt für viele Unternehmen die Notwendigkeit der internen F&E als solche folglich nicht in Frage. Für die regelmäßige Gewinnung neuen Wissens erweist sich die interne F&E z.B. besonders relevant, wenn Erfordernisse auf unternehmensspezifischen Gebieten auftreten, für die es keinen wirtschaftlich zugänglichen externen Bereitstellungsweg gibt.[151] Die F&E-orientierten Anforderungen können demnach in solch hohem Maße unternehmensspezifisch ausgerichtet sein, daß keine oder nur sehr wenige externe Transaktionspartner zur Verfügung stehen oder diese erst sehr spezifische Vorleistungen zu erbringen hätten, damit sie überhaupt als ernsthafte Transaktionspartner in Frage kämen. Auch die Suche nach und Auswahl von möglicherweise vorhandenen Transaktionspartnern würde die Transaktionskosten (v.a. Informationskosten in Form von Such- und Anbahnungskosten) unverhältnismäßig hoch werden lassen, wodurch eine interne Bereitstellung wesentlich effizienter erscheint.

Ein weiterer Aspekt betrifft die Problematik des Wissenstransfers von Ergebnissen und die damit verbundenen Anpassungsprobleme an unternehmensspezifische Anforderungen, wenn F&E-Leistungen von außen bezogen werden. Daher erweist sich ein bestimmtes Maß interner F&E von vornherein als unabdingbar, um F&E-Ergebnisse z.B. auf unternehmensspezifische Anforderungen transformieren zu können.[152]

Der interne Bereitstellungsweg erweist sich oftmals unter Beachtung der Transaktionskosten auch als günstiger, wenn das Unternehmen keinen – auf unternehmensspezifische Bedürfnisse abgestimmten – Wissenstransfer an externe Akteure z.B. aus Geheimhaltungs- und/oder Konkurrenzgründen zu leisten bereit ist und vom externen Aufgabenträger eine unternehmensspezifische Problemlösung verlangen müßte – was zwangsläufig einen solchen Wissenstransfer als Voraussetzung hätte.

Es wird deutlich, daß eine strategische Selektion von einerseits eher unternehmensspezifischen und andererseits weniger unternehmensspezifischen F&E-Leistungen notwendig ist, um eine Zuordnung zu typischen make- und typischen buy-Leistungen zu erreichen. Die Frage, welche F&E-Leistungen im konkreten Anwendungsfall unternehmensspezifisch bzw. zu den sogenannten „Kern-F&E-Aktivitäten" gehören, kann letztlich nur im Einzelfall entschieden werden.[153] Aus strategischer Sicht ist es aber schon ein Fortschritt, wenn im Unternehmen überhaupt ein tiefgehendes Bewußtsein darüber herrscht, daß es typische „Kern-F&E-Aktivitäten" einerseits und typische „buy-F&E-Leistungen" andererseits gibt (und geben soll).

In Weiterführung der Gedanken von Hess[154] zeigt Abbildung 25 eine Klassifikation von F&E-Aktivitäten und die Zuordnung der jeweiligen Kategorien in make- und buy-Leistungen.

Insgesamt bestimmen „Kernaktivitäten" nicht nur den Umfang der Eigenleistungen und die Fertigungstiefe, sondern besonders auch das Corporate Image und die Unternehmenskultur.[155]

Die globale Zuordnung in Abbildung 25 mag heuristisch fruchtbar sein. Es ist aber zu bedenken, daß für eine konkrete Systematisierung von make- und buy-Leistungen eine dynamische Perspektive eingenommen werden muß: was heute eine „sichere" Fremdleistung ist, kann morgen schon als „Kernaktivität" qualifiziert werden. Außerdem sind auch Motive denkbar, die trotz hoher Unternehmensspezifität den externen Bezug und/ oder die kooperative F&E-Bereitstellung günstiger erscheinen lassen.

1.2. Unternehmensspezifität und externe F&E

Die interne F&E ist bei hoher Unternehmensspezifität grundsätzlich vorzuziehen. Trotzdem gibt es Situationen, in denen trotz (und gerade wegen) hoher Spezifität der F&E-Leistung eine externe Bereitstellung sinnvoll ist. Welche Argumente stützen diese Behauptung?

> „Im Unterschied zu grundlegenden Forschungsaufgaben, die auf Branchenebene durch gemeinsam getragene Forschung bewältigt werden können, gibt es viele unternehmensspezifische F&E-Probleme, die sich wegen fehlender Spezialkenntnisse oder infolge einer Engpaßsituation im eigenen

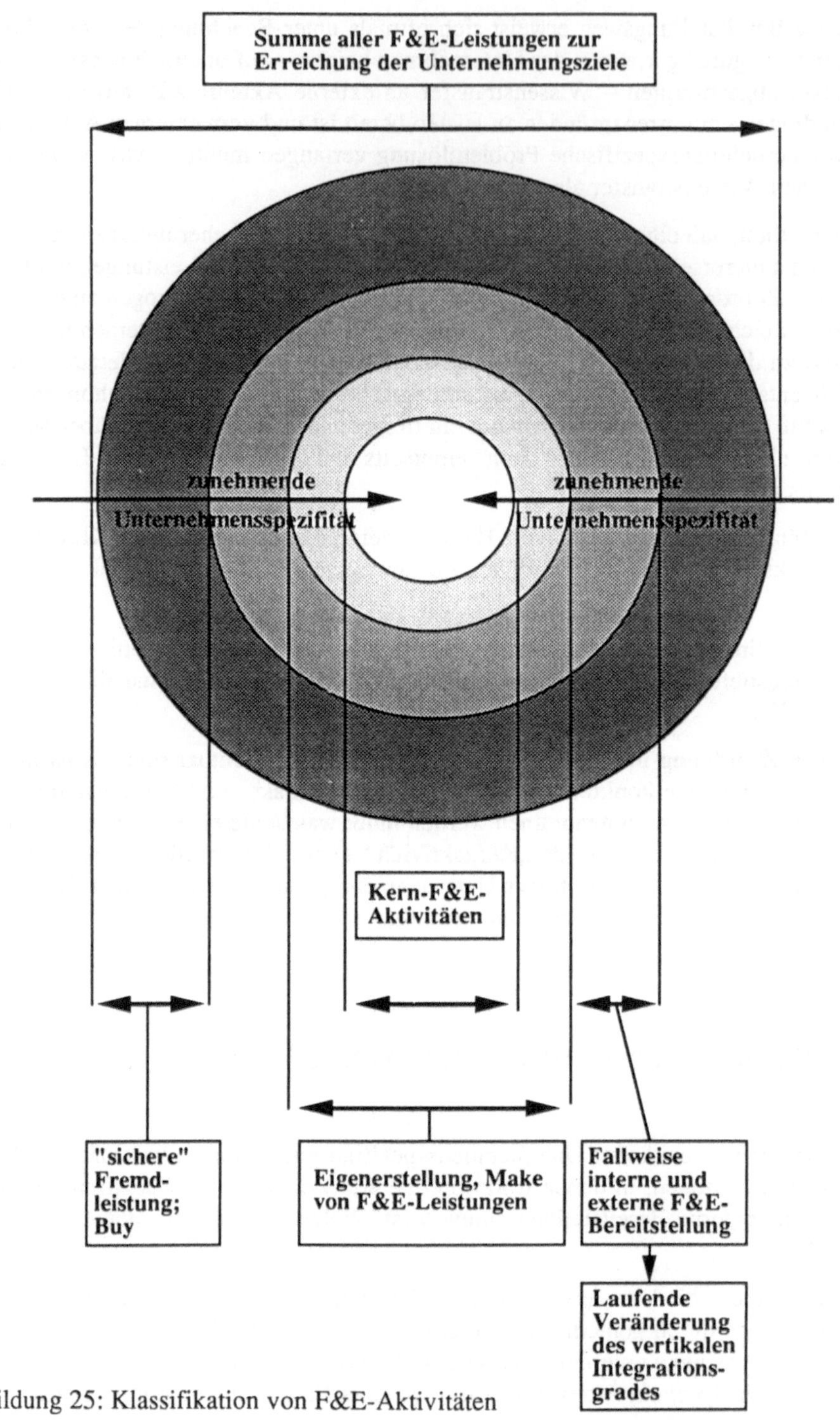

Abbildung 25: Klassifikation von F&E-Aktivitäten

64

Unternehmen nicht oder nicht rechtzeitig lösen lassen. Hier ist in diesen Fällen die Beauftragung externer Forschungsinstitute ein erfolgversprechender Weg."[156]

Dieser Weg erscheint unter transaktionskostentheoretischen Gesichtspunkten geeignet, wenn sich die Situation z.B. derart darstellt, daß ein beauftragtes Unternehmen die erforderliche Investition für eine spezifische Problemlösung in der Vergangenheit schon getätigt hat. D.h. die beauftragte Organisation besitzt die geforderte Spezialisierung in diesem Bereich bereits und muß sie nicht erst noch über eine zeitintensive Vorbereitung bewerkstelligen. Beispiele dieser Art liegen bei privaten oder staatlichen Auftragsforschungs-Einrichtungen[157] (z.B. Battelle-Institut, Fraunhofer Gesellschaft) oder anderen externen Unternehmungen vor, die bereits auf bestimmte Gebiete spezialisiert sind.

> „Inzwischen gilt in fast allen Unternehmen mit eigener Forschungskapazität die Regel, Forschungsaufträge jeweils dann nach außen zu geben, wenn in externen Instituten auf den gerade aktuellen Gebieten Erfahrungen vorliegen, die es im eigenen Haus nicht gibt und deren Erarbeitung Zusatzaufwand an Geld und Zeit erfodern würde."[158]

Dieser Zusatzaufwand beinhaltet z.B. die Überwindung von Informationsproblemen, um die nötigen Spezialkenntnisse intern zu erlangen (Anstellung und Fort- und Weiterbildung von internen Personalkapazitäten usw.). Er schließt auch die zum Aufbau der internen Leistungserstellung erforderlichen hohen Sachinvestitionen ein (z.B. in Form von spezifischen Forschungsapparaturen). Vor allem wenn es sich lediglich um vereinzelte und kurzfristige Problemstellungen handelt, erweist sich trotz hoher Unternehmensspezifität der interne Aufbau von Spezial-know-how als nicht effizient.

Allerdings ist zu bedenken, daß durch die Beauftragung eines spezialisierten Unternehmens ein small-numbers-Problem entstehen kann. Besonders bei hoher Unternehmensspezifität von F&E-Leistungen steht meist nur eine kleine Zahl (oder auch nur ein einziger) Transaktionspartner für die F&E-Leistung zur Auswahl. Die Gefahr, durch die monopolartige Stellung des Leistungsträgers (F&E-Bereitsteller bzw. F&E-Auftragnehmer) und dessen know-how bei Spezialaufgaben in Abhängigkeit und Manipulierbarkeit zu geraten, ist nicht von der Hand zu weisen. Das beauftragende Unternehmen (F&E-Auftraggeber) kann aber besonders in Situationen mit hoher „small-numbers-Induziertheit" versuchen, durch enge vertragliche, organisatorische und vertrauensvolle sowie wertorientierte Einbindung des „Spezialisten" vor allem Kontroll- und Anpassungskosten gering zu halten. Andernfalls können die Transaktionskosten unüberwindbar hoch werden, so daß eine externe Bereitstellung nicht mehr realisierbar wird.

Eine weitere Form, F&E-Leistungen extern zu erlangen – trotz hoher Unternehmensspezifität -, stellt grundsätzlich die bereits dargestellte externe Lizenznahme dar. Im Zusammenhang mit der Frage der Existenz und Verfügbarkeit von Lizenzen sei ebenfalls angedeutet, daß für das kaufende Unternehmen oftmals Informationsprobleme entstehen, deren Überwindung mit hohen Transaktionskosten verbunden ist. Auch das Problem des Informationsparadoxons ist bei der Lizenznahme stets latent vorhanden. Handelt es sich nicht um eine allgemein bekannte und bereits häufig angewandte Technologie, sondern um sehr spezifische Informationen über Produkt- und/oder Verfahrenstechniken, so müssen sie erst analysiert werden, um ihren Wert zu erkennen. Dadurch wird die Information (F&E-Ergebnisse) bereits kostenlos erlangt (vorausgesetzt patentrechtliche Gesichtspunkte der Anwendung bleiben vorerst unberücksichtigt). Häufig entspricht jedoch das Niveau des lizenzierten know-how nicht den unternehmensspezifischen Anforderungen und muß weiterentwickelt werden. Die Verbindung zur Problematik der Anpassungsschwierigkeiten hinsichtlich spezifischer Unternehmenserfordernisse tritt hierdurch wieder sehr deutlich zu Tage.

Andererseits ist es bei Lizenznahme denkbar, daß durch einen exklusiven (Exklusivlizenz) und längerfristigen Lizenzvertrag eine enge wirtschaftliche Einbindung des Lizenzgebers stattfindet. Hierdurch kann sich der Lizenznehmer vor einer opportunistischen Ausnutzung des Lizenzgebers z.B. im Hinblick auf die Preisgestaltung für spezifische Fort- und Weiterentwicklungen schützen. Auch die transaktionsspezifischen Investitionen des Lizenzgebers können durch einen längerfristigen Lizenzvertrag über einen längeren Zeitraum zu amortisieren versucht werden. Auch in diesem Fall liegt eine externe Beschaffung vor und erscheint grundsätzlich sinnvoll. Allerdings steigt der vertikale Integrationsgrad aufgrund der längerfristigen Beziehung. In diesem Fall sind die Grenzen zu einer F&E-Kooperation fließend.

1.3. Unternehmensspezifität und kooperative F&E

> „Die Nutzung neuer Technologien stellt Unternehmen desselben Wirtschaftszweiges grundsätzlich vor ähnliche F&E-Aufgaben. Dies legt es nahe, in F&E dann zu kooperieren, wenn die zu lösenden Probleme das einzelne Unternehmen überfordern und die F&E-Ergebnisse genügend Raum für betriebsindividuelle Anpassungen bieten."[159]

Für Unternehmen im Bereich der Spitzentechnologien ist es meist nicht möglich, in allen unternehmensspezifischen Technologiebereichen eine führende F&E-Position einzunehmen bzw. ausreichende interne F&E-Aktivitäten zu unterhalten. Eine weitere kritische Situation tritt ein, wenn es ein Unternehmen in der Vergangenheit versäumt hat, in einem wichtigen unternehmensspezifischen F&E-Bereich tätig zu werden – u.U. deshalb, weil ihr eine strategische Orientierung darüber fehlt, was wirklich unternehmensspezifisch ist bzw. sein soll.

Aufgrund der Dynamik und turbulenten Entwicklung im Bereich von Schlüssel- oder Spitzentechnologien gelingt es Unternehmen oft nicht, sich noch rechtzeitig die eigentlich unternehmensspezifischen Wissenspotentiale (intern) heranzuziehen bzw. anzueignen. Außerdem unterliegt die Unternehmensspezifität einem andauernden Evolutionsprozeß: Komponenten und F&E-Leistungen, die heute für ein bestimmtes Unternehmen unternehmensspezifisch sind und zu den „Kernaktivitäten" gehören, sind morgen vielleicht schon „Kernaktivitäten" anderer Unternehmen bzw. „Randaktivitäten" des eige-

66

nen Unternehmens – und umgekehrt: F&E-Leistungen und Komponenten, die heute aufgrund geringer Unternehmensspezifität von anderen Unternehmen bezogen werden, können morgen schon unternehmensspezifische Kernaktivitäten sein.[160]

Zwischen Unternehmen besteht sogar nicht selten ein rivalisierender Wettbewerb besonders hinsichtlich der Integration solcher Kernaktivitäten, die für die Zukunft hohe Wachstums- und Differenzierungspotentiale versprechen. Unternehmen der Automobilindustrie haben beispielsweise zu entscheiden, ob sie angesichts des zunehmenden Einzugs der Mikroelektronik in das „komplexe System Auto" (Systemintegration) und angesichts des damit verbundenen Differenzierungspotentials durch Kooperation und/oder Akquisition innerhalb der eigenen Unternehmensgrenzen eine mikroelektronische F&E-Kompetenz aufbauen sollen.[161]

In diesen Situationen, in denen zukünftig hohe Veränderungen hinsichtlich der Unternehmensspezifität zu erwarten sind, würde es sich daher als günstig erweisen, mit Unternehmen zu kooperieren, die über in Zukunft unternehmensspezifische F&E-orientierte Leistungsspezifitäten bereits verfügen. Als Beispiel sei hier die koordinierte Einzelforschung angeführt, die dadurch gekennzeichnet ist, daß sich die beteiligten Unternehmen auf bestimmte Forschungsgebiete spezialisieren und vereinbart wird, daß die spätere Zuordnung der F&E-Aktivitäten oder bereits erbrachten F&E-Leistungen zu einem bestimmten Unternehmen dann erfolgt, wenn sie sich für dieses Unternehmen als besonders unternehmensspezifisch erweisen. Darüber hinaus kann versucht werden, mit potentiell auf zukünftig unternehmensspezifisch werdenden Gebieten forschenden Institutionen zu kooperieren, um einen ständigen know-how-Transfer sicherzustellen und bei aktuellem Bedarf unter quasi geringen Rüstkosten darauf aufbauend eigene F&E zu betreiben ("F&E-window-Politik").

Durch die kooperative Einzelforschung, die auch auf internationaler Basis möglich ist, kann das Forschungspotential eines Unternehmens stark gesteigert werden. Dies gilt insbesondere, wenn sich Spezialisierungsunterschiede der kooperierenden Unternehmen und die bei ihrer koordinativen Verbindung der Einzelpakete auftretenden Transaktionskosten z.B. durch Synergieeffekte kompensieren lassen, die im Rahmen des Erfahrungsaustauschs auftreten.[162] In diesem Sinne kann die Innovationsfähigkeit auch dergestalt gesteigert werden, daß statt umfassender Basisinnovationen sogenannte „intelligente Lösungen" durch Kooperationen zwischen Unternehmen mit spezifischem know-how erzielt werden.[163]

Ein weiterer Vorteil liegt auf dem Gebiet der Kostensenkung. Eine koordinierte F&E-Kooperation trägt z.B. zur Vermeidung von Parallelforschung bei. Durch effektivere Kapazitätsauslastung besonders von sehr spezifisch ausgelegten Personal- und Anlagenkapazitäten sinken die Leerkosten im F&E-Bereich.

Trotz hoher Unternehmensspezifität kann eine Kooperation von Unternehmen auch sinnvoll sein, wenn sich Schutzrechte durch gemeinsame Anstrengungen besser durchsetzen und überwachen lassen. Handelt es sich darüber hinaus um eine F&E-Leistung, die zwar unternehmensspezifisch ist, jedoch in verschiedenen Branchen gebraucht wird, ist die

Zusammenarbeit branchenfremder Unternehmen günstiger als eine aufwendige betriebsinterne Erarbeitung durch jedes einzelne Unternehmen.[164] Da sich jedes Unternehmen auf bestimmte F&E-Bereiche spezialisieren kann, die Erfahrungen und Ergebnisse der anderen Unternehmen aber auch unmittelbar zugänglich und nutzbar sind, können mehr F&E-Projekte in Angriff genommen und nach Fähigkeiten und Kapazitäten bestmöglich auf die Kooperationspartner verteilt werden. Ein solches Vorgehen wird die Wettbewerbsposition aller Partner verbessern.

Ein Gesichtspunkt, der diese Form der Transaktionsbeziehung eher kritisch bewertet, betrifft das bereits angesprochene Vetrauensproblem sowie die Abhängigkeit von der Loyalität des Partners.

> „Individualismus und Unabhängigkeitsstreben, zwei wesentliche Charakteristika des Unternehmens, hemmen vielfach auch dort die Verbindung mit anderen Kollegen, wo sich durch Zusammenarbeit erheblich bessere wirtschaftliche Ergebnisse erzielen ließen. ... Psychologisch hinderlich erweist sich auch das Mißtrauen, das sich aus jahrelanger wettbewerblicher Gegnerschaft entwickelt. Es besteht die Sorge, daß der Partner aus der Zusammenarbeit größere Vorteile zieht und nicht die erforderliche Kooperationstreue bewahrt."[165]

Obwohl Benisch unabhängig von small-numbers-Problemen und opportunistischen Verhaltensmustern argumentiert, werden beide Elemente in seiner Aussage unmittelbar angesprochen. Gerade bei dieser Art von Kooperation, in der beide Partner ein hohes Maß an transaktionsspezifischer Leistungserstellung aufweisen, kann das small-numbers-Problem greifen. Bei einem Bruch der Kooperation stehen meist nur wenige andere Unternehmen (oder evtl. gar keine) als neue Transaktionspartner zur Verfügung. Die Bildung einer F&E-Kooperation machte u.U. den Aufbau eigener und völlig autonomer Bereitstellungskapazitäten für F&E in der Vergangenheit nicht erforderlich. Folglich befinden sich die Unternehmen in einem gegenseitigen Abhängigkeitsverhältnis.

> „Je spezifischer die Ansprüche sind, desto enger ist das Angebot an geeigneten Partnern. Die oft recht beschränkte Anzahl denkbarer Partner bildet für ein Kooperationsvorhaben die Menge der Alternativen, zwischen denen man die Auswahl treffen muß."[166]

Die quasi monopolartige Kooperationssituation provoziert daher opportunistisches Verhalten der Kooperationspartner und Abschöpfungsversuche hinsichtlich der aufgebauten Quasi-Renten. Ein gegenseitiges und gleichverteiltes wirtschaftliches Abhängigkeitsverhältnis wirkt jedoch andererseits auch bindend und kann opportunistisches Verhalten einschränken. Dies gilt um so mehr, je mehr beide Kooperationspartner davon überzeugt sind, daß die Kooperation nicht nur gegenwärtig, sondern besonders auch zukünftig für beide wettbewerbsstrategische Vorteile bringt und daher fortgeführt werden soll.

Allerdings kann es auch zur Strategie der Förderung einer Kooperationsbeziehung eines (besonders listigen) Kooperationspartners gehören, zukünftige F&E-orientierte Tauschbeziehungen immer wieder in Aussicht zu stellen. Das Motiv für eine solche Kommunikationsstrategie kann darin liegen, durch die Inaussichtstellung eines Anschlußvertrags und/oder einer Anschlußkooperation zum gegenwärtigen Zeitpunkt ein für ihn vorteilhaftes Verhandlungsergebnis zu erzielen. Ferner kann durch ein solches Verhalten auch signalisiert werden, daß man bei kooperationsunwilligen Verhaltensmustern auch zukünftig noch in der Lage ist, Sanktionsmaßnahmen zu ergreifen. Axelrod bringt diese Zusammenhänge durch die Begriffsbildung „Erweiterung des Schattens der Zukunft" zum Ausdruck:

> „Wechselseitige Kooperation kann stabil sein relativ zur Gegenwart, wenn die Zukunft hinreichend wichtig ist. Das liegt daran, daß die Spieler die Defektion des anderen implizit mit Vergeltung bedrohen können, sofern die Interaktion lang genug dauert, um die Drohung wirksam zu machen.... Die Situation ändert sich, wenn der Schatten der Zukunft nicht so groß ist."[167]

Besteht dagegen ein ungleichgewichtiges Abhängigkeitsverhältnis, können vor allem die weniger abhängigen Transaktionspartner versuchen, die Situation zu ihrem Vorteil (unter Schädigung des Partners) auszunutzen; selbst wenn der Schatten weit in die Zukunft reicht.

Mit zunehmender Transaktionsspezifität und vor allem ungleichgewichtigem Abhängigkeitsverhältnis der Transaktionspartner steigen demnach nicht nur die Transaktionskosten der externen (bzw. marktlichen) Bereitstellung, sondern auch die Transaktionskosten der kooperativen Bereitstellung von F&E-Leistungen. Nur die Realisierung hoher vertikaler Integrationsgrade bei gleichzeitiger vertrauensvoller Zusammenarbeit kann hier die Transaktionskosten beherrschen helfen. Hohe Unternehmensspezifität der zu bereitstellenden F&E-Leistungen verlangt nach hohem vertikalen Integrationsgrad der F&E-Aktivitäten.

2. Unsicherheit

Die Unsicherheit über zukünftige Umweltzustände, unter denen vereinbarte F&E-Leistungen erbracht und zwischen Transaktionspartnern getauscht werden, stellt die zweite Einflußgröße von Transaktionskosten dar. Es stellt sich die Frage, welche Faktoren des situativen Bedingungsrahmens in diesem Zusammenhang zu betrachten sind. Grundlage ist die konzeptionelle Klärung des Interaktionsrahmens Unternehmung und Umwelt.

Der Interaktionsrahmen basiert primär auf sozio-ökonomischen Faktoren. Der Analysebereich kann daher als sozio-ökonomisches Feld[168] charakterisiert werden. Es beinhaltet sowohl die aufgabenspezifische Umwelt als auch die Einflüsse der globalen Umwelt, in welcher sich ein Unternehmen bewegt. Die aufgabenspezifische Umwelt ergibt sich aus den speziellen Anforderungen, die aus dem geschäftlichen Bedingungsrahmen des Unternehmens heraus entstehen. Dazu gehören beispielsweise Kunden, Lieferanten, Konkurrenten und Produkte. Globale Umweltparameter gelten dagegen für sämtliche Unternehmen. Dazu gehören allgemeine ökonomische, technologische, rechtlich-politische und sozio-kulturelle Einflußfaktoren. Die (subjektiv) empfundene Unsicherheit kann sich folglich auf verschiedene Bereiche des Analysebereiches beziehen und vielfältige Ursachen haben.

Unsicherheit ist nicht allgemeingültig oder objektiv erfahrbar, sondern immer unternehmensspezifisch (aber auch personenspezifisch) zu betrachten. Das Ausmaß der Unsicherheit ist abhängig vom situativen Bedingungsrahmen der Unternehmung und der Stellung, die das Unternehmen darin einnimmt. Besonders zwei Faktoren, die Dynamik und Komplexität der Umwelt[169], scheinen jedoch den Grad der Unsicherheit, in dem ein einzelnes Unternehmen handelt, besonders zu beeinflussen (vgl. Abbildung 26).

Komplexität Dynamik	einfach	komplex
statisch	empfundene Unsicherheit gering (1) Wenige Faktoren und Segmente (2) Faktoren und Segmente weisen Ähnlichkeiten auf (3) Faktoren und Segmente ändern sich nur wenig im Zeitablauf **niedrige Transaktionskosten**	empfundene Unsicherheit ziemlich gering (1) Viele Faktoren und Segmente (2) Faktoren und Segmente weisen keine Ähnlichkeiten auf (3) Faktoren und Segmente ändern sich nur wenig im Zeitablauf **mittlere Transaktionskosten**
dynamisch	empfundene Unsicherheit gemäßigt hoch (1) Wenige Faktoren und Segmente (2) Faktoren und Segmente weisen Ähnlichkeiten auf (3) Faktoren und Segmente ändern sich ständig **mittlere Transaktionskosten**	empfundene Unsicherheit hoch (1) Viele Faktoren und Segmente (2) Faktoren und Segmente weisen keine Ähnlichkeiten auf (3) Faktoren und Segmente ändern sich ständig **hohe Transaktionskosten**

Abbildung 26: Umweltzustände und empfundene Unsicherheit

Unter der Dynamik der Umwelt werden die Häufigkeit der Änderungen, die Stärke der Änderungen und die Regularität bzw. Irregularität, mit der diese Änderungen auftreten, verstanden.[170)] Die Komplexität der Umwelt bezeichnet die Zahl der bei der Entscheidungsfindung zu berücksichtigenden Faktoren sowie deren Verteilung im sozioökonomischen Feld.[171)] Demnach führen sowohl Dynamik als auch Komlexität der Umwelt zu Unsicherheit bei der Entscheidungsfindung.

Die Komponenten Dynamik und Komplexität wirken auf die globale und aufgabenspezifische Umwelt (vgl. Abbildung 27).

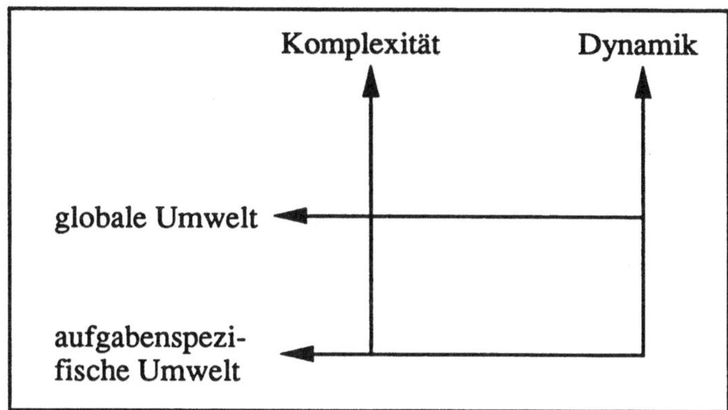

Abbildung 27: Unsicherheitsfaktoren und Unternehmensumwelt

Schließlich ist darauf hinzuweisen, daß auch im internen Bereich Unsicherheit auslösende Bedingungen herrschen können, die nicht nur externe Einflüsse der Umwelt widerspiegeln. Geht man von einem bestimmten Pegel externer Unsicherheit aus und unterstellt man gleichzeitig eine sehr starre und bürokratische Organisationsstruktur, so ist zwar einerseits davon auszugehen, daß diese für die in der Unternehmung ablaufenden Prozesse stabilisierend und verläßlich wirkt, wodurch Unsicherheit abgebaut wird – Struktur reduziert Unsicherheit;[172)] andererseits ist davon auszugehen, daß durch sehr starre und bürokratische Organisationsstrukturen Flexibilitätspotentiale geopfert werden, die ein schnelles und der jeweiligen Situation angepaßtes Reagieren auf externe Umweltkomplexität und -dynamik erschweren. Damit steigt die Unsicherheit des Unternehmens, auf zukünftige Umweltveränderungen rechtzeitig und flexibel reagieren zu können.[173)]

Aus transaktionskostentheoretischer Sicht werden besonders die Unvollkommenheit der Information (sogenannte „information impactedness")[174)] und die begrenzte Rationalität des Unternehmers ("bounded rationality")[175)] als Einflußfaktoren interpretiert, die Unsicherheit auslösen und die Entscheidungsfindung im Rahmen von Tauschbeziehungen erschweren. Dies bezieht sich z.B. auf das Fehlen von Informationen über die einer (potentiellen) Transaktionsbeziehung zugrundeliegenden Umweltfaktoren, die Unwissenheit über Konsequenzen alternativer Entscheidungsmöglichkeiten oder Transaktionsalternativen und das Unvermögen, alternativen Effekten der externen Einflußfaktoren Wahrscheinlichkeiten zuzuordnen.[176] Dies wirkt verstärkt in Umgebungen mit dynamischem oder komlexem Charakter.

Um Unsicherheit als eine real vorhandene und transaktionsrelevante Einflußgröße betrachten zu können, muß sie andererseits durch das Unternehmen bzw. deren Entscheidungsträger überhaupt erst als solche wahrgenommen werden. Der Grad der Unsicherheit, in der eine Transaktionsbeziehung geplant wird oder stattfinden soll, unterliegt der subjektiven Empfindung des Unternehmers. Folglich kann die Bewertung der Unsicherheit unterschiedlich hoch sein, selbst bei Unternehmen, die dem gleichen Bedingungsrahmen ausgesetzt sind und intern ähnliche organisatorische Konstellationen aufweisen. Damit wird zwangsläufig auch die Höhe der Transaktionskosten unterschiedlich bewertet. Dies kann zu subjektiv unterschiedlichen Entscheidungen bei der Wahl von (als subjektiv günstiger empfundenen) Koordinationsformen führen.

Vor diesem Hintergrund wird deutlich, daß für die Beurteilung der Einflußgröße Unsicherheit sowohl die subjektive Empfindung über die Unsicherheit als auch die subjektive Einstellung des Unternehmens (bzw. deren Entscheidungsträger) zum Risiko eine erhebliche Rolle spielen.

Insgesamt bezieht sich die traditionelle Argumentation der Transaktionskostentheorie auf einen positiven Zusammenhang zwischen Unsicherheit und der Höhe der Transaktionskosten:[177] Je höher die Unsicherheit, desto höher die Transaktionskosten. Im Anbahnungs- und Vereinbarungsstadium einer Transaktionsbeziehung erschwert eine als hoch empfundene Unsicherheit beispielsweise den Einigungsprozeß und erhöht die bei der Einigung zu überwindenden Transaktionskosten (z.B Vereinbarungs- und Verhandlungskosten). Besteht zwischen den Transaktionspartnern bereits eine vertragliche Bindung (egal welcher Form), so können ständig sich ändernde Umweltzustände einen hohen Überwachungs- und Anpassungsbedarf induzieren und zu unzumutbar hohen Transaktionskosten führen (z.B. Kontroll und Anpassungskosten). Dies kann zur Auflösung der Transaktionsbeziehung drängen und einen Übergang auf eine interne F&E-Bereitstellung ratsam erscheinen lassen.

Aus der Perspektive des Transaktionskostenansatzes kann somit die These aufgestellt werden, daß mit zunehmender Unsicherheit die Wahl interner F&E günstiger ist als die Wahl marktlicher Koordinationsformen.

2.1. Unsicherheit und interne F&E

Hohe Unsicherheit erschwert die Anbahnung und Realisierung von marktlichen Transaktionsbeziehungen. Steigende Unsicherheit ist eine Einflußgröße von Transaktionskosten, welche die Wahl der internen F&E-Bereitstellung prinzipiell begünstigt. Das Unsicherheitsproblem in einer durch Dynamik und Komplexität gekennzeichneten Branche macht besonders marktliche Koordinationsformen problematisch, hat aber auch Auswirkungen auf die interne F&E. Es stellt sich die Frage, ob sich die Anpassungsprobleme durch interne Bereitstellung von F&E-Leistungen in jedem Fall einfacher lösen lassen. Ist die interne F&E unter dem Unsicherheitsaspekt wirklich grundsätzlich vorzuziehen und mit geringeren Transaktionskosten verbunden?

Aus Sicht der Transaktionskostentheorie wird besonders auf die Bedeutung der informationsstabilisierenden und Unsicherheit vermeidenden Wirkungen der vertikalen Integration hingewiesen (z.B. hinsichtlich der marktlichen Koordinierungsunsicherheit und der Qualitätsunsicherheit bezüglich extern zu beschaffender Leistungen).[178] Hierzu führen z.B. Wright und Thompson aus:

> „... vertical integration is initially the consequence of entrepreneurial efforts to reduce information cost associated with the implementation of new ideas."[179]

Und Davies bemerkt im Zusammenhang mit der Qualitätsunsicherheit extern bezogener Leistungen:

> „Where the monitoring of quality is costly or possible only ex-post, it may be preferable for the user to integrate, keeping a closer check on quality by producing the input itself".[180]

Auch die aus potentiellem opportunistischen Verhalten von Transaktionspartnern auf den Beschaffungsmärkten ausgelöste Koordinierungsunsicherheit wird durch vertikale Integration von F&E-Aktivitäten in die eigenen Unternehmensgrenzen reduziert. Die Gründe liegen z.B. in der Bildung einer Vertrauensatmosphäre durch die längerfristige Orientierung der Zusammenarbeit und in der Herausbildung gemeinsamer Werte und Statussymbole innerhalb der Unternehmung.[181] Sie gestalten Informationsflüsse und Kommunikationsprozesse im Rahmen intraorganisatorischer Transaktionsbeziehungen einfacher und „sicherer" als dies bei Marktkoordination bzw. Fremdbezug der F&E-Leistungen möglich wäre.[182]

Die transaktionskostentheoretisch fundierte These, daß im Rahmen interner F&E aufgrund eines unmittelbaren und auf „Hierarchie" beruhenden „Durchgriffs" z.B. durch hohe Änderungshäufigkeit erforderliche Anpassungen leichter durchzusetzen sind und durch hierarchische Kontrolle Unsicherheit während der Koordinierungsprozesse reduziert werden kann,[183] erscheint insgesamt allerdings etwas zu allgemein formuliert. Vielmehr ist dieser Aspekt in Abhängigkeit der spezifischen Organisationsstruktur des Unternehmens im Vergleich zur Ausgestaltung alternativer marktlicher Bereitstellungsformen zu sehen:

Die Gestaltungsmöglichkeiten von F&E im internen Bereich einer Unternehmung haben direkten Einfluß auf die Kosten der Koordination, z.B. im Sinne der Überwindung hierarchischer Strukturen. Je starrer und bürokratischer sich die Organisationsstruktur gestaltet, in der die interne F&E stattfindet, desto höher sind beispielsweise auch die zu überwindenden Transaktionskosten im unternehmensinternen Bereich. Eine Unterscheidung zwischen bürokratischen und unbürokratischen bzw. starren und organischen Organisationsstrukturen[184] macht deutlich, daß eine bürokratische bzw. starre Organisationsstruktur den Anforderungen einer schnellen und flexiblen Reaktion auf Änderungen häufig nicht entspricht. Mit Blick auf dieses Problem weist Tapon besonders auf Probleme der internen Organisation der Grundlagenforschung in Großunternehmen hin.[185] Weil es Großunternehmen oft am für die Grundlagenforschung notwendigen inventiv-unternehmerischen Klima fehlt, gibt Tapon zahlreiche Beispiele aus dem Pharmabereich, in denen F&E-Leistungen von kleinen Universitätsinstituten bezogen werden oder mit diesen zumindest eine Kooperation unterhalten wird.[186]

Folglich kann für ein Unternehmen mit bürokratischer Struktur in einer dynamischen Umwelt interne F&E ständig mit so hohen Anpassungskosten verbunden sein, daß eine Überprüfung der Effizienz dieser Koordinationsform zugunsten einer spezifischen marktlichen Koordinationsform im Einzelfall sinnvoll sein kann. Als Beispiel sei hier die kurzfristige Vergabe von Forschungsaufträgen erwähnt, wenn eine schnelle Anpassung der internen F&E an neue technologische Anforderungen nicht rasch genug erfolgen kann, das Unternehmen aber dennoch den Anschluß an neue Trends im F&E-Bereich oder konkreten F&E-Gebieten nicht verlieren will.[187]

Darüber hinaus ist daran zu denken, daß beispielsweise aus Gründen der Bewahrung interner Ruhe und Beständigkeit sowie tradierter Verhaltensmechanismen („das haben wir immer schon von externen Instituten erforschen lassen", „Schuster bleib bei deinen Leisten") trotz steigender Unsicherheit (die z.B. aus einer zunehmenden small-numbers-Position resultiert) an einer externen Bereitstellung von F&E-Leistung festgehalten wird – ganz entgegen der Voraussage der Transaktionskostentheorie. Und vielleicht erlaubt es die Machtstellung eines Unternehmens sogar, den externen Transaktionspartnern notwendige Anpassungserfordernisse unter geringeren Transaktionskosten aufzubürden, als diese bei einer interner Durchsetzung von Änderungsprozessen zu veranschlagen wären.

Ob Unsicherheit tatsächlich grundsätzlich zur Präferierung der internen F&E führt, ist daher nur tendenziell zu akzeptieren. Zusätzlich ist in der konkreten Entscheidungssituation – wie angedeutet – jeweils auch die Ausgestaltung der unternehmensspezifischen Organisationsstruktur zu analysieren (vgl. hierzu auch Abbildung 28).

Das in der Literatur zur Transaktionskostentheorie meist einseitige Argument, wonach Unsicherheit nach hohem vertikalen Integrationsgrad bzw. interner Bereitstellung von Leistungen (Eigenfertigung) verlangt, hat seine Begründung wahrscheinlich darin, daß Unsicherheit als Ausfluß der Spezifität gesehen wird. So steigt mit zunehmender Spezifität die Unsicherheit der Transaktionspartner darüber, ob die daraus resultierende small-numbers-Position nicht doch opportunistisch ausgenutzt wird. Durch hohe Spezifität wird ferner die Vergleichbarkeit mit alternativen F&E-Leistungen eingeschränkt. Es gibt kaum Vergleichsmöglichkeiten. Dadurch werden Bewertungsunsicherheiten ausgelöst. Dies sind Gründe, die für interne F&E sprechen.

74

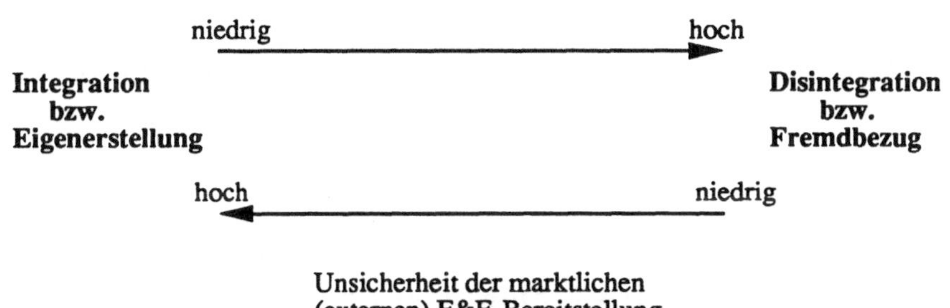

Abbildung 28: Interne und externe Unsicherheit der F&E-Bereitstellung: Konsequenz
für die vertikale Integration

Wird der Unsicherheitsaspekt jedoch nicht nur als Ergebnis der Spezifität und eines verengten Marktes (small-numbers-Problem) begriffen, so muß die einseitige Argumentation für eine interne Bereitstellungsform zwangsläufig kritischer betrachtet werden.

2.2. Unsicherheit und externe F&E

Besteht eine relativ geringe Unsicherheit, d.h. die Umwelt, in der das Unternehmen agiert, kann eher als statisch (versus dynamisch) und einfach (versus komplex) bezeichnet werden, beurteilt die Transaktionskostentheorie die zur Durchführung externer F&E zu überwindenden Transaktionskosten als eher gering. Die Wahl marktlicher Koordinationsformen wird in Situationen mit geringen Informationsproblemen, wohlstrukturierten Entscheidungssituationen und Märkten, die eine geringe Komplexität und Dynamik aufweisen, effizienter als die Beschäftigung eigener Ressourcen sein.[188]

Unter diesen Bedingungen ist eine marktliche Transaktionsbeziehung von Unsicherheiten weitgehend frei. Die Transaktionsbeziehung läßt sich relativ gut beherrschen. Bezogen auf die Dynamik und Komplexität verschiedener Branchen, müßten folglich Unternehmen in statischen und „einfachen" Märkten eher zu marktlicher Bereitstellung bzw. externer F&E neigen als Unternehmen in dynamischen und komplexen Märkten. Unternehmen in eher statischen und „einfachen" Märkten müßten demnach mehr externe F&E-Kosten aufweisen als Unternehmen in eher dynamischen und komplexen Märkten. Eine Überprüfung dieser Hypothese könnte durch die Analyse der Verteilung der Ausgaben für interne und externe F&E[189] ermöglicht werden.

Bezieht man diesen Aspekt in die Analyse mit ein und unterstellt weiterhin (was natürlich aufgrund des geringen Zahlenmaterials und der globalen Aussage gewagt ist), daß
die Elektrotechnik im Gegensatz zur Energie- und Wasserversorgung eine höhere Komplexität aufweist und einer ausgeprägteren Wettbewerbsdynamik ausgesetzt ist, müßte
für die Elektrotechnik ein vergleichsweise höherer Anteil an interner F&E zu erwarten
sein. Das in Abbildung 29 dargestellte Zahlenmaterial unterstützt diese Hypothese.

Wirtschaftszweig	F&E-Aufwendungen 1985 in Mio DM	
	intern	extern
Energie- und Wasser- versorgung	399,3 30%	930,8 70%
Elektrotechnik	9213,3 92%	757,9 8%

Abbildung 29: Interne und externe F&E-Aufwendungen in verschiedenen Branchen

Zu diesem Ergebnis trägt sicherlich der Umstand bei, daß ein weitgehend wettbewerbs-
freier und daher gleichzeitig mit weniger Unsicherheit durchsetzter Industriezweig
(Energie- und Wasserversorgung) mit einem sehr wettbewerbsintensiven und daher stärker mit Unsicherheit durchsetzten Industriezweig (Elektrotechnik) verglichen wird. Im
Fall der Energie- und Wasserversorgung bleibt beispielsweise ein durch Auslagerung
von F&E einhergehender Informationstransfer für die Wettbewerbsstellung weitgehend
neutral. Denn die im Energiesektor aufgeteilten Marktanteile sind z.B. weitgehend durch
sogenannte Konzessionsverträge langfristig gesichert. Energieversorgungsunternehmen
sind damit kaum einer marktlichen Unsicherheit bzw. dem Zugriff von Konkurrenten
ausgesetzt. Im konkurrenzintensiven, dynamischen und komplexen Industriebereich der
Elektrotechnik ist dagegen ein Informationstransfer für ein Unternehmen unmittelbar
mit der Gefahr des Verlusts von innovativen und im dynamischen Wettbewerb ökonomisch verwertbaren Informationspotentialen verbunden.[190] Schon allein aus diesem
Grund besteht daher in der Elektrotechnik ein Zwang für die interne F&E-Bereitstellung.

Zur Erklärung des hohen Fremdbezugsanteils der F&E-Bereitstellung in der Energie-
und Wasserversorgung könnte man auch analog zum Konzept der „Kernaktivitäten" argumentieren: Danach könnten für Energieversorgungsunternehmen die Erzeugung und
Verteilung, nicht aber der Bau und die technologische Fort- und Weiterentwicklung der
F&E-intensiven Energieerzeugungs- und Filteranlagen unternehmensspezifische Kernaktivitäten darstellen. Die der Erzeugung und Verteilung vorgelagerten Produktionsstufen der Energieversorgung (Entwicklung und Bau von Kraftwerksanlagen) werden an
fachkundige Vorlieferanten delegiert, die das jeweilige F&E-know-how dafür haben und

mit denen die Energieversorgungsunternehmen gute (marktliche oder kooperative) Transaktionsbeziehungen unterhalten.

Unabhängig von diesen empirischen Ergebnissen kann ein Fremdbezug von F&E-Leistungen trotz hoher Unsicherheit notwendig sein, wenn die Kapazität interner F&E nicht ausreicht, um die u.a. aufgrund von Marktkomplexität und -dynamik entstehende Vielfalt der an F&E gestellten Bedürfnisse zu befriedigen. Gerade in turbulenten und dynamischen Märkten kann dann der Fremdbezug von F&E-Leistungen (z.B. Auftragsforschung, Lizenznahme) eine stärkere Zunahme verzeichnen. Der für Eigen-F&E bzw. interne Bereitstellung von F&E-Leistungen plädierende „Unsicherheitseffekt" wird in diesen Fällen durch einen für Fremdbezug von F&E-Leistungen plädierenden „Kapazitätseffekt" überkompensiert.

Daneben kann die externe F&E in Form der Vergabe eines Forschungsauftrages sinnvoll erscheinen, wenn z.B. einerseits die Entwicklung und Bedeutung des betroffenen F&E-Bereiches noch unsicher ist und das Unternehmen hohe Investitionskosten für neue interne F&E-Kapazitäten vermeiden möchte, andererseits jedoch die Unsicherheit, aufgrund dieser Zurückhaltung den Anschluß zu verpassen, so gering wie möglich gehalten werden soll.

Auch eine andere Koordinationsform der externen F&E, die Lizenznahme, kann in dynamischen und schnell wachsenden Märkten unter bestimmten Voraussetzungen gerade unter dem Unsicherheitsaspekt ihre Berechtigung erhalten. Man denke z.B. daran, daß durch Lizenznahme eine bereits marktfähige F&E-Leistung erworben wird. Die sogenannte prozeßinterne Unsicherheit im F&E-Bereich muß beim Lizenzvertrag vom Erwerber nicht mehr getragen werden.[191] In ähnlicher Weise äußert sich auch v. Hippel:

> „Agreements to trade or license know-how involve firms in less uncertainty than do agreements to perform R&D cooperatively. This is because the former deals with existing knowledge of known value which can be exchanged quickly and certainly. In contrast, agreements to perform R&D offer future know-how conditioned by important uncertainties as to its value and the likelihood that it will be delivered at all."[192]

Mit der Delegation von F&E-Aktivitäten werden damit immer auch Risiken an die Beschaffungsmarktpartner delegiert.[193] Dazu gehören nicht nur interne F&E-Prozeßrisiken (F&E-Fehlschläge usw.), sondern auch kurzfristige Leerkostenrisiken und plötzlich auftretende, aber u.U. lang anhaltende Verwertungsrisiken für die F&E-Leistungen. Allerdings wird mit einem Übergang zum Marktbezug eine Art „Substitutionsgesetz der make-or-buy-Risiken" wirksam: „Die Make-Risiken werden ... durch Buy-Risiken ersetzt".[194] Dies sind die bereits angedeuteten Risiken, die typischerweise bei der Koordinierung über den Markt auftreten (Qualitätsrisiken, Risiko des opportunistischen Verhaltens der Lieferanten; Risiko der know-how-Diffusion an Konkurrenten usw.).

Immer erst dann, wenn sich c.p. die prozeßinterne Unsicherheit im Verantwortungsbereich potentieller Fremdbezugspartner (F&E-Bereitsteller) geringer erweist als im eigenen Bereich (was sich auch in den Lizenzpreisen bzw. Eigenerstellungskosten abzeichnen müßte), sollten daher F&E-Leistungen von außen bezogen werden, sofern die Koordinierungsunsicherheit des Markttransfers diesen Effekt nicht überkompensiert. Prozeßinterne Unsicherheit wird in diesem Fall auf den in der Wertkette vorgelagerten Transaktionspartner externalisiert. Letztlich handelt es sich bei dieser Beschaffungsstrategie um eine ökonomisch sinnvolle Allokation von Unsicherheit zu solchen Akteuren, die in einer Gesellschaft Unsicherheit unter geringeren Kosten absorbieren können.

Möglicherweise verfügt die interne F&E auch nur über ein ungenügendes Bereitstellungspotential, um rechtzeitig das erforderliche know-how zur Verfügung zu stellen. Wird es dann z.B. in Form von Lizenzen angeboten, wäre dies eine Möglichkeit, unnötige Zeitverluste durch verspätete interne Bereitstellung zu kompensieren. Aus wettbewerbsstrategischer Sicht wird sich ein dadurch schnellerer Markteintritt und eine Verbesserung der technologischen Position[195] als vorteilhaft erweisen. Aus dieser Perspektive reduziert eine schnelle Reagibilität der Lizenzbereitstellung Unsicherheit. Andererseits kann aufgrund der hohen Unsicherheit bezüglich der Entwicklung des Marktes die Relevanz der erworbenen Lizenz möglicherweise in Kürze wieder in Frage gestellt werden. Dieser Fall wird wirtschaftlich um so prekärer, je später der Amortisationszeitpunkt für die Kosten des Lizenzerwerbs angesetzt werden muß.

2.3. Unsicherheit und kooperative F&E

Im folgenden wird untersucht, wie sich unter Beachtung des Unsicherheitsaspekts die Bereitschaft eines Unternehmens gestaltet, kooperative F&E-Beziehungen einzugehen.

Erwägt ein Unternehmen, eine F&E-Kooperation einzugehen, ist es aber gleichzeitig mit hoher Unsicherheit hinsichtlich zukünftiger Umweltzustände konfrontiert, wird der Einigungsprozeß komplizierter, da im F&E-Kooperationsvertrag Vorkehrungen für Anpassungsmöglichkeiten an zukünftige Entwicklungen getroffen werden müssen.[196] In dynamischen Branchen sind zukünftige Entwicklungen jedoch meist nicht oder nur schwer prognostizierbar. Dies stellt für die Entscheidungsträger in Unternehmen einen Unsicherheitsfaktor dar, der die Verhandlungsführung mit externen Beschaffungspartnern erschwert und verteuert.[197]

Anpassungsmaßnahmen an zukünftige Entwicklungen lassen sich gerade in dynamischen und turbulenten Märkten nicht exakt und vollständig durch Vorkehrungsmaßnahmen im Rahmen von Kooperationsvereinbarung reduzieren. Erfordern also veränderte Umweltsituationen erneute Verhandlungen, „... so stellt sich die Frage, ob und in welchem Ausmaß die Beteiligten zu einer Anpassung ihrer ursprünglichen Vereinbarung an geänderte Daten bereit und in der Lage sind. Meist ist das nur unter Inkaufnahme erheblicher Anpassungskosten möglich."[198]

Ein Unternehmen kann in ein Abhängigkeitsverhältnis zu seinem Kooperationspartner geraten, wenn dieser bei Anpassungserfordernissen die Situation der momentanen Bindung bzw. Abhängigkeit durch opportunistisches Verhalten auszunutzen versucht. In gewisser Weise besteht wieder eine small-numbers-Situation. Eine Auflösung der Kooperationsvereinbarung und die Suche nach einem neuen Transaktionspartner löst neue Transaktionskosten aus. Den Verlust des Partners durch den kurzfristigen Aufbau interner Kapazitäten zu kompensieren, wäre ebenfalls mit hohen Transaktionskosten verbunden.

Diese traditionelle Argumentation sei beispielhaft anhand der Zusammenarbeit von Forschungsabteilungen (als Ausprägung einer Kooperation) verdeutlicht. Neben vielfältigen Vorteilen, die diese Art der Kooperation mit sich bringt, werden auch die Nachteile und Risiken einer möglicherweise entstehenden Abhängigkeit von der Loyalität des Partners in der Literatur erkannt. Benisch führt hierzu beispielsweise aus:

> „Allerdings setzt diese Zusammenarbeit ein großes Vertrauensverhältnis der beteiligten Werke und Kollegialitätsbereitschaft der Forschungsabteilungen voraus. Diese Voraussetzungen sind leichter anzutreffen, wenn es sich um komplementäre F&E (Elektro- und Maschinenbau) oder um Partner handelt, die nicht in einem scharfen Wettbewerbsverhältnis zueinander stehen. .... Die Partner sollten in ihrer Forschungspotenz auch möglichst gleichgewichtigt sein, so daß sie auf gleiche Vorteile aus der Kooperation vertrauen können."[199]

Eine Kooperation in einer dynamischen Umwelt erfordert daher ein hohes Maß an gegenseitigem Vertrauen zwischen den Kooperationspartnern. Nicht die exakte und bis in jedes Detail geregelte Ausgestaltung eines Kooperationsvertrags stellt hier das Problem dar. Vielmehr steht die Erhaltung von flexibilitätsschaffenden Freiräumen und Offenheit im Mittelpunkt, die bei Bedarf vertrauensvoll und kooperativ im nachhinein wieder aufgehoben bzw. spezifischer definiert werden können. Durch einen allgemein gehaltenen Rahmen- oder Kooperationsvertrag können zukünftige Anpassungen leichter eingebracht und in Zukunft auftretende Unsicherheitspotentiale innerhalb von F&E-Kooperationen aufgefangen werden.

Im Zusammenhang mit der hier angesprochenen Wettbewerbssituation und dem Abhängigkeitsverhältnis der Partner scheint jedoch auch folgende Argumentation möglich: Ausgehend von der Annahme, daß sich mit zunehmender Dynamik der Wettbewerb in einer Branche verstärkt – womit ein Übergang von einer small-numbers- zu einer large-numbers-Situation verbunden wäre -, sinkt die Gefahr für das Unternehmen, sich durch eine Kooperation in die Abhängigkeit eines Partners zu begeben, da keine monopolartige Stellung mehr vorliegt. „Die Möglichkeiten für opportunistisches Verhalten von Transaktionspartnern sind dort eingeschränkt, wo Wettbewerb herrscht. Steigt die Wettbewerbsintensität, ist von einem abnehmenden small-numbers Problem auszugehen..."[200] Die Gefahr der Auflösung der F&E-Kooperation und des Ausnutzens von Informationsvorsprüngen durch den Partner reduziert sich in wettbewerbsintensiven und dynamischen Märkten, wenn der Informationsvorsprung nur von kurzer Dauer sein wird und aggressiver Wettbewerb in Kürze wieder zu einer Annäherung führt. Der vielleicht kurzfristig aus einem opportunistischen Verhalten erzielbare wettbewerbsstrategische Erfolg darf daher nicht darüber hinwegtäuschen, daß ein vertrauensvolles Festhalten an einem guten Vertragsverhältnis gerade in dynamischen und turbulenten Märkten für die Beteiligten eine grundlegende Voraussetzung für eine erfolgreiche kooperative Bereitstellung von F&E-Leistungen darstellt.

Je ausgeprägter die Komplexität und Dynamik der Umwelt, desto schwieriger ist schließlich das Informationsproblem bei einer Erstvereinbarung (z.B. Suche, Anbahnung) einer F&E-Kooperation hinsichtlich des Geschäftsgebarens der Kooperationspartner für ein einzelnes Unternehmen zu bewältigen.[201] So wird es beispielsweise um so schwieriger, aus dem Verhalten der Vergangenheit eines potentiellen F&E-Partners Trendextrapolationen für das zukünftige Kooperationsverhalten abzuleiten. Die wettbewerbsstrategische Bedeutung der Ausnutzung von Kooperationsvorteilen – und seien sie auch noch so klein – wird aber in Situationen mit hoher Komplexität, steigender Dynamik und ausgeprägter Wettbewerbsintensität für die Mehrzahl der Unternehmen zunehmend in den Vordergrund treten, um überhaupt konkurrenzfähig zu bleiben. Das Kooperationsinteresse nimmt zu. Mit steigendem Interesse der Unternehmen an Kooperationsbeziehungen wird schließlich jedes Unternehmen versuchen, seine eigene Attraktivität (z.B. durch die Signalisierung hoher Vertragstreue, Seriosität, Glaubwürdigkeit) zu erhöhen,[202] um als Kooperationspartner in Frage zu kommen. Das Unsicherheitspotential, mit dem die Transaktionssituation in der Phase der Erstvereinbarung behaftet ist, wird durch diesen Effekt reduziert. Gleiches gilt während der Laufzeit des Kooperationsvertrags hinsichtlich der Gefahr opportunistischen Verhaltens.

Die Entscheidung über die Wahl einer kooperativen Koordinationsform unter dem Gesichtspunkt der Unsicherheit wird auch durch die Möglichkeit beeinflußt, Zeitdauer und Bindungsintensität der F&E-Kooperation alternativ festlegen zu können. Dabei ist von der Annahme auszugehen, daß eine durch hohe Bindungsintensität gekennzeichnete Kooperationsvereinbarung (z.B. Gründung eines Gemeinschaftsunternehmens)[203] meist auch langfristig ausgerichtet ist. Wie aber bereits angedeutet, läßt sich z.B. für Unternehmen in Branchen mit hoher Unsicherheit auch für die Wahl eher kurzfristiger Kooperationsverträge ("short-term contracts")[204] mit geringer Bindungsintensität aus transaktionskostentheoretischer Sicht pro und contra argumentieren. Gleiches gilt für Situationen mit geringer Unsicherheit, für die es ebenso Argumente für den Aufbau langfristiger Beziehungen ("long-term contracts")[205] bzw. bindungsintensiver Kooperationsbeziehungen gibt.

In jedem Fall bieten bei längerfristigen F&E-Beziehungen Vereinbarungen mit hoher „Kontraktoffenheit" bzw. mit Flexibilitätspotentialen ausgestattete Kooperations- und Rahmenverträge zusätzliche Möglichkeiten, bei hoher Unsicherheit Anpassungen unter geringeren Transaktionskosten durchführen zu können: „Beschränkte Rationalität im Zusammenhang mit Unsicherheit über zukünftige Ereignisse legt es nahe, langfristige Verträge möglichst offen zu halten, um sie gegebenenfalls anpassen zu können."[206]

3. Häufigkeit

Als Häufigkeit wird bezeichnet, wie oft eine bestimmte Leistungskategorie pro Zeiteinheit abgewickelt wird.

> „Mit zunehmender Häufigkeit gleicher oder ähnlicher Transaktionen zwischen Beteiligten können im Bereich der Transaktionskosten Fixkostendegressionen (Verteilung der u.U. hohen Kosten der Erstvereinbarung), Lerneffekte (Entdeckung vereinfachter Abwicklungen, Entwicklung von Vertrauensbeziehungen) und economies of scale (Spezialisierung auf bestimmte Transaktionsprobleme) wirksam werden."[207]

Danach sinken die Durchschnittskosten je Transaktion mit zunehmender Häufigkeit. Der Häufigkeit wird jedoch in der Literatur eine eher nachrangige Bedeutung eingeräumt. Der Faktor Häufigkeit allein trägt nicht ausschlaggebend zur Entscheidungsfindung bei. Das Häufigkeitsargument erweist sich mit Wirksamwerden der anderen Einflußgrößen primär als Verstärkungseffekt.[208] Plädieren beispielsweise Spezifität und Unsicherheit für Eigenfertigung, so wird diese Tendenz durch das Kriterium Häufigkeit noch bestärkt, weil bei einer grundsätzlichen Entscheidung für Eigenfertigung fixkostenartige F&E-Kapazitäten durch erhöhte Häufigkeit von F&E-Aktivitäten besser ausgelastet werden. Sprechen geringe Spezifität und Unsicherheit für Fremdbezug, so gilt der gleiche Zusammenhang: die sogenannten „set-up-costs", die während der Etablierung einer marktlichen Transaktionsbeziehung zu tragen sind (z.B. Such- und Anbahnungskosten) und für spätere Transaktionsbeziehungen „sunk costs" darstellen, werden durch häufigeren Marktbezug auf mehr Transaktionen verteilt. Es tritt eine Degression von set-up-costs ein. Dies begünstigt den weiteren Marktbezug.

3.1. Häufigkeit und interne F&E

Mit zunehmender Häufigkeit des Auftretens von F&E-Aufgaben fallen die Durchschnittskosten je Transaktion. Daraus könnte für die interne F&E abgeleitet werden, daß mit zunehmender Häufigkeit des Auftretens von F&E-Aufgaben im Unternehmen die Durchschnittskosten mit steigender Anzahl durchgeführter F&E-Projekte sinken. Die Vorteile der internen Durchführung würden dadurch theoretisch immer größer.[209]

Im Mittelpunkt des Interesses steht also die Menge der nachgefragten F&E-Leistungen bzw. F&E-Aktivitäten in einer bestimmten Zeiteinheit. Dabei kann unterstellt werden, daß diese vor allem mit der Unternehmensgröße korreliert.

> „Von der Häufigkeit hängt es ab, ob Potentiale, die für die interne Aufgabenbewältigung geschaffen wurden, ausgelastet werden können, ob also Spezialisierungsvorteile genutzt werden können. Ferner wird von der Häufigkeit der Aufgabenlösungen die Ausschöpfung von Lerneffekten abhän-

gen und zusätzlich Gelegenheit für internen Know-how-Transfer bei ähnlich gelagerten Problemstellungen gegeben sein."[210]

Über einen längeren Zeitraum betrachtet kann eine interne F&E-Abteilung nur ökonomisch sinnvoll sein, wenn genügend viele F&E-Leistungen im Unternehmen zu erstellen sind. Existieren „economies of scale" auch im F&E-Bereich, so wäre grundsätzlich die wirtschaftliche Bedeutung einer internen F&E für F&E-intensive Großunternehmen begründet.[211] Analog könnte kleinen und mittleren Unternehmen mit geringer F&E-Intensität die externe F&E sowie die F&E-Kooperation angeraten werden. Diese Argumentation unterstellt implizit, daß mit wachsender Unternehmensgröße ein tendenziell steigender F&E-Bedarf und damit auch eine größere Anzahl von F&E-Aktivitäten verbunden ist, welche erst ein Ausschöpfen von „economies of scale" ermöglichen.[212]

Interessant ist in diesem Zusammenhang auch die These von der „Existenz von Unteilbarkeiten im F&E-Bereich". Nach Needham ist F&E in einem Unternehmen grundsätzlich nur dann erfolgreich betreibbar, wenn eine bestimmte Mindesthäufigkeit von F&E-Aktivitäten durchzuführen ist, um beispielsweise die aus Gründen der Unteilbarkeit von F&E-Kapazitäten entstehenden Leerkapazitäten zu vermeiden.[213] Eine solche Mindesthäufigkeit von F&E-Aktivitäten können oft nur Großunternehmen sicherstellen. Kleinunternehmen, die die Mindesthäufigkeit nicht erreichen, müßte man aus dieser Perspektive den Fremdbezug von F&E-Leistungen empfehlen.

Wird demgegenüber die Effizienz der F&E-Tätigkeit in der Empirie betrachtet, z.B. auf Basis der Kennziffer F&E-Produktivität,[214] kann man feststellen, daß mit wachsender Größe der Unternehmung die Produktivität der F&E-Aktivitäten sinkt. Input-Output-orientierte Messungen ergeben sehr deutlich, daß für die Hervorbringung eines Patents in großen Unternehmen verhältnismäßig mehr Input aufgewendet werden muß. Die bislang unterstellten Häufigkeitsvorteile von Großunternehmen können daher durch „diseconomies of scale" im F&E-Bereich überkompensiert werden.[215]

Die sinkende Effizienz kann mit der Überorganisation und Bürokratisierung, mit demotivierenden Großforschungsanlagen, mit mangelnder Identifikation mit den übergeordneten Zielen einer Großunternehmung oder auch mit der möglicherweise bis in das kleinste Detail vorangetriebenen Arbeitsteilung im F&E-Bereich, die ihrerseits demotivierend wirkt, begründet werden. Innovationsfördernde Organisationsstrukturen, Anreizmechanismen und ganzheitliche F&E-Arbeitsplätze könnten hier zwar Abhilfe schaffen. Andererseits wäre ihr Aufbau aber zunächst mit hohen Transaktionskosten (z.B. in Form von Umorganisationskosten) verbunden – die sich jedoch zukünftig amortisieren würden.

Trotz dieser Aussagen, die natürlich hinsichtlich des eingeschränkten Aussagewertes der Kennziffer F&E-Produktivität[216] relativiert werden müßten, kann dennoch von Größenvorteilen (basierend auf häufigem Auftreten von F&E-Aufgaben) insgesamt nicht abstrahiert werden. Dies gilt in besonderer Weise, wenn es sich um sehr spezifische F&E-Kapazitäten handelt, für die in einem kleineren Unternehmen aufgrund zu geringer Häufigkeit einer spezifischen F&E-Anwendung eine ausreichende Auslastung nicht gewährleistet werden könnte.

Grundsätzlich können sich Großunternehmen z.B. wegen ihrer höheren Finanzkraft auch eher die notwendigen kostspieligen und hochtechnisierten sowie möglicherweise sehr spezifisch ausgelegten Forschungsanlagen und Laborausrüstungen leisten. Hinzu kommt, daß sie mit zunehmender Häufigkeit auch für spezifisches F&E-Gerät für eine entsprechende Auslastung sorgen können. Die möglicherweise höhere Anziehungskraft der Großunternehmen durch die Vielzahl und Heterogenität an attraktiven F&E-Projekten ermöglicht ihnen u.U. auch einen einfacheren Zugang zu hochqualifiziertem F&E-Personal, welches für eine erfolgreiche interne F&E entscheidend ist. Ebenso bewirkt die Vielzahl der in Großunternehmen durchgeführten F&E-Projekte langfristig eine Kompensation von Erfolg und Mißerfolg.[217] Je nach Diversifikationsgrad können insbesondere Großunternehmen ferner unerwartete F&E-Ergebnisse innerhalb ihres Leistungsprogramms leichter als Kleinunternehmen unterbringen und damit das Serendipitätsrisiko[219] begrenzen bzw. zu ihrem Vorteil nutzen.

Die bisher gemachten Ausführungen zeigen, daß die zunehmende Häufigkeit der internen Durchführung von F&E-Aufgaben ein gewisses Kostensenkungspotential beinhaltet. Dies gilt insbesondere dann, wenn negative Einflußgrößen, die mit einer Zunahme der Häufigkeit verbunden sind (starre Großorganisation usw.), in ihrer Wirkung begrenzt bzw. diseconomies of scale durch economies of scale überkompensiert werden können. Von einer eindeutigen Funktionalität zwischen Unternehmensgröße und Häufigkeit der Leistungserstellung einerseits und Effizienz interner F&E andererseits, kann jedoch nicht vorbehaltlos ausgegangen werden.

3.2. Häufigkeit und externe F&E

In Klein- und Mittelbetrieben sind vielfach systematische und kontinuierliche F&E-Aktivitäten nicht vorzufinden. Eine Institutionalisierung in Form von autonomen F&E-Abteilungen ist in diesen Unternehmen meist nicht gegeben.[220] Vor diesem Hintergrund wird die Stellung der Vertrags-F&E als Ausprägung der externen F&E für Unternehmen dieser Größenklasse deutlich.

Der Bedarf an F&E-Projekten ist oftmals zu gering, um den Aufbau einer dauerhaften und umfassenden internen F&E-Abteilung zu rechtfertigen, was teure und langfristig bindende Investitionen (die letztlich sunk-costs darstellen und Leerkapazitäten im F&E-Bereich provozieren) erfordern würde. Treten innerhalb eines bestimmten Zeitraums nur hin und wieder F&E-Aufgaben auf, bietet sich ein bedarfsorientierter Fremdbezug bzw. eine externe Koordinationsform als Lösung an – z.B. im Rahmen der Vergabe von Forschungsaufträgen an externe Institute.

Allerdings können fehlende Erfahrungen im F&E-Bereich und in der oft komplizierten Vertragsgestaltung dazu führen, daß kleine und mittlere Unternehmen beispielsweise nicht in der Lage sind, konkrete Problemstellungen bzw. Aufträge zu formulieren, die geeigneten Auftragnehmer zu finden und/oder zügig und routiniert Vertragsverhandlungen zu führen. Dies bedeutet, daß besonders kleine und mittlere Unternehmen mit geringer Erfahrung verhältnismäßig hohe Transaktionskosten überwinden müssen, um eine externe Bereitstellung von F&E-Leistungen zu realisieren.

Das Kriterium der Häufigkeit kann auch hier transaktionskostensenkend wirken. Bei erneuter Auftragsvergabe können Anbahnungskosten sinken, wenn beispielsweise ein bereits bekanntes Institut erneut beauftragt wird. Daneben senken Lerneffekte im Zuge fortgesetzter Verhandlungen die Transaktionskosten. Auch Abwicklungsalternativen können unter Ausnutzung von Erfahrungspotentialen im Hinblick auf sinkende Transaktionskosten leichter selektiert oder weiterentwickelt werden. Bei häufiger Zusammenarbeit mit externen Partnern wird außerdem eine Vertrauensbasis aufgebaut. Die empfundene Gefahr, sich in ein Abhängigkeitsverhältnis zu begeben bzw. sich opportunistischem Verhalten auszusetzen, wird hierdurch reduziert.[221]

Doch auch für Großunternehmen mit eigener interner F&E gewinnt die Auftragsforschung zunehmenden Stellenwert. Im Rahmen des hohen Innovationsdrucks und steigender Wettbewerbsintensität erhöhen sich die Anforderungen an die interne F&E sowie die Anzahl (Häufigkeit) der durchzuführenden F&E-Projekte. So können kurzfristige Kapazitätsengpässe auftreten, die bei einem entsprechenden Termindruck die externe Ausführung von F&E-Vorhaben unumgänglich machen. Wie bereits dargestellt, können bei häufiger Auftragsvergabe auch hier entsprechende Einsparungseffekte für Transaktionskosten eintreten.

Vor dem Hintergrund des Kapazitätseffekts ist auch an die sogenannte „Grundlast" von F&E-Abteilungen zu denken (Betreuung alter Produkte im Hinblick auf Fort- und Weiterentwicklungen, Vertriebsunterstützung, Fortführung und Betreuung laufender und älterer F&E-Projekte, Archivierung usw.). In der Praxis nehmen Grundlastaktivitäten nicht selten 30 und mehr Prozent der Arbeitszeit von F&E-Abteilungen ein.[222] Sollen neue F&E-Projekte aufgenommen werden, besteht aber eine hohe „Grundlast", kann es zu Überlastung, Streß, Frustration und Demotivation sowie zur Belegung interner F&E-Kapazitäten durch eher standardisierte und wenig innovative, routinierte und wenig wachstumsträchtige F&E-Aktivitäten kommen. Sie rauben u.a. Zeit für kreatives (Neuer-) Forschen und Entwickeln. Aus diesem Blickwinkel muß es Ziel einer effizienten F&E-Organisation sein, die „Grundlast" zu reduzieren, damit eine intensivere Konzentration auf F&E-Aktivitäten möglich wird, die eine vergleichsweise höhere Priorität und Attraktivität für das Unternehmen haben.[223]

Der Übergang von einer nacheinander angeordneten (sequentiellen) F&E-Organisation zu einer Parallelisierung der F&E-Aktivitäten im Unternehmen wird hier insbesondere auch angesichts der Reduzierung von Entwicklungszeiten als eine Lösungsmöglichkeit angesehen.[224] Heismann berichtet z.B. aus der Chipentwicklung, daß durch das parallele Abarbeiten von Entwicklungsschritten die Augsburger NCR Microelectronics Europe (NME) für den Chipentwurf den herkömmlichen Zeitbedarf von zwölf Monaten auf sechs bis zwölf Wochen reduzieren konnte.[225]

84

Bei der F&E-Parallelisierung bleibt die Betrachtung jedoch meist auf den unternehmensinternen organisatorischen Rahmen (d.h. auf die „intraorganisatorische Parallelisierung" von F&E-Aktivitäten) beschränkt. Neben der unternehmensinternen Parallelisierung von F&E-Aktivitäten ist aber auch eine Parallelisierung von F&E-Aktivitäten zwischen Unternehmen denkbar ("interorganisatorische Parallelisierung"). Voraussetzung ist allerdings, daß bei den durch den Parallelisierungsprozeß verketteten Unternehmen ein hoher Integrationsgrad besteht, damit die u.U. erst bei Vorhandensein jedes einzelnen Teilprojekts zur endgültigen (Markt-) Reife kommende F&E-Gesamtleistung auch zeitadäquat in verwertbarem Zustand vorliegt. Ferner ist darauf zu achten, daß im Rahmen der Parallelisierung eher routinisierte, gut bündelungsfähige und wenig unternehmensspezifische, d.h. insgesamt mit weniger Transaktionskostenproblemen durchsetzte und vor allem aus der Grundlast stammende F&E-Aktivitäten an andere unterstützende Einheiten oder an externe Organisationen delegiert werden.

Grundsätzlich kann die interorganisatorische Parallelisierung von F&E-Aktivitäten sowohl bei der externen als auch bei der kooperativen F&E-Bereitstellung zur Anwendung kommen.

3.3. Häufigkeit und kooperative F&E

Die Vorteile von F&E-Kooperationen bewirken zunächst gleichermaßen für alle Unternehmensgrößen eine Attraktivität. Abgeleitet aus dem Kriterium der Häufigkeit ergab sich die These (vgl. oben), daß mit zunehmender Unternehmensgröße ein um so höherer Anteil der durch Eigenfertigung (interne F&E) bereitzustellenden F&E-Leistungen verbunden sein wird.

Bezogen auf die geringere finanzielle und technologische Ressourcenstärke kleiner und mittlerer Unternehmen wäre anzunehmen, daß F&E-Kooperationen für kleine und mittlere Unternehmen einen wesentlich höheren Stellenwert haben als für Großunternehmen. In diesem Zusammenhang ist jedoch auch der größenbedingte Unterschied im Innovationsverhalten von Unternehmen zu beachten:

Während Großunternehmen zumeist die Position einer Technologieführerschaft anstreben und entsprechend an der „... Schwelle der technologischen Möglichkeiten operieren oder diese erweitern ...."[226], begnügen sich kleine und mittlere Unternehmen oft mit der Anpassung, Weiterentwicklung und Übernahme von Innovationen.[227] So konnten auch Picot, Laub und Schneider in ihrer empirischen Untersuchung von 52 innovativen Unternehmensgründungen feststellen, daß es sich bei den Produkten dieser Unternehmen in den wenigsten Fällen um völlige Neuheiten, sondern meist „nur" um Fort- und Weiterentwicklungen und direkt anwendungsorientierte Verbesserungen an bestehenden Produkten oder Verfahren handelt.[228]

Analog unterscheidet sich auch das F&E-Verhalten. Betreiben kleine und mittlere Unternehmen F&E, so erfolgt dies meist unmittelbar anwendungsnah, unmittelbar verwertungsorientiert, sehr produktbezogen und auf ihre individuellen Bedürfnisse genau abgestimmt. Dies schafft ihnen die Möglichkeit, ihre F&E-Aktivitäten gut zu bündeln und nicht ausufern zu lassen, sondern auf spezifische und unmittelbar praxisbezogene Anwendungsentwicklungen zu begrenzen, die eine hohe Marktnähe aufweisen.

Dagegen müssen technologiebewußte Großunternehmen ihre F&E immer mehr intensivieren. Vor allem betreiben sie auch zunehmend Grundlagenforschung,[229] die im Gegensatz zur Anwendungsentwicklung eine relativ geringe Marktnähe aufweist. Die Häufigkeit und der Umfang von F&E-Projekten muß daher zwangsläufig besonders im marktfernen Bereich der Grundlagenforschung, die mit vergleichsweise höherer Verwertungsunsicherheit behaftet ist, steigen. Die damit einhergehende Belastung der finanziellen und technologischen Ressourcen erhöht folglich die Bereitschaft bzw. den Zwang, besonders im Bereich der Grundlagenforschung zu kooperieren. Entsprechend haben sich in der Praxis neue „kollektive" Forschungsaktivitäten im Vorfeld des Wettbewerbs – vor allem in der vergleichsweise marktfernen Grundlagenforschung – herauskristallisiert.[230]

Findet eine Kooperation zwischen Unternehmen verschiedener Größe statt, so bedarf es ferner eines sorgfältigen Vertragsentwurfs (verbunden mit entsprechend höheren Transaktionskosten), um eine potentielle Benachteiligung kleinerer Unternehmen innerhalb dieses Verbundes zu vermeiden. Wie bereits erwähnt, weisen kleinere Unternehmen ein geringeres Maß an Erfahrung und Grundkenntnissen auf, was sich durch opportunistisches Verhalten des „geübteren größeren" Kooperationspartners zu ihrem Nachteil auswirken könnte.

Derartige F&E-orientierte Kooperationsbeziehungen zwischen Unternehmen verschiedener Größen treten z.B. im Bereich der Informations- und Kommunikationstechnologie auf. Große Hardware-Hersteller arbeiten hier oft mit mehreren kleinen Software-Herstellern zusammen. Vor allem in dieser Branche hängt eine sinnvolle Nutzung des entwickelten Endprodukts für die kooperierenden Unternehmen von einer geeigneten Kombination aus Hard- und Software ab. Hard- und Software stehen in diesem Sinne in einer komplementären Beziehung zueinander. Häufig werden von den Unternehmen sehr spezifisch auf den Kooperationspartner zugeschnittene Lösungen benötigt, so daß eine „in-time"-Kooperation und ständige Abstimmung zwischen den spezialisierten Unternehmen hinsichtlich technologischer Standards und System-Kompatibilitäten notwendig wird.

Andererseits verfolgen besonders kleinere und innovative Unternehmen oft die Strategie, z.B. im Rahmen des „Original Equipment Manufacturing" (OEM) die u.U. international ausgelegte Vertriebsstruktur von Großunternehmen zu nutzen.[231] Die Vertriebsreichweite innovativer Kleinunternehmen wird ausgeweitet. Durch solche vertriebsorientierte Kooperationen ergibt sich bei kleineren Unternehmen eine Einsparung von Transaktionskosten auf dem Absatzmarkt.

Bezogen auf zwischen Groß- und Klein- bzw. Mittelbetrieben gemeinsam erarbeitete F&E-Ergebnisse ist wiederum davon auszugehen, daß größere Unternehmen aufgrund ihrer Erfahrung mit einer Vielzahl durchgeführter F&E-Projekte bessere Chancen haben, schnell und erfolgversprechende Verwertungsmöglichkeiten für Serendipitätseffekte im unternehmensinternen Bereich zu finden.[232] Auch dies kann sich bei F&E-Kooperationen mit Großunternehmen sowohl für Kleinunternehmen und Unternehmen mittlerer Größe, die ein „Serendipitätsprodukt" weitergeben, als auch für die Großunternehmung selbst positiv auswirken (z.B. hinsichtlich einer Verbreiterung des Produktsortiments).

Mit zunehmender Häufigkeit der Durchführung von F&E-Kooperationen treten auch bei der F&E-Kooperation transaktionskostensenkende Wirkungen in Form von Fixkostendegressionen sowie Lern- und Spezialisierungseffekten auf. Durch die Vielzahl gemeinsam gelöster F&E-Projekte entsteht eine Vertrauensbasis, die ebenfalls die Angst vor opportunistischem Verhalten reduziert. Daraus läßt sich ableiten, daß mit zunehmender Häufigkeit kooperativ durchgeführter F&E-Aufgaben eine gute Grundlage für eine höhere Intensität und längere Zeitdauer der Kooperation gelegt wird.

Ökonomische Gründe der Entstehung von F&E-Kooperationen vor dem Hintergrund des Häufigkeitsaspekts können auch darin liegen, daß zwei (oder mehrere) Unternehmen durch die F&E-Kooperation „economies of large scale research and development" gewinnen wollen. Möglicherweise ist das Überspringen einer „Mindesthäufigkeit von F&E-Aktivitäten" bzw. die Erreichung der „Forschungsschwelle" für ein einzelnes Unternehmen nicht möglich. Die einzelnen Unternehmensgrößen der Kooperationspartner reichen in diesem Fall für sich allein betrachtet nicht aus, um mit gleicher Effizienz F&E zu betreiben wie Großunternehmen, mit denen sie sich im Wettbewerb befinden.

Berg berichtet beispielsweise über die Kooperation von zwei britischen Computer-Herstellern, für die das Kooperationsmotiv vor allem in diesem Punkt begründet lag und deren Zusammenarbeit schließlich in einer Fusion der beiden Unternehmen gipfelte:

> „Im Jahre 1968 schlossen sich die beiden großen britischen Computer-Hersteller zur International Computers Limited (ICL) zusammen. Das Ministerium für Technologie förderte diesen Zusammenschluß, weil die Fusionspartner bei bewahrter Selbständigkeit als zu klein angesehen wurden, um mit ihren R&D-Ausgaben jenes 'threshold'-Niveau zu überschreiten, das den finanziellen Mindestaufwand hinreichend aussichtsreicher Forschung angibt."[233]

Allerdings war auch das neu entstandene Unternehmen noch nicht groß genug, um mögliche economies of scale im F&E-Bereich in gleichem Umfang nutzen zu können wie der Branchenführer IBM, mit dem sie in Konkurrenz standen.[234] F&E-Kooperationen können daher auch die Konsequenz unzureichender Unternehmensgröße sein und als Strategien des Überspringens von Forschungsschwellen und Mindesthäufigkeiten zur Erlangung von economies of scale im F&E-Bereich interpretiert werden.

4. Rechtliche Rahmenbedingungen

Obgleich im vorliegenden Untersuchungszusammenhang nicht beabsichtigt wird, in eine tiefgehende rechtliche Diskussion einzutreten, sollen dennoch einige grundsätzliche Aspekte rechtlicher Rahmenbedingungen und ihr Einfluß auf die Wahl von Bereitstellungsformen für F&E-Leistungen kurz angeschnitten werden. Dies ist notwendig, weil rechtliche Rahmenbedingungen die institutionelle Infrastruktur bilden, in der sowohl im internen als auch im externen und kooperativen Rahmen Transaktionsbeziehungen ablaufen. Damit wird der rechtliche Rahmen für die arbeitsteilige Organisation von F&E-Aktivitäten in einem ökonomischen System abgesteckt.

Die institutionelle Struktur im unternehmensinternen Rahmen konkretisiert sich z.B. in der Organisation der Unternehmung (die Unternehmung „hat" eine Organisation). Dazu gehören in der klassischen Organisationslehre die Aufbau- und die Ablauforganisation. Orientiert man sich an der Systematik der besonders aus der empirischen Organisationsforschung bekannten Aston Gruppe um Pugh und Hickson, so konkretisiert sie sich in den sogenannten Strukturdimensionen der Organisation (z.B. Spezialisierung, Entscheidungsdelegation, Formalisierung, Arbeitsteilung, Standardisierung).[235]

Die institutionelle Struktur im internen Bereich kommt darüber hinaus im Gesellschaftsrecht und der Satzung einer Unternehmung (Unternehmensverfassung[236]) zum Ausdruck. Insgesamt werden den Mitgliedern einer Organisation durch diese strukturellen und rechtlichen Mechanismen verschiedene Rechte und Pflichten zugeordnet, die sie bei ihren Transaktionsbeziehungen beachten müssen und ihr Verhalten steuern.

Die institutionelle Struktur im interorganisatorischen Rahmen (extern, kooperativ) konkretisiert sich z.B. im Bürgerlichen Gesetzbuch und im Handelsgesetzbuch, aber auch im Mitbestimmungsrecht und im Betriebsverfassungsgesetz. Darunter fallen auch das individuelle Vertragsrecht, Allgemeine Geschäftsbedingungen, Lizenzrecht usw. Hierdurch werden die institutionellen Grundlagen für Tauschbeziehungen zwischen rechtlich unabhängigen Marktpartnern geregelt.[237]

Die rechtlichen Rahmenbedingungen können Transaktionsbeziehungen sowohl erschweren als auch erleichtern, d.h. mit geringeren, aber auch mit höheren Transaktionskosten belasten.

> „Es ist offensichtlich, daß Entwicklungen des Arbeits-, Vertrags- und Unternehmensrechts sich erheblich auf die Transaktionskostenstruktur auswirken können, sei es, daß sie zu einer Verringerung von Unsicherheiten und Verhandlungspunkten führen (z.B. Recht der Allgemeinen Geschäftsbedingungen), sei es, daß sie bestimmte Vertragsabschlüsse erschweren (z.B. Kündigungsschutz und Lohnfortzahlung als Erschwerung von Anstellungsverträgen in Kleinunternehmen)."[238]

Im F&E-Bereich ist besonders an rechtliche Möglichkeiten im Zuge der Schutz- und Geheimhaltungsbedürfnisse hinsichtlich ökonomisch verwertbarer F&E-Ergebnisse zu denken. Sie werden daher im folgenden in besonderer Weise hervorgehoben. So betont auch Teece: „The property rights environment within which a firm operates can thus be classified according to the technology and the efficacy of the legal system to assign and protect intellectual property."[239]

4.1. Rechtliche Rahmenbedingungen und interne F&E

Je wichtiger ein Unternehmen z.B. aus wettbewerbsstrategischen Gründen das Kriterium des Schutzes und der Geheimhaltung der F&E-Ergebnisse beurteilt und je geringer es die Wirkung von rechtlichen Schutzmechanismen einschätzt, desto eher wird es die Koordinationsform der internen F&E anderen marktlichen Koordinationsformen vorziehen.[240] Grundlegend ist dabei die Annahme, daß eine Geheimhaltung von F&E-Ergebnissen innerhalb der eigenen Unternehmensgrenzen unter geringeren Transaktionskosten gewährleistet werden kann. Adler liefert hierzu ein praktisches Beispiel. Unter Bezug auf eine Analyse des Ifo-Instituts stellt er fest, daß in der Bekleidungsindustrie aufgrund des starken Wettbewerbs die Tendenz besteht, technische Neuerungen als innerbetriebliches know-how in den Unternehmen zu halten und nicht in Patenten offenzulegen.[241]

Bei marktlicher bzw. externer und kooperativer F&E-Bereitstellung müssen demgegenüber oftmals äußerst zeit- und kostenaufwendige schutzrechtliche Maßnahmen vereinbart werden. Außerdem muß ihre Einhaltung stets überwacht werden, will man F&E-Ergebnisse bei ihrem Transfer über Unternehmensgrenzen hinweg nicht an Mitkonkurrenten verwässern lassen. Darüber hinaus gestaltet sich z.B. der Erhalt eines Patents meist als sehr zeitraubend und kostenträchtig und steht im Widerspruch zum zunehmenden technologischen Wandel, der die Bedeutung des Patentschutzes immer mehr in Frage stellt.[242] Besonders kleine Unternehmen scheuen die Kosten- und Zeitintensität, die eine Patentanmeldung mit sich bringt.[243] Ferner weisen sie häufig nur geringe Erfahrungen und Kenntnisse über Mechanismen der Vertragsgestaltung auf. Sowohl für eine Patentanmeldung als auch für den externen Bezug von F&E-Leistungen durch Lizenznahme wirkt dies für Transaktionskosten erhöhend.

Der organisatorisch-rechtliche Einbindungsgrad und die zusätzlichen Möglichkeiten der internen Installierung verschiedener Schutzmechanismen (z.B. Regelungen über die Berechtigung des Zugangs zu F&E-Abteilungen) sowie der Aufbau eines Loyalitätsklimas zwischen Unternehmung und F&E-Personal bzw. sämtlichen Belegschaftsmitgliedern bieten außerdem gute Voraussetzungen für einen effektiven internen know-how-Schutz.[244]

Daneben trägt die arbeitsrechtliche Verpflichtung des eigenen F&E-Personals der Unternehmung dazu bei, daß F&E-know-how nicht unkontrolliert über die Unternehmensgrenzen an Mitkonkurrenten transferiert wird.[245] Arbeitnehmererfindungen, die im

Rahmen eines Dienstverhältnisses entstanden sind, müssen nach dem Arbeitnehmererfindungsgesetz (§ 5 ArbEG) dem Arbeitgeber unverzüglich mitgeteilt werden. Faktisch kommt dies nicht nur einer Mitteilungspflicht gleich, sondern vielmehr kann der Arbeitgeber daraus auch einen Aneignungsdurchgriff auf F&E-Potentiale ableiten. Ein solcher Aneignungsdurchgriff ist unter rechtlich unabhängigen Transaktionspartnern im Rahmen marktlicher Transaktionsbeziehungen nicht denkbar. Damit sorgen rechtliche Rahmenbedingungen dafür, daß nur ein Transaktionskanal, nämlich nur der zwischen Arbeitnehmer und Arbeitgeber, eröffnet wird. Andere Transaktionskanäle werden hierdurch mit prohibitiv hohen Transaktionskosten belegt.

Trotz verschiedener Ausnahmen und Vorbehalte gegenüber dieser Regelung[246] übt sie für ein Unternehmen mit internen personellen F&E-Kapazitäten im Hinblick auf einen know-how-Transfer eine hohe rechtliche Verläßlichkeit für den internen Ideenschutz und die Aneignung intern entwickelter und auf dem Markt gewinnträchtig veräußerbarer Ideen aus. Die Anstellung eigenen F&E-Personals und der Aufbau eigener F&E-Kapazitäten stellt somit allein schon aufgrund dieses Aneignungsdurchgriffs auf F&E-know-how grundsätzlich eine gewisse rechtliche Sicherheit dar, die erforderlich ist, um kostenintensive F&E-Projekte innerhalb der eigenen Unternehmensgrenzen überhaupt auf einem entsprechend hohen Niveau in Angriff zu nehmen.

Insgesamt spielt die Rechtssicherheit eine übergeordnete Rolle für die Beurteilung der Frage, ob eine interne oder externe F&E-Bereitstellung angestrebt werden soll. Kann sich ein Transaktionspartner auf die institutionelle Struktur im interorganisatorischen Rahmen nicht verlassen und ist ihre zukünftige Konstanz mit Unsicherheit behaftet, so daß der Ausgang marktlicher Koordinationsprozesse nicht hinreichend genau vorausgesagt werden kann und Rechte und Pflichten der F&E-Auftraggeber und -nehmer nur ungenau definiert werden können, werden für einen marktlichen Transfer hohe Transaktionskosten ausgelöst (z.B. für die Verankerung zusätzlicher vertraglicher Regelungen, Anpassungskosten bei einer nachvertraglichen Vereinbarung). Müssen Auftraggeber vermuten, daß potentielle Auftragnehmer die Rechtsunsicherheit zu ihrem Vorteil ausnutzen, werden die Auftraggeber versuchen, die F&E-Leistungen intern bereitzustellen.

So kann es auch vor dem Hintergrund einer internationalen Arbeitsteilung für F&E sinnvoll sein, hohe Transaktionskosten auslösende Rechtsunsicherheit im Ausland (z.B. latent vorhandene Konfiszierungsgefahr für Gemeinschaftsunternehmen, die zusammen mit einem ausländischen Kooperationspartner errichtet wurden) durch den Übergang auf Eigenerstellung der F&E-Leistungen im eigenen Land zu vermeiden.[247]

4.2. Rechtliche Rahmenbedingungen und externe F&E

Führt man das obige Beispiel unter dem Blickwinkel der internationalen Arbeitsteilung für die Bereitstellung von F&E-Leistungen fort, so lassen sich aus rechtlicher Sicht auch

Gründe finden, die für eine Verlagerung von F&E-Aktivitäten in das Ausland sprechen. Dies ist z.B. dann der Fall, wenn im Inland sehr restriktive Schutzvorschriften gelten, die das Forschen auf einem bestimmten Gebiet untersagen. Die zu überwindenden Transaktionskosten nehmen dann für einen inländischen Aufbau von F&E-Kapazitäten ein prohibitives Ausmaß an. Dies kann zum Aufbau von unternehmenseigenen Forschungsstätten im Ausland (intraorganisatorische Disintegration durch Standortverlagerung in das Ausland), zur Gründung von Gemeinschaftsunternehmen mit Sitz im Ausland (gegenüber der Eigenerstellung von F&E-Leistungen Verringerung des vertikalen Integrationsgrades) oder gar zur externen Vergabe von F&E-Aufträgen an ausländische F&E-Bereitsteller führen (völliger Fremdbezug).

Unter diesem Gesichtspunkt wird in der F&E-Praxis vielfach die äußerst feinkörnige rechtliche Regelungs- und Auflagendichte in der Bundesrepublik Deutschland kritisiert. Durch sie drohe ein F&E-freundliches Klima zu ersticken und eine interne F&E bzw. Fortführung von F&E im nationalen Bereich immer weniger attraktiv zu erscheinen:

> „Die BHF-Bank hat keine Bange um die traditionsreiche deutsche Chemieindustrie ... Dort selbst sieht man die Lage weniger rosig. Gesetzliche Beschränkungen und gesellschaftliche Widerstände lassen Unternehmen um ihre Konkurrenzfähigkeit fürchten. Immer längere Genehmigungszeiten für neue Anlagen, die sich hinschleppenden Zulassungsverfahren für Arzneimittel und vor allem die Probleme mit der Biotechnologie stellen nach Meinung vieler Manager den Standort Bundesrepublik in Frage."[248]

Und in Anlehnung an einen Hoechst- und BASF-Manager berichtet Müller weiter:

> „Andere Länder sind uns in der praktischen Nutzung der Gentechnik voraus. Als fortschrittshemmenden Klotz am Bein empfindet die Branche die 'äußerst restriktiven' (BASF-Vorstandsmitglied Ingo Paetzke) gesetzlichen Auflagen mit ihren langwierigen öffentlichen Anhörungsverfahren, die die Genehmigung um mehrere Jahre verzögern könnten. Tatsächlich müssen sich die Unternehmen mit einem Bündel verschiedenster Vorschriften herumschlagen ... Die BASF-Manager haben die Nase voll und bauen ihr neues Genforschungszentrum nicht am Rhein, sondern in den USA. Die Ludwigshafener begründen ihre Entscheidung mit den 'fast prohibitiven' Gesetzen hierzulande."[249]

Diese auf internationaler Ebene geltenden Zusammenhänge zwischen rechtlichen Rahmenbedingungen und (internationalen) F&E-orientierten vertikalen Integrationsstrategien von Unternehmen gelten in ähnlicher Weise auch auf der Ebene eines einzelnen Unternehmens:

Die Strukturmechanismen einer Unternehmung, durch die im intraorganisatorischen Rahmen Rechte und Pflichten der Organisationsmitglieder geregelt werden, können derart feinkörnig ausgelegt und verkrustet sein, daß ein für den erfolgreichen Betrieb von F&E erforderliches inventiv-unternehmerisches Klima schon im Keim erstickt wird. Die sehr bürokratische Auslegung von organisatorischen Strukturdimensionen wie Standardisierung und Formalisierung und eine bis in das kleinste Detail vorangetriebene Arbeitsteilung im F&E-Bereich wirken für Forscher und Entwickler frustrierend und demotivierend.[250] Dauernder Rechtfertigungszwang der Forscher, starre Organisationsstrukturen (z.B. viele Hierarchieebenen, strikte Einhaltungspflicht der formellen Kommunikationswege), organisatorisch-rechtliche Beschneidung der Kommunikation mit externen know-how-Trägern aus anderen Institutionen aus Geheimhaltungsgründen[251] und mangelnde Entscheidungsfreiräume mögen zwar für die Wahrung interner Ruhe und Stabilität für das Gesamtunternehmen wichtig sein; sie wirken aber besonders im F&E-Bereich erfolgshemmend.

Nicht selten werden durch organisatorisch-rechtliche Regelungen im unternehmensinternen Bereich für F&E sklerotische Wirkungen ausgelöst.[252] Um für F&E-Einheiten dennoch eine von den starren Organisationsmechanismen der Mutterunternehmung weitgehend losgelöstes organisatorisches Klima zu erreichen, können F&E-Abteilungen auch „ausgegründet" werden. Als Varianten der Disintegration von F&E-Einheiten aus der Mutterunternehmung zum Zwecke der Abschottung gegenüber den starren Organisationsstrukturen der Mutterunternehmung, die der Mutterunternehmung trotzdem eine Erfolgsteilhabe an F&E-Leistungen und know-how-Transfer sichern, bieten sich unterschiedliche Formen des sogenannten Venture-Managements[253] an (z.B. eine Spin-Off-Neugründung, die durch die Muttergesellschaft finanziell unterstützt wird und an der die Muttergesellschaft die Kapitalmehrheit besitzt[254]). Im Extremfall können die durch organisatorische Starrheit einer Unternehmung ausgelösten Disintegrationswirkungen so weit führen, daß die F&E-Leistungen weder intern noch im Rahmen einer Venture-Organisation erbracht werden können. Dies kann z.B. dann der Fall sein, wenn die interne Organisationsstruktur und die Unternehmensverfassung der Venture-Organisation nach dem (schlechten) Vorbild der Muttergesellschaft aufgebaut werden.

Die durch die eigenen Entscheidungen sich selbst auferlegten bzw. über einen längeren Zeitraum schrittweise mutierten organisatorischen und rechtlichen Rahmenbedingungen in Richtung „F&E-Sklerose" können letztlich dazu führen, daß interne F&E-Prozesse von so hoher Koordinierungsunsicherheit befallen sind, daß sie im organisatorischen Regelungsdickicht der Unternehmung völlig versanden oder nur mit starker zeitlicher Verzögerung abgeschlossen werden können. Nur eine externe Bereitstellung von F&E-Leistungen durch Lizenznahme oder Auftragsvergabe kann unter diesen Bedingungen dazu beitragen, die Unternehmung mit genügend F&E-know-how zu versorgen, damit ihre Konkurrenzfähigkeit am Markt noch erhalten bleibt und die lebenswichtige Quelle von im dynamischen Wettbewerb verwertbaren Informationsvorsprüngen nicht völlig versiegt.

Ein letztes Beispiel, an dem exemplarisch aufgezeigt werden soll, wie durch die Ausgestaltung rechtlicher Rahmenbedingungen und Richtlinien eine Favorisierung des externen Bezugs von F&E-Leistungen ausgelöst und damit eine Entwicklung zur Disintegration von F&E-Aktivitäten eingeleitet wird, bietet die staatliche Förderung der externen Auftragsforschung im Rahmen der Forschungspolitik des Staates:[255] Ab Mai 1978 förderte das Bundesministerium für Forschung und Technologie über die AIF (Arbeitsgemeinschaft Industrieller Forschungsvereinigungen) die externe Auftrags- bzw. Vertragsforschung.[256] Dem F&E-Auftraggeber wurde ein Zuschuß von 30 Prozent der F&E-Kosten für externe Projekte erstattet (höchstens 120.000 DM jährlich), soweit es sich bei dem Auftraggeber um ein Unternehmen handelte, das weniger als 200 Mio DM Umsatz jährlich erzielte. Trotz der Schwierigkeiten kleinerer und mittlerer Unternehmen bei der Vergabe von F&E-Projekten an externe Institutionen und der Formulierung von Anträgen für den Erhalt von F&E-Zuschüssen ist daraufhin die Anzahl der Antragseingänge und der extern vergebenen F&E-Projekte ab 1979 enorm angestiegen.[257] Daß eine durch staatliche Richtlinien hervorgerufene „Verkomplizierung" der Antragstellung und eine restriktivere Handhabung der Förderrichtlinien und -voraussetzungen oder gar eine völlige Streichung von Fördermitteln in die Gegenrichtung, d.h. zur Senkung der externen Vergabe von F&E-Aufträgen führt und Disintegrationstendenzen eher hemmen wird, muß vor diesem Hintergrund nicht mehr explizit betont werden.

Auch die staatliche Forschungspolitik, die z.B. durch die Auflage von Förderprogrammen und den Erlaß von Förderrichtlinien zum Ausdruck kommt, kann daher die Integrations- und Disintegrationsentwicklungen im F&E-Bereich von Unternehmen stark beeinflussen. Im Hinblick auf die gesellschaftliche Arbeitsteilung für F&E nimmt sie je nach Ausgestaltung konfliktären oder komplementären Charakter an.

4.3. Rechtliche Rahmenbedingungen und kooperative F&E

Unter der Zielsetzung des Schutzes von F&E-know-how und der Aneignung von möglichen F&E-Erfolgen bringt auch die F&E-Kooperation mancherlei Vorteile. Wie sich zeigen wird, gilt dies nicht nur gegenüber der externen, sondern vor allem auch gegenüber der internen Bereitstellung von F&E-Leistungen. In diesem Abschnitt wird eine in der F&E-Praxis häufig anzutreffende Konstellation beschrieben, in der die aus F&E-Leistungen erzielbaren Gewinnpotentiale durch Kooperationen mit vertikal nachgeordneten Unternehmen effizienter geschützt werden können als innerhalb der eigenen Unternehmensgrenzen und/oder als durch Patente bzw. Lizenzen. Das nachfolgende Kooperationsverhalten nimmt letztlich den Charakter einer „Aneignungsstrategie" für F&E-Gewinne an, die bei Unternehmen auf vertikal nachgeordneten Produktionsstufen eintreten.

In der Literatur wird vielfach die Bedeutung der anwenderseitigen Fort- und Weiterentwicklung von F&E-Leistungen und die Notwendigkeit der Kooperation zwischen F&E-Bereitstellern und Nachfragern von F&E-Leistungen bzw. Anwendern von innovativen Produkten und Technologien betont.[258] Foxall unterscheidet demnach zwischen zwei grundlegenden Richtungen der Innovationsinitiative: das sog. „manufacturer-active paradigm or MAP", das insbesondere von v. Hippel[259] vertreten wird, und das sog.

„customer-active paradigm or CAP", wobei grundsätzlich eine Vielzahl von Zwischenformen möglich ist.[260]

Beim MAP-Paradigma kommt die Initiative und Motivation für die Hervorbringung von F&E-Leistungen und komplementären Fort- und Weiterentwicklungen hauptsächlich aus dem Bereich des Anbieters bzw. ursprünglichen Erstellers (manufacturer). Beim CAP-Paradigma kommt die Initiative und Motivation für die Hervorbringung von F&E-Leistungen und komplementären Fort- und Weiterentwicklungen vor allem aus dem Bereich des Nachfragers bzw. Anwenders und Käufers der F&E-Leistung (Customer).

In diesem Zusammenhang ist es denkbar, daß die F&E-Leistung des ursprünglichen F&E-Erstellers (manufacturer) in der gegenwärtigen Form nur eine sehr geringe Gewinnträchtigkeit aufweist. Eine eventuelle Lizenzgebühr, die der F&E-Ersteller auf dem Markt für F&E-Leistungen erzielen kann, ist daher eher gering anzusetzen. Vermutet aber der F&E-Ersteller, daß bei potentiellen Anwendern seiner F&E-Ergebnisse bzw. Lizenzkäufern (customer) in Kürze durch nur wenig aufwendige F&E-Prozeduren, Fort- und Weiterentwicklungen und/oder ganz einfach nur durch zusätzliche Anwendererfahrungen und die Verknüpfung seiner F&E-Leistung mit den Prozessen und Kapazitäten des Anwenders enorme gewinnträchtige Komplementäreffekte auftreten könnten, für die seine F&E-Leistung den Schlüssel darstellt, gerät der F&E-Ersteller in ein Dilemma. Einerseits treten die gewinnträchtigen Komplementäreffekte erst im Zuge der fortgesetzten Anwendung beim Käufer auf, so daß erst nach einem Transfer das ganze (und vorher vom F&E-Ersteller möglicherweise nur vermutete und vom Anwender vorher eventuell heruntergespielte) Marktpotential der F&E-Leistung zu Tage tritt, das dann allein der Anwender abschöpft. Andererseits tritt das Marktpotential der F&E-Leistung nicht zu Tage, wenn das F&E-know-how nicht an den Anwender transferiert und nur im Anwendungsbereich des F&E-Erstellers genutzt wird (z.B. zur Verbesserung der eigenen Produktionsverfahren). Der tatsächliche ökonomische Nutzen, der durch die Transferierung des F&E-Wissens und durch die Verknüpfung mit den F&E-Potentialen und komplementären Kapazitäten (besonders sogenannten „co-specialized assets") potentieller F&E-Anwender erreicht werden könnte, bleibt beschränkt. In Anlehnung an Teece[261] führt z.B. Foxall aus:

> "... the profitable commercialization of a core innovation technology often depends upon the use of complementary assets (insbesondere sogenannte co-specialized assets, Anm. d. Verf.) such as marketing and after-sales service. The more specialized these are to the core technology, the greater will be the need for the innovator to obtain and protect them in order to gain from the diffusion of his innovation."[262]

Dieses Dilemma wird noch brisanter, wenn die F&E-Leistungen des Erstellers rechtlich grundsätzlich nicht schutzfähig sind (z.B. mangelnde Patentfähigkeit aufgrund zu geringer Erfindungshöhe); oder rechtliche Regelungen nicht ausreichen bzw. marktliche Transaktionsbeziehungen (z.B. Lizenzverträge) nur unter Inkaufnahme extrem hoher Transaktionskosten (z.B. aufgrund komplexer Verträge bei Exklusivlizenzen) so speziell ausgerichtet werden können, daß an den Gewinnen aus Komplementäreffekten des Anwenders eine Teilhabe gesichert werden könnte.

94

Reichen im Einzelfall – wie hier angedeutet – herkömmliche rechtliche Schutzmechanismen für den F&E-Bereitsteller nicht aus, um eine adäquate Aneignung der u.U. erst zukünftig und gegebenenfalls erst nach einer zeitlichen Verzögerung im Einzugsbereich der Anwender voll zum Tragen kommenden Gewinnpotentiale aus F&E-Leistungen sicherzustellen, wird es zur Entwicklung privatrechtlicher Regelungen kommen (sogenannte „private remedies"). Dies kann z.B. zu einer Erhöhung des vertikalen Integrationsgrades im Rahmen einer Kooperation führen, in der F&E-Bereitsteller und Anwender gemeinsam Fort- und Weiterentwicklung betreiben, Komplementäreffekte im Bereich des Anwenders auch für den F&E-Bereitsteller zugänglich werden und durch die gegenseitige organisatorisch-rechtliche und wirtschaftliche Abhängigkeit auch ein rechtlicher Zugriff des F&E-Bereitstellers auf sich erst zukünftig ergebende Komplementärgewinne gesichert wird.

Vielfach beschreiben Transaktionskostentheoretiker diese organisatorisch-rechtliche „Aneignungsstrategie" für Fälle, in denen traditionell heranziehbare Schutzmechanismen wie Patente und Lizenzvergabe nur einen unzureichenden know-how-Schutz bieten oder z.B. aus Gründen mangelnder Patentfähigkeit nicht zur Anwendung kommen können und daraus entstehende „Verdünnungen" von Gewinnpotentialen verhindert werden sollen.[263] Vor dem Hintergrund der Ideenschutzbedürfnisse kann daher eine Kooperation durch das Zusammenwirken von zwei Ursachen begründet werden: Zum einen tritt die Gewinnträchtigkeit von F&E-Leistungen erst nach einem Transfer an vertikal nachgeordnete Produktionsstufen durch Verknüpfung mit co-spezialisierten assets mit zeitlicher Verzögerung auf (ökonomische Ursache der Kooperation). Zum anderen versagen herkömmliche rechtliche Mechanismen der Protektion von know-how, wenn es darum geht, für den ursprünglichen F&E-Ersteller eine Teilhabe an Gewinnen zu sichern, die aus Komplementäreffekten bei potentiellen Anwendern entstehen (rechtliche Ursache der Kooperation).

Auch der Anwender von F&E-Leistungen weist auf seiner Absatzseite Käufer auf. Die Kooperation zwischen F&E-Bereitsteller und Anwender sichert zwar eine gegenseitige Teilhabe an den sich einstellenden Komplementär-, Rückkoppelungs- und Verknüpfungseffekten mit co-spezialisierten Kapazitäten, die im Bereich der Kooperationspartner auftreten. Andererseits können sich aber auch bei den Käufern auf der Absatzseite des Anwenders entsprechende Effekte einstellen, wenn diese z.B. über ein weitverzweigtes Distributionsnetz und ausgebaute Marketingpotentiale verfügen, die erst zu einer verstärkten Diffusion von neuen Technologien führen. Um in diesem Fall auch von der Diffusionsrente des Käufers zu profitieren, kann die Kooperation daher auch den Käufer einschließen.

Aus dieser Perspektive, die letztlich auf dem Versagen von herkömmlichen rechtlichen Regelungen für die Sicherung von F&E-orientierten Komplementäreffekten aufbaut, spricht manches dafür, die kooperative Verknüpfung auf eine möglichst große Anzahl von Unternehmen auszuweiten, die in einer vertikalen Produktionsstruktur verkettet sind.

Durch die stabile Verkettung mehrerer vertikal angeordneter Produktionsstufen im Rahmen einer F&E-Kooperation ergeben sich ferner „Kostenersparnisse aus stabilen Geschäftsbeziehungen."[264] Dazu bemerkt Blau:

> „Sowohl vor- als auch nachgelagerte Stufen können im Bewußtsein, daß ihre Einkaufs- bzw. Verkaufsbeziehungen stabil sind, in die Lage versetzt werden, effizientere und stärker spezialisierte Verfahren für den geschäftlichen Umgang miteinander zu entwickeln. Denkbare Formen solcher Verfahren sind zugeschnittene, spezialisierte Logistiksysteme, spezialisierte Verpackung, spezifische Vorkehrungen für Belegführung und Kontrolle sowie weitere potentielle kostensparende Methoden der Kooperation."[265]

Unter dem Gesichtspunkt der rechtlichen Rahmenbedingungen kooperativer Koordinationsformen treten aber auch kartellrechtliche Fragen in den Vordergrund. Eine zum Zwecke der Erreichung und anschließenden Sicherung und „gerechten" Aufteilung von Komplementäreffekten angestrebte Kooperation möglichst vieler Unternehmen in einer vertikalen Produktionsstruktur stößt an kartellrechtliche Grenzen. Nicht nur treten durch die Auseinandersetzung mit kartellrechtlichen Fragen erhöhte Transaktionskosten in Form von Informationsprozessen (z.B. Informationseinholung über Kartellvorschriften) und Aufwendungen für Rechtsbehelfe auf (z.B. für Rechtsanwälte). Vielmehr kann das Kartellgesetz Kooperationen völlig verbieten, wenn das kartellrechtlich empfindliche Kriterium „Intensität der Wettbewerbsbeschränkung" dafür spricht ("prohibitive" Transaktionskosten).[266]

Sowohl für die hier im Vordergrund stehende Kooperation, die zum Zwecke der Teilhabe an Komplementäreffekten gebildet wurde, als auch für sämtliche andere Arten von F&E-Kooperationen (Ergebnis- und Erfahrungsaustausch, Gemeinschaftsforschung usw.) könnte in diesem Zusammenhang zwar grundsätzlich geprüft werden, ob eine eventuelle Freistellung vom Kartellverbot nach Art. 85 Abs. 3 des Vertrags zur Gründung der Europäischen Wirtschaftsgemeinschaft möglich ist. Allerdings kann eine Freistellung nur für solche Vereinbarungen erklärt werden, die unter angemessener Beteiligung der Verbraucher an dem entstehenden Gewinn zur Verbesserung der Warenerzeugung oder -verteilung oder zur Förderung des technischen oder wirtschaftlichen Fortschritts beitragen, ohne daß den beteiligten Unternehmen

a) Beschränkungen auferlegt werden, die für die Verwirklichung dieser Ziele nicht unerläßlich sind, oder
b) Möglichkeiten eröffnet werden, für einen wesentlichen Teil der betreffenden Waren den Wettbewerb auszuschalten.

Da es zumindest bei der Kooperation zur Sicherung von Komplementäreffekten lediglich darum geht, den einzelnen Unternehmen und besonders dem ursprünglichen F&E-Bereitsteller einen organisatorisch-rechtlichen Durchgriff auf die in der vertikalen Produktionskette nachgelagerten Unternehmen zum Zwecke der Gewinnteilhabe zu eröffnen, dürfte eine kartellrechtliche Freistellung nicht in Frage kommen.

Der vielleicht motivationstheoretisch und ökonomisch begründete Kooperationsanreiz, Komplementäreffekte durch vertikale Kooperationen möglichst gerecht auf die Beteiligten aufzuteilen und dem ursprünglichen F&E-Bereitsteller Teilhabe an Diffusionsrenten zu sichern, hat exogen vorgegebene rechtliche Rahmenbedingungen zu beachten. Rechtliche Rahmenbedingungen können in dieser Hinsicht für F&E-Kooperationen u.U. prohibitiv wirken.

Die hier nur knapp und am Beispiel der vertikalen Kooperation zwischen F&E-Bereitsteller und Anwender angerissenen Probleme machen die Bedeutung der rechtlichen Rahmenbedingungen für die kooperative F&E unmittelbar und sehr drastisch offensichtlich. Angesichts der steigenden marktlichen und vor allem auch F&E-orientierten Anforderungen an die Unternehmen wird die Notwendigkeit von Kooperationen aber zunehmend anerkannt. Die juristische Zulässigkeit von F&E-Kooperationen wird daher in der Empirie nicht zu erschweren, sondern zu erleichtern versucht.[267)]

5. Technologische Rahmenbedingungen

Vor dem Hintergrund der im vierten Kapitel eingeführten ökonomischen Grundkategorien ergibt sich sehr deutlich, daß Information und Kommunikation die zentralen Voraussetzungen für eine arbeitsteilige Organisation von F&E-Prozessen bilden. Moderne Informations- und Kommunikationstechnologien fördern die arbeitsteilige Abwicklung von Aufgabenbündeln zwischen den Menschen und ihren Organisationen. Dies gilt auch für die Bewältigung von Aufgaben im F&E-Bereich. In dieser Hinsicht scheinen neue und verbesserte Informations- und Kommunikationstechnologien auch die interorganisatorische Abwicklung von F&E-Aktivitäten zu erleichtern. Es ist zu fragen, inwieweit diese grundsätzlichen Tendenzen den Fremdbezug von F&E-Leistungen und die F&E-Kooperation unterstützen und welche Implikationen sich daraus für die interne F&E ergeben.

5.1. Technologische Rahmenbedingungen und interne F&E

Die fundamentale Bedeutung von Informations- und Kommunikationstechnologien für die Reduzierung interner Transaktionskostenpegel im F&E-Bereich einer Unternehmung ist leicht einzusehen: So unterstützen neue Informations- und Kommunikationstechnologien die Kommunikationsprozesse im Unternehmen und führen zu einer Beschleunigung des innerbetrieblichen Informationsaustauschs innerhalb der F&E-Bereiche und zwischen den F&E-Abteilungen und anderen Unternehmenseinheiten.

Dies kann z.B. auf lokalen Netzwerken beruhen, die einen effizienteren innerbetrieblichen Datenaustausch ermöglichen. Besonders im F&E-Bereich ist dies angesichts der Verkürzung von Produktlebenszyklen und Entwicklungszeiten wichtig. Die Forschungs- und Entwicklungsarbeit in Unternehmen besteht hauptsächlich aus Informationsverarbeitung und Kommunikationsprozessen; und das Ausmaß des Wissens im F&E-Bereich ist in der Vergangenheit so enorm angestiegen, daß die „Halbwertzeit" des Wissens eines Elektroingenieurs heute nur noch mit sieben Jahren veranschlagt wird; demnach ist die Hälfte des Wissens eines Elektroingenieurs nach bereits sieben Jahren völlig veraltet.[268]

Diese Entwicklungen stellen letztlich an die quantitative und qualitative informationstechnologische Kapazität des F&E-Bereichs von Unternehmen neue Anforderungen. Die informationstechnologische Kapazität wird damit zum wettbewerbsstrategischen Engpaß eines innovations- und technologieorientierten Unternehmens:[269] Sie kann die unternehmensinternen Wachstumspotentiale sowohl begrenzen als auch fördern. So stellen auch Ganz und Goldhar in Bezug auf den F&E-Bereich fest:

> "Technology-based advances in computer-controlled printing, machine-indexing, micro-reproduction, remote computer access, time-sharing, and cathode displays have been and are increasing the efficiency of the information-handling procedures used by scientific and technical professionals".[270]

Der Verwendung von modernen Informations- und Kommunikationstechnologien im F&E-Bereich einer Unternehmung muß daher enorme Relevanz zugeordnet werden. Die verbesserte Verfügbarkeit von F&E-Informationen für die Marketingabteilung, die bessere kommunikative Abstimmung zwischen Forschung und Entwicklung und Marketing sind hier beispielhaft zu nennen.[271] Insgesamt ergeben sich dadurch auch Reduzierungseffekte für Informationsdurchlaufzeiten und die effizientere Ausgestaltung der betrieblichen Informationssysteme. Damit werden gute Voraussetzungen für die Entlastung des F&E-Bereichs und der effektiveren Organisation der F&E-orientierten Informations- und Kommunikationsprozesse im Unternehmen geschaffen. Dies trägt auch zum Schritthalten mit der Entwicklung zu immer kürzeren „Wissens-Halbwertzeiten" und zu einer Verkürzung von Entwicklungszeiten im Unternehmen bei.[272]

Die durch neue Informations- und Kommunikationsmöglichkeiten ausgelöste verbesserte Koordinationsfähigkeit des Anwenders im F&E-Bereich hat unmittelbar positive Kontroll- und Delegationseffekte[273] und wachstumsstrategische Auswirkungen. Kontrolleffekte ergeben sich z.B. für die Unternehmensleitung hinsichtlich der Überwachung der Effizienz und des zielkonformen Verhaltens des F&E-Personals. Daher können auch mehr Aktivitäten delegiert werden, weil die unternehmenszielkonforme Erfüllung der delegierten F&E-Aufgaben leichter überwacht werden kann. Auch die Leitungsspanne im F&E-Bereich kann erhöht werden, wenn die Kontrollfunktion durch neue Informations- und Kommunikationstechnologien erleichtert wird:

Bei verbesserter Technologie im F&E-Bereich werden durch erleichterte Kontrolle und Überwachung sowohl qualitative als auch quantitative Wachstumspotentiale für die interne F&E erreicht. Nicht nur mehr und verschiedene F&E-Projekte können dadurch in Angriff genommen werden, wodurch sich im F&E-Portfolio eines Unternehmens gegenseitige Synergieeffekte und Gewinn- und Verlustausgleiche einstellen werden. Die Projekte können durch neue Informations- und Kommunikations- bzw. F&E-Technologien (Computer Aided Styling, Computer Aided Design, Computer Aided Engineering usw.) auch schneller und unter geringerem Ressourceneinsatz durchgeführt werden.[275]

Was die Verringerung des Ressourcenverzehrs anbelangt, macht z.B. Tapon auf die Verwendung von CADD (Computer-Assisted Drug Design) im Pharmabereich aufmerksam.[276] Durch CADD werden auf theoretischer Basis Voraussagen über die Wirkungen unterschiedlicher chemischer Substanzen möglich, ohne daß diese Substanzen für einen Versuch zur Verfügung stehen müssen.

Auch die Zeitdauer zwischen geistigem Ideensprung als Ausgangspunkt für F&E-Aktivitäten und der erstmaligen marktlichen Verwertung der daraus entstehenden Produkte wird durch den Einsatz von Informations- und Kommunikationstechnologien im F&E-Bereich verkürzt. Die Marktreagibilität steigt. Auf Nachfrageschwankungen kann F&E-seitig schneller reagiert werden. Hierdurch werden wettbewerbsstrategische Vorteile gewonnen, da u.a. auch mit kürzeren Entwicklungszeiten bzw. bei Beibehaltung der Entwicklungszeit mit einem intensiveren und variantenreicheren Durch-Checken und Abgleich der F&E-Ergebnisse gerechnet werden kann.[277]

Neben der effizienteren Ausgestaltung des innerbetrieblichen Informationswesens sorgen moderne Informations- und Kommunikationstechnologien auch für die Steigerung der Transparenz über ökonomisch verwertbare Innovationspotentiale im eigenen Unternehmen und für erhöhte Aktualität sowie Verfügbarkeit von Informationen im F&E-Bereich. Der Anwender kann nicht nur mehrere Aktivitäten gleichzeitig koordinieren und kontrollieren, sondern er wird ferner in die Lage versetzt, seine Transparenz über im Unternehmen (latent) vorhandene Innovationspotentiale zu erhöhen. In diesem Zusammenhang ist z.B. auch an die Verwendung von Datenbanken über innerbetriebliche Vorschläge zu denken, die in ein ganzheitliches Personalinformationssystem integriert werden können. Ferner trägt der Einsatz von projekt- und themenspezifischen Datenbanken zu einer unmittelbaren Verfügbarkeit und ständigen Aktualität der F&E-orientierten Wissensbasis eines Unternehmens bei. Der Aspekt der Verfügbarkeit und Aktualität der F&E-Informationen ist darauf ausgelegt,

could be made available. Computer based information systems were developed to perform the functions of storing, retrieving, processing, and displaying information."[278]

Insgesamt hängt das Potential für eine Reduktion der innerbetrieblichen Transaktionskosten im F&E-Bereich einer Unternehmung aber erheblich von den unternehmensspezifischen Voraussetzungen für die Implementierung von Informations- und Kommunikationstechnologien sowie deren effiziente Nutzung im Unternehmen ab. Daher spielt es eine wesentliche Rolle, wie der F&E-Bereich im Kommunikationssystem der Unternehmung integriert ist.[279]

Dieser Aspekt ist auch im Hinblick auf die Beziehung zwischen informeller face-to-face-Kommunikation und formellem Einsatz von Informations- und Kommunikationstechnologien zu beachten. Ganz und Goldhar weisen darauf hin, daß der Einsatz von Telekommunikationstechniken im F&E-Bereich des Unternehmens formelle und vor allem auch informelle interpersonale F&E-Sitzungen nicht substituieren darf. Der Grund liegt vor allem darin, daß die für eine erfolgreiche Organisation von Forschung und Entwicklung unerläßlichen Komponenten wie Kreativität und Intuitionsfreudigkeit sozialer und menschlicher Kontakte bedürfen:

> "... person-to-person exchanges of information among scientists and engineers were playing an important role."[280]

Und:

> "Recent innovation research indicates that the innovation process was most efficient when both personal contacts and formal sources were combined in mutual supportive way ... There is a possibility that use of the telephone together with video display will be of great value, not as a substitute for travel to meetings, but as a way of making meetings more productive through previsit preparation and post visit follow-up."[281]

Ob durch moderne Informations- und Kommunikationstechnologien im Ergebnis die interne F&E gegenüber der externen und kooperativen F&E zu favorisieren ist, muß trotz der hier beschriebenen positiven Wirkungen auf die interne F&E-Bereitstellung eher bezweifelt werden. Die Einführung dieser Technologien setzt zwar voraus, daß sich die unter Umständen sehr hohen und fixkostenartigen Investitionen der Implementierung[282] erst in ausreichend großen F&E-Abteilungen und -Laboratorien amortisieren können (hohe Häufigkeit, Erreichung von economies of scale[283]), was für eine stärkere Auslastung der internen F&E-Kapazitäten bzw. die Integration von F&E-Aktivitäten sprechen würde. Andererseits unterstützen Informations- und Kommunikationstechnologien aber besonders den Fremdbezug von F&E-Leistungen.

5.2. Technologische Rahmenbedingungen und externe F&E

Die Vertreter des Transaktionskostenansatzes gehen grundsätzlich davon aus, daß besonders moderne Informations- und Kommunikationstechnologien die marktliche und dezentrale Organisation von Transaktionsbeziehungen unterstützen.[284] Danach wird verbesserten Informations- und Kommunikationstechnologien ein hohes Senkungspotential für Transaktionskosten zugeordnet, die im Rahmen marktlicher Transaktionsbeziehungen auftreten.

Bei der Suche nach Fremdbezugsquellen reduzieren beispielsweise Telefon, Telefax, Teletex usw. Such- und Anbahnungskosten. Durch die Erleichterung internationaler Kommunikation treten vor allem auch ausländische Auftragnehmer in den Gesichtskreis des Auftraggebers. Zur Steigerung der Markttransparenz über bereits existierendes F&E-know-how tragen besonders erst durch leistungsfähigere Computertechnik ermöglichte Patent- und Technologiedatenbanken bei.[285]

Insgesamt werden dadurch nicht nur Such- und Anbahnungskosten gesenkt. Durch den verbesserten Beschaffungsmarktüberblick kommen vielmehr auch mehr Transaktionspartner in das Blickfeld eines F&E-Auftraggebers. Die unter Umständen aufgrund mangelnder Informations- und Kommunikationsmöglichkeiten geringe Markttransparenz, die in der Vergangenheit ein small-numbers-Problem entstehen ließ und als zentrale Ursache der Eigenerstellung von F&E-Leistungen galt, wird erhöht. Eine small-numbers-Situation kann daher durch moderne Informations- und Kommunikationstechnologien zugunsten einer large-numbers-Situation überführt werden. Die Möglichkeiten für opportunistisches Verhalten im Rahmen des Fremdbezugs von F&E-Leistungen werden vermindert. Hierdurch wird der Fremdbezug von F&E-Leistungen erleichtert.

Andererseits können dadurch, daß mehrere Bezugsquellen zur Verfügung stehen, auch die Anforderungen des Auftraggebers an die Ersteller der F&E-Leistungen steigen. Wenn sich die Stellung der F&E-Anbieter aufgrund verbesserter Markttransparenz des Auftraggebers von einer small-numbers zu einer large-numbers-Position verschiebt, verbessert sich die Verhandlungsposition des Auftraggebers. Forderungen nach unternehmensspezifischem Zuschnitt der F&E-Leistungen, nach Reduzierung der Lizenzpreise und nach günstigeren Vertragskonditionen (z.B. auch hinsichtlich Fort- und Weiterentwicklungen) sind dann beispielsweise für den Auftraggeber leichter durchsetzbar.

Ferner verhindert eine durch den Einsatz von Patentdaten- und Lizenzdatenbanken verbesserte Markttransparenz über bereits existierende F&E-Leistungen eine Fehlallokation von knappen F&E-Ressourcen in Bereiche, die bereits extern erforscht und entwickelt wurden. Grochla weist beispielsweise darauf hin, daß immerhin 45 Prozent der betrieblichen F&E-Kosten eingespart werden könnten, wenn es gelänge, bereits publizierte Forschungsergebnisse schneller aufzufinden.[286] Geht man davon aus, daß z.B. alleine Suchprozesse in der Entwicklung 25 Prozent der Entwicklungszeit beanspruchen, so wird auch die enorme Rationalisierungsrelevanz von Retrieval- und Dokumentationssystemen im F&E-Bereich offensichtlich.[287]

Neben diesen eher im Such- und Anbahnungsstadium von marktlichen Beziehungen auftretenden Effekten, durch die ein Fremdbezug von F&E-Leistungen begünstigt wird, versprechen neuartige Technologien aber auch während der vertraglichen Beziehung Erleichterungen. So können neue Technologien dazu beitragen, marktliche Transaktionsbeziehungen besser zu beherrschen und abzuwickeln. Ganz und Goldhar berichten z.B. über die Einführung von Computerkonferenzen bei der amerikanischen National Science Foundation, durch die unabhängige und geographisch weit auseinanderliegende F&E-Teams face-to-face Informationen austauschen können.[288]

Die Abwicklung marktlicher F&E-orientierter Transaktionsbeziehungen wird ferner durch Informations- und Kommunikationstechnologien erleichtert, durch die z.B. die Qualität von extern bereitgestellten F&E-Leistungen schneller und genauer überprüft werden kann: Neuartige Qualitätsüberprüfungs- und Meßapparaturen (z.B. optoelektronische Spektralanalysegeräte für die Überprüfung von neu entwickelten Legierungen, sensortechnische Abtaster für die Überprüfung der Außenhautform und Aerodynamik von Automodellen im Stylingprozeß der Automobilneuentwicklung) erleichtern z.B. die (Qualitäts-) Kontrolle und Überprüfung der fremd bezogenen F&E-Leistungen (z.B. neue Legierungen, Außenhautprototypen). Gleiches gilt für die Kontrolle und Überprüfung von Modellen, Prototypen und Mustern, die ein externer F&E-Partner beispielsweise zur Verdeutlichung seines F&E-Potentials als Begutachtungsexposé für potentielle Auftraggeber bereithält.

Unter dem Aspekt der technologischen Rahmenbedingungen ist schließlich an den verstärkten Trend zu flexibel einsetzbaren Fertigungsanlagen zu denken. Insbesondere unter der Entwicklung zum Computer Aided Manufacturing (CAM), der Automatisierung von Fertigungsabläufen und der flexiblen, inselartigen und teilautonomen Organisation von Fertigungsprozessen ist es heute zunehmend möglich, Fertigungsanlagen sehr flexibel einzusetzen. Nicht nur die Variantenvielzahl, die mit einer Fertigungsanlage produziert werden kann, steigt grundsätzlich; sondern vor allem werden durch diese neuen Fertigungstechnologien auch Umrüst- und Wechselkosten erheblich reduziert. Economies of scale müssen daher nicht mit dem Verzicht auf Flexibilität in der Produktion oder den Verzicht auf Einzel- und/oder Kleinserienfertigung erkauft werden. Die „Einbahnstraße economies of scale nur in der Massenfertigung" gilt nicht mehr. Marktflexibilität bis hinunter zur „Einzelfertigung in Massen" ist durch flexible Fertigungstechnologien immer weniger mit Kostennachteilen verbunden.[289]

In dieser Hinsicht trägt die Entwicklung und praktische Einführung von flexiblen und schnell umrüstbaren Fertigungsanlagen zur Verminderung des Spezifitätsgrades von Fertigungsmaschinen bei.[290] Das aufgrund der Spezifität entstehende small-numbers-Problem und die daraus resultierende latente Gefahr des opportunistischen Verhaltens der Transaktionspartner werden dadurch verringert; dies begünstigt den Marktbezug.

Diese grundsätzlich für den Fertigungsprozeß zutreffenden Zusammenhänge gelten für flexibel einsetzbare F&E-Apparaturen in ähnlicher Weise. Flexibel einsetzbare F&E-Geräte reduzieren den Spezifitätsgrad von F&E-Investitionen. Die Verwendbarkeit von Apparaturen für CA-Design und CA-Styling im Forschungs- und Entwicklungsprozeß bleibt beispielsweise in der Regel nicht auf ein bestimmtes Objekt (z.B. Auto) oder einen bestimmten Auftraggeber (z.B. Automobilhersteller) beschränkt. Diese F&E-Geräte sind auch im Rahmen von anderen F&E-Projekten verwendbar. Die Abhängigkeit eines F&E-Auftragnehmers von einem bestimmten F&E-Auftraggeber wird hierdurch gesenkt.[291] Gleiches gilt umgekehrt: Verfügen viele potentielle F&E-Auftragnehmer über eine flexibel einsetzbare F&E-Technologie, kann man davon ausgehen, daß für die marktliche Bereitstellung von F&E-Leistungen auch mehr externe Transaktionspartner in Frage kommen, an die ein Auftraggeber F&E-Projekte vergeben kann; auch dies begünstigt den Marktbezug.

Insgesamt ergeben sich sowohl für die Anbahnung als auch während der Durchführung des Fremdbezugs von F&E-Leistungen erhebliche Einsparungspotentiale für Transaktionskosten, die im Rahmen marktlicher bzw. zwischenbetrieblicher Koordinationsprozesse in Kauf zu nehmen sind. Vor diesem Hintergrund darf die kommunikative Bedeutung von Visualisierungstechnologien im F&E-Bereich für den Fremdbezug von F&E-Leistungen (aber auch die Ergebnispromotion im eigenen Unternehmen) nicht übersehen werden. Die Bedeutung von Visualisierungstechnologien für die Vergabe von F&E-Leistungen wird z.B. dann offensichtlich, wenn Auftraggeber nach Vorliegen bestimmter Basis-F&E-Leistungen in den eigenen F&E-Abteilungen die Anschluß-, Fort- und Weiterentwicklung von Systemkomponenten nach außen vergeben möchten (z.B. im Rahmen der interorganisatorischen F&E-Parallelisierung). Vor allem die Phase zwischen gedanklicher Vision eines Entwicklers, der Erstellung von Prototypen und der oftmals bereits während dieser Phase notwendigen Anbahnung von Fremdbezugsbeziehungen für die Lieferung von ergänzenden F&E-Leistungen für die Entwicklung von partiellen Systemkomponenten darf hier nicht unterschätzt werden. Der Einsatz von CAD und CAS erhöht die Visualisierbarkeit von F&E-Entwürfen. Die vormals nur im Gehirn des Entwicklers vorhandene Vision, die in der Vergangenheit möglicherweise nur aufgrund mangelnder Kommunikationsfähigkeiten als verrückt abgestempelt wurde[292] und erst nach einer sehr zeitraubenden Modellierungsphase (am Reißbrett oder im Formlabor am Tonmodell) für potentielle Fremdbezugs- oder Kooperationspartner einsehbar war, wird durch Modellierungssoftware und Rechnersimulation sowie eventuell verbundener CNC-Fräseapparatur (z.B. für das Anfertigen von 1:30 Modellen im Stylingprozeß der Automobilentwicklung) schneller verfügbar.

Für externe Bereitsteller von F&E-Leistungen im Rahmen der Auftragsforschung gilt während der Angebotserstellung für ihre F&E-Leistungen und/oder die Präsentation ihrer F&E-Ergebnisse ein ähnlicher Zusammenhang für die Phase der Ergebnispromotion. Die Kommunikationsmöglichkeiten mit „Externen" über Visionen wird durch Visualisierbarkeitsmedien im F&E-Prozeß erleichtert; und das Stadium, ab dem über Visionen überhaupt kommuniziert werden kann, wird zeitlich vorverlagert. Auch dies ist ein wettbewerbsstrategischer Faktor während der Such- und Anbahnungsphasen F&E-orientierter Transaktionsbeziehungen, um z.B. Entwicklungszeiten zu verringern und/oder eine Vorselektion von F&E-Ideen schon im frühen Generierungsstadium zu erzielen, wodurch knappe Ressourcen eingespart werden können.

Die nachrichtentechnische Vernetzung von Unternehmen eröffnet darüber hinaus noch unausgeschöpfte Potentiale. Per File-Transfer übertragbare F&E-Informationen vernetzter F&E-Einheiten verschiedener Unternehmen beschleunigen nicht nur den in der Regel sehr zeitraubenden innerbetrieblichen, sondern auch zwischenbetrieblichen know-how-Transfer.[293] Die nachrichtentechnische Übermittlung von CAD-Versionen des Prototyps, aus denen das Pflichtenheft für die Entwicklung von Systemkomponenten automatisch abgeleitet werden kann, erleichtert den Fremdbezugspartnern die Einordnung ihrer F&E-Teilleistungen in das Gesamtprojekt. Damit kann z.B. die durch F&E-Parallelisierung oder modulartige Vergabe von F&E-Aufträgen entstehende Gefahr der Zersplitterung eines F&E-Projekts gering gehalten und die ganzheitliche Betrachtungsperspektive bei jedem einzelnen F&E-Bereitsteller erhalten bleiben.

Dieses positive Bild der Einflüsse von neuen Informations- und Kommunikationstechnologien auf die Disintegration von F&E-Aktivitäten bzw. den Fremdbezug von F&E-Leistungen gilt aber zumindest angesichts des heutigen Stands der Technik und der praktischen Implementierungsprobleme (z.B. bei der Einführung eines überbetrieblichen CAE-Verbunds) nur mit Einschränkungen. Vielfach sind die einzelnen Technologien in und besonders auch zwischen Unternehmen miteinander nicht kompatibel – trotz der vielfältigen Standardisierungs- und Vereinheitlichungsanstrengungen auf unternehmensinterner, nationaler und internationaler Ebene.[294] Medienbrüche und Kompatibilitätsprobleme erschweren – zumindest zum gegenwärtigen Zeitpunkt noch – die zwischenbetriebliche Kommunikation, belasten die externe Vergabe von F&E-Aufträgen, erhöhen insgesamt die Transaktionskosten und begrenzen schließlich die gesellschaftliche Arbeitsteilung im F&E-Bereich.[295]

5.3. Technologische Rahmenbedingungen und kooperative F&E

Kompatibilitätsprobleme und Medienbrüche führen oft dazu, daß grundsätzlich nur mit solchen Bereitstellern von F&E-Leistungen Transaktionsbeziehungen eingegangen werden, die über gleiche bzw. kompatible Systeme und über das entsprechende Anwenderknow-how verfügen. Damit ist für den Auftraggeber oft schon im vorhinein ein Kriterium für eine Selektion von möglichen Transaktionspartnern für die Bereitstellung von F&E-Leistungen vorgegeben. Für Bereitsteller von F&E-Leistungen ist es aus dieser Perspektive ein „Qualitätszeichen", über moderne und mit möglichst vielen Systemen kompatible Informations- und Kommunikationstechnologien zu verfügen (z.B. CAD-Basissystem mit breitem Anwendungsspektrum, das mit vielen Spezialsystemen für bestimmte Anwendungsgebiete – z.B. Schaltkreisentwurf, Freiformlinienberechnung[296], Platinenbestückungsplanung – gekoppelt werden kann).

Die Ausstattung mit modernen, systemflexiblen und vor allem hochkompatiblen Informations- und Kommunikationstechnologien im F&E-Bereich ist aber eine sehr teure Angelegenheit. Ferner macht es die Herbeiführung von Systemkompatibilität oft schon vor Installierung der jeweiligen Technologien erforderlich, daß F&E-Auftragnehmer und Auftraggeber im vorhinein Absprachen z.B. über Standardisierungen (z.B. zu fräsendes Stylingmodell in Ton oder Metall und gegebenenfalls in welcher Größe) und zu verwendende Übertragungs- und Informationsspeichermedien (z.B. Magnetplatten- und Diskettenformat) treffen.[297)]

Besonders die aus Kompatibilitätsmängeln und Medienbrüchen entstehenden Probleme in Verbindung mit der Kostenintensität moderner Informations- und Kommunikationstechnologien machen es daher häufig notwendig, zu kooperieren.

Allein diese informations- und kommunikationstechnologischen Gründe erklären oft F&E-Kooperationen zwischen Großunternehmen und kleineren Bereitstellern von F&E-Leistungen. Um eine informations- und kommunikationstechnische Durchgängigkeit und Einheitlichkeit zwischen den oft sehr vielen Vorlieferanten von F&E-Leistungen und dem eigenen Unternehmen zu erreichen, sind insbesondere Großunternehmen darauf bedacht, den F&E-Bereitstellern ihre Systeme aufzuzwingen bzw. die Verwendung ähnlicher Informationssysteme im F&E-Bereich zur Vorbedingung einer Auftragsvergabe zu machen. Ohne die Gewißheit der längerfristigen und kooperativen Beziehung wird ein F&E-Bereitsteller dazu aber angesichts der hohen und oftmals spezifisch zugeschnittenen Investitionen nicht bereit sein. Vielfach muß das Großunternehmen darüber hinaus in kooperativer Weise bei der Einführung kompatibler Systeme und Technologien helfen. Und häufig sind kleinere F&E-Bereitsteller erst dann zu einer Einführung teurer systemkompatibler Technologien bereit, wenn sich die Großunternehmung an den Kosten der Einführung bzw. insgesamt kapitalmäßig am einführenden Unternehmen beteiligt.

Andererseits entstehen gerade aus der informations- und kommunikationstechnologischen Durchdringung des F&E-Bereichs zunehmend Kooperationsbedürfnisse zwischen den Bereitstellern dieser neuen F&E-Technologien und ihren Anwendern. So wird z.B. der Softwaremarkt für CAS-Systeme für noch sehr eng eingeschätzt; eine hohe Markttransparenz besteht noch nicht.[298)] Daraus entstehende Unsicherheits-, Spezifitäts- und Komplexitätsprobleme sowie geringe Erfahrungspotentiale einerseits und die Bedeutung dieser Technologien für F&E andererseits machen es notwendig, mit den Bereitstellern dieser Technologien einen hohen vertikalen Integrationsgrad zu unterhalten. Sowohl für den Entwickler dieser Technologien als auch den Anwender können sich wertvolle Kooperationseffekte ergeben (z.B. Synergien, Erschließung neuer Anwendungsfelder, Anregungen für Fort- und Weiterentwicklungen, Teilhabe am F&E-know-how des CAS- oder CAD-Bereitstellers).

Wie im Fall des Fremdbezugs von F&E-Leistungen, so eröffnen sich durch die Verwendung neuer Informations- und Kommunikationstechnologien auch für die F&E-Kooperation insgesamt Einsparungsmöglichkeiten für Transaktionskosten im Hinblick auf die Anbahnungs-, Such- und Durchführungsphase von Transaktionsbeziehungen.[299)]

6. Resümee und Ableitungsmöglichkeiten für make-or-buy-Entscheidungen

In der bisherigen Argumentation wurden die aus der Theorie der Transaktionskosten ableitbaren Einflußgrößen auf die Problemstellung der F&E-Organisation zwischen make or buy angewandt. Dabei stand vor allem die Frage im Vordergrund, ob für verschiedene Ausprägungen dieser Einflußgrößen (z.B. hohe Unternehmensspezifität der F&E-Leistung) die Heranziehung bestimmter Organisationsformen besser geeignet sind als andere.

In diesem Zusammenhang wurde zum einen deutlich, daß es zwar grundlegende Tendenzaussagen gibt – z.B. derart, daß mit zunehmender Unternehmensspezifität und Unsicherheit die interne Bereitstellung von F&E-Leistungen der externen vorzuziehen ist, oder mit verbesserten Informations- und Kommunikationstechnologien gleichzeitig die Bedingungen für den Fremdbezug von F&E-Leistungen begünstigt werden. Allerdings konnten immer wieder Argumente und Beispiele gefunden werden, durch die ein „Ausbrechen" aus diesen allgemeingültigen Handlungsempfehlungen und Tendenzaussagen möglich war. So wurden auch gewichtige Gründe, Motive und Beispiele dafür aufgeführt, warum trotz hoher Unternehmensspezifität und Unsicherheit marktliche Transaktionsbeziehungen sinnvoller sein können als interne (bzw. hierarchische).

Für die konkrete Entscheidungssituation in der Praxis mag dies vielleicht zunächst etwas unbefriedigend wirken. Denn dem Praktiker im Organisationsmanagement, der für die F&E-orientierte make-or-buy-Entscheidung und die effiziente Ausgestaltung der jeweiligen Bereitstellungswege verantwortlich zeichnet, werden damit keine unmittelbar verwertbaren „Rezepte" an die Hand gegeben, die unreflektiert übernommen werden können und immer zur ökonomisch „richtigen" Entscheidung führen. Allenfalls wird er für make-or-buy-Entscheidungen sensibilisiert – angesicht der oft unbewußten und traditionsbehafteten Organisation von make or buy in der Praxis mag dies bereits ein Vorteil sein.

Aus entscheidungstheoretischer Sicht ließen sich in konkreten Praxisfällen jedoch zunächst sogenannte „dominante Strategien" bzw. „dominante Bereitstellungswege" ausmachen. In Abbildung 30 sind den jeweiligen Einflußgrößen in sehr vereinfachter Form verschiedene Ausprägungen so zugeordnet, daß die Identifikation „dominanter Bereitstellungsformen" keinerlei Probleme aufwirft.

Ein Vorgehen anhand von Abbildung 30 führt zu einer sehr groben Bewertung der Einflußgrößen. Sowohl durch die weitere Operationalisierung der Einflußgrößen als auch durch die Messung der Ausprägungen über eine Rating-Skala gewinnt man eine wesentlich differenziertere Entscheidungsgrundlage (vgl. die Abbildung 31 und 32).

Die angedeutete Ausweitung des Entscheidungstableaus hat einen sehr mechanistischen Charakter. Trotzdem ergibt sich ein immer differenzierteres und klareres Bild über die

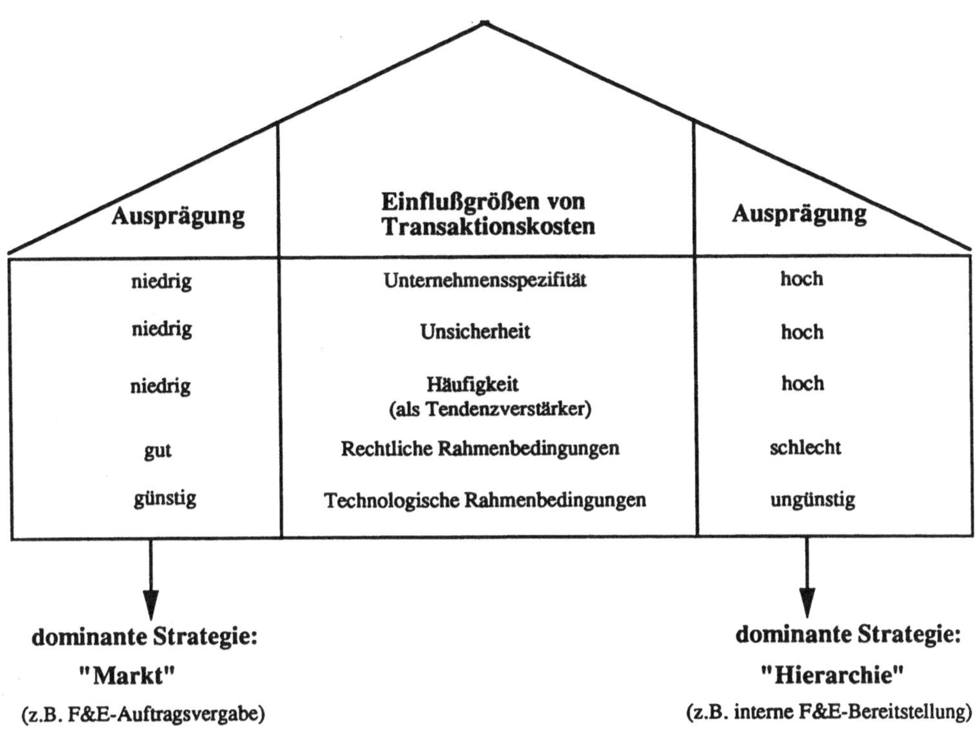

Abbildung 30: Tableau zur Unterstützung der make-or-buy-Entscheidung –
Identifikation „dominanter Bereitstellungswege"

Struktur des Entscheidungsproblems und – vor allem durch die weitere Operationalisierung der Einflußgrößen – die zugrundeliegenden sach-inhaltlichen Gegebenheiten.

Schwieriger wird die Problemstellung erst, wenn sich aus dem Entscheidungstableau keine dominanten Strategien ableiten lassen. Dies wäre z.B. der Fall, wenn die Ausprägungen der letzten 4 Einflußgrößen in Abbildung 30 in die Richtung einer dominanten Strategie, die Ausprägungen zur Unternehmensspezifität aber konträr verliefen (z.B. hohe Unternehmensspezifität bei niedriger Unsicherheit, niedriger Häufigkeit sowie guten rechtlichen und günstigen technologischen Rahmenbedingungen).

Versagt das Prinzip der dominanten Strategie – und dies ist trotz der vielleicht oft gleichläufigen Ausprägungen von Unsicherheit und Unternehmensspezifität[300] der in der Praxis wahrscheinlich am häufigsten anzutreffende Fall – kann durch die Einführung von Nebenbedinungen bzw. Toleranzen versucht werden, auf logischem Weg eine make-or-buy-Entscheidung zu unterstützen.[301] Favorisieren z.B. die Ausprägungen von vier der fünf Kosteneinflußgrößen einen Fremdbezug, und wird die Nebenbedingung, die man an die fünfte Einflußgröße stellt, gerade noch eingehalten, dann würde der Fremdbezug zur Anwendung kommen (und umgekehrt bei Nichteinhaltung der Nebenbedingung).

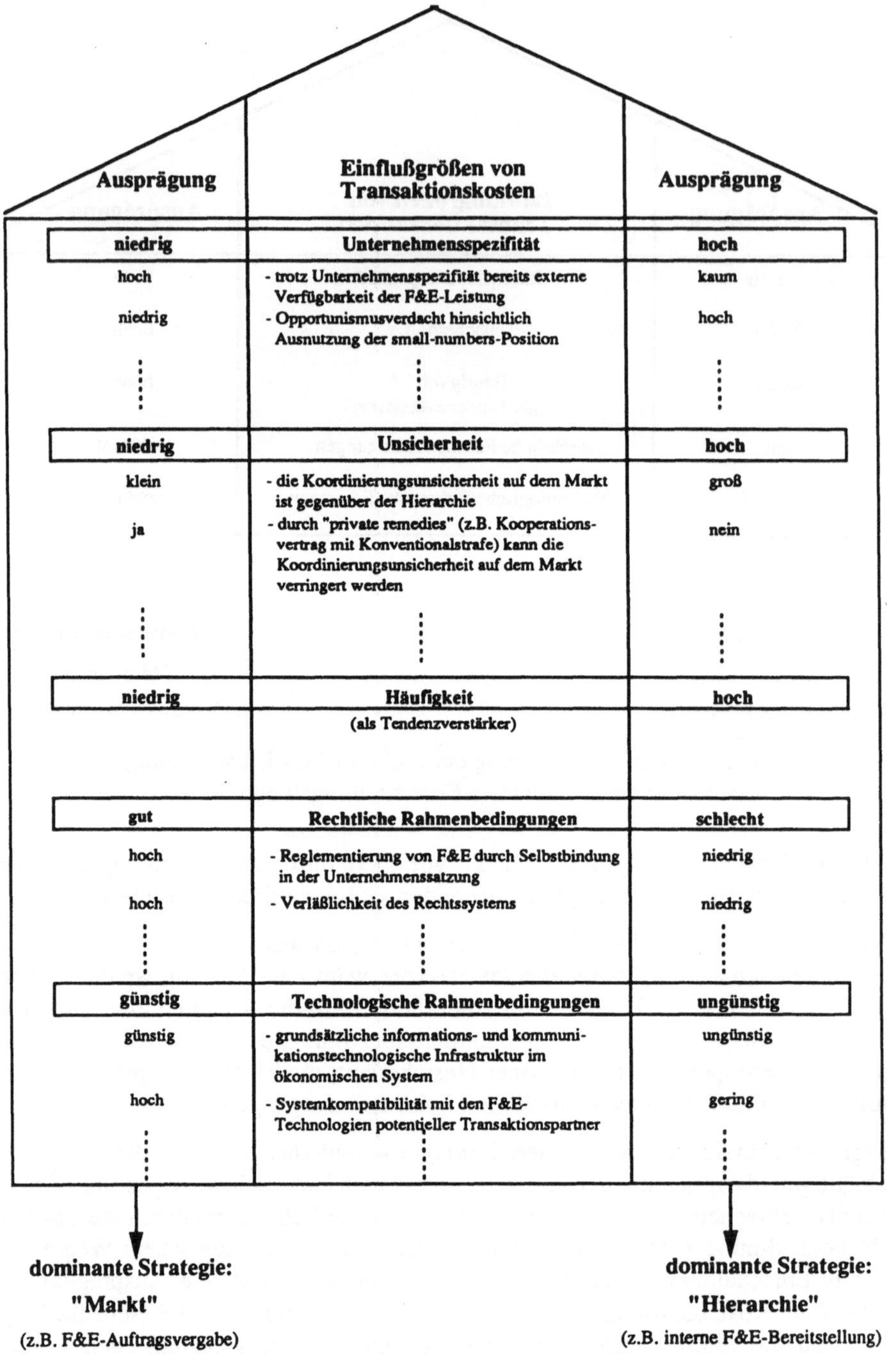

Ausprägung	Einflußgrößen von Transaktionskosten	Ausprägung
niedrig	**Unternehmensspezifität**	**hoch**
hoch	- trotz Unternehmensspezifität bereits externe Verfügbarkeit der F&E-Leistung	kaum
niedrig	- Opportunismusverdacht hinsichtlich Ausnutzung der small-numbers-Position	hoch
niedrig	**Unsicherheit**	**hoch**
klein	- die Koordinierungsunsicherheit auf dem Markt ist gegenüber der Hierarchie	groß
ja	- durch "private remedies" (z.B. Kooperationsvertrag mit Konventionalstrafe) kann die Koordinierungsunsicherheit auf dem Markt verringert werden	nein
niedrig	**Häufigkeit** (als Tendenzverstärker)	**hoch**
gut	**Rechtliche Rahmenbedingungen**	**schlecht**
hoch	- Reglementierung von F&E durch Selbstbindung in der Unternehmenssatzung	niedrig
hoch	- Verläßlichkeit des Rechtssystems	niedrig
günstig	**Technologische Rahmenbedingungen**	**ungünstig**
günstig	- grundsätzliche informations- und kommunikationstechnologische Infrastruktur im ökonomischen System	ungünstig
hoch	- Systemkompatibilität mit den F&E-Technologien potentieller Transaktionspartner	gering

dominante Strategie:
"Markt"
(z.B. F&E-Auftragsvergabe)

dominante Strategie:
"Hierarchie"
(z.B. interne F&E-Bereitstellung)

Abbildung 31: Differenzierung des Entscheidungstableaus durch weitere Operationalisierung der Einflußgrößen

Einflußgrößen von Transaktionskosten	Ausprägungsrating							
Unternehmensspezifität	niedrig	☐	☒	☐	☐	☐	☒	hoch
- trotz Unternehmensspezifität bereits externe Verfügbarkeit der F&E-Leistung ?	hoch	☐	☒	☐	☐	☐	☒	kaum
- Opportunismusverdacht hinsichtlich Ausnutzung der small-numbers-Position	niedrig	☐	☒	☐	☐	☒	☐	hoch
Unsicherheit	niedrig	☒	☐	☐	☐	☒	☐	hoch
- die Koordinierungsunsicherheit auf dem Markt ist gegenüber der Hierarchie	klein	☐	☒	☐	☒	☐	☐	groß
- durch "private remedies" (z.B. Kooperationsvertrag mit Konventionalstrafe) kann die Koordinierungsunsicherheit auf dem Markt verringert werden	ja	☐	☐	☒	☐	☐	☒	nein
Häufigkeit (als Tendenzverstärker)	niedrig	☒	☐	☐	☐	☐	☒	hoch
Rechtliche Rahmenbedingungen	gut	☐	☒	☐	☐	☒	☐	schlecht
- Reglementierung von F&E durch Selbstbindung in der Unternehmenssatzung	hoch	☐	☐	☒	☒	☐	☐	niedrig
- Verläßlichkeit des Rechtssystems	hoch	☐	☒	☐	☒	☐	☐	niedrig
Technologische Rahmenbedingungen	günstig	☐	☐	☒	☐	☐	☒	ungünstig
- grundsätzliche informations- und kommunikationstechnologische Infrastruktur im ökonomischen System	günstig	☐	☐	☒	☐	☒	☐	ungünstig
- Systemkompatibilität mit den F&E-Technologien potentieller Transaktionspartner	hoch	☐	☒	☐	☐	☐	☒	gering

dominante Strategie: **"Markt"** (z.B. F&E-Auftragsvergabe)

dominante Strategie: **"Hierarchie"** (z.B. interne F&E-Bereitstellung)

Abbildung 32: Differenzierung des Entscheidungstableaus durch weitere Operationalisierung der Einflußgrößen und Skalierung der Ausprägungen

Eine ausschließliche Orientierung an diesen entscheidungslogischen Prinzipien, auf deren Weiterverfolgung und Verfeinerung an dieser Stelle verzichtet wird, ist der Praxis kaum zu empfehlen. Denn zum einen wird besonders die make-or-buy-Entscheidung im F&E-Bereich stets eine strategische Entscheidung sein, die man nicht entscheidungslogisch-mathematisch lösen, sondern nur inhaltlich-qualitativ handhaben kann.[302] Zum anderen muß man trotz vielleicht hervorragender Informationen über die Ausprägungen der Einflußgrößen eingestehen, daß es sich dabei immer nur um nominal- und bestenfalls ordinalskalierte Größen handeln kann. Die Ausprägungen der Einflußgrößen lassen sich damit nur durch subjektive Bewertungen und Skalentransformationen auf eine einzige „Kunst-Einflußgröße" zurückführen.

Allerdings erhält die Praxis durch die in diesem Kapitel diskutierten Kategorien einen systematischen, ganzheitlich orientierten und theoretisch fundierten Analyseraster. Er ist als „struktureller Filter" für die Handhabung konkreter make-or-buy-Probleme in der F&E-Praxis aufzufassen. Sowohl im Zuge der Willensbildung als auch während der Willensdurchsetzung einer make-or-buy-Entscheidung kann sich seine Verwendung als äußerst fruchtbar erweisen.

In dieser Hinsicht ist dieser „strukturelle Filter" als Kommunikationsinstrument für ein F&E-orientiertes Organisationsmanagement aufzufassen. Er kann mit Blick auf die Vorbereitung und die Entwicklung erster Sensibilität und Bewußtwerdung über die Problemstellung genutzt werden. Für ein make-or-buy-Team ist beispielsweise das Entscheidungstableau heranziehbar, wenn die möglicherweise stark divergierenden Meinungen zu den jeweils anstehenden make-or-buy-Entscheidungen in der Praxis systematisch zu sammeln, den jeweiligen Kategorien gebündelt zuzuordnen und schließlich die Durchschlagskraft der einzelnen Argumente zu bewerten sind. Die Abbildungen 30 bis 32 stellen hierzu beispielhaft in der Form von Checklisten eine solche Vorgehensweise vereinfacht dar.

Trotz des eher strukturell orientierten Charakters liefert dieses Kapitel aber nicht nur eine „Argumentationshülse", die in der Praxis erst mit konkreten Inhalten gefüllt werden muß. Denn einerseits zeigt sie die Richtung an, in die weitere Informationsnachfrage-Aktivitäten vorangetrieben werden müssen, um das Entscheidungsproblem von make-or-buy immer mehr einzugrenzen. Andererseits werden damit auch inhaltliche Argumentationshilfen und Gedankenstützen bereitgestellt. Sie können in der F&E-Praxis dazu beitragen, daß bestimmte Inhalte während der Willensbildung über eine make-or-buy-Entscheidung nicht völlig in den Hintergrund treten und vergessen werden (z.B. Häufigkeit der bereitzustellenden F&E-Leistungen angesichts der empirischen Ergebnisse zur „Mindesthäufigkeit"). Und schließlich liefert es auch einen ganzen Katalog verschiedener inhaltlicher Argumentationen und praxisrelevanter Beispiele, derer sich das F&E-Management bzw. das make-or-buy-Team sowie von make-or-buy-Entscheidungen Betroffene bei notwendigen make-or-buy-Entscheidungen bedienen können, um ihre singulären Interessen und Ziele mit Nachdruck zu vertreten.

Anmerkungen

144) Vgl. Picot (1982), S. 271.
145) Vgl. Williamson (1975), S. 26 ff.
146) Zur Unterscheidung zwischen Informationssubstanz und -substituten vgl. Schneider (1988), S. 101 f. Danach liegt Informationssubstanz z.B. vor, wenn tiefergehende Informationen über z.B. technische Sachzusammenhänge (Rezepturen, Verfahren usw.) oder Transaktionspartner vorhanden sind. Informationssubstitute stellen dagegen in aggregierter Form Informationen dar (z.B. Preise als Informationssubstitute für Knappheit und Qualität; DIN-Normen als Informationssubstitute für technische Zusammensetzungen).
147) Vgl. Schneider (1988), S. 152 – 193; Picot, Laub u. Schneider (1989), S. 203 – 226; Picot, Schneider u. Laub (1989), S. 375 – 377.
148) Vgl. Arrow (1971), S. 152.
149) Vgl. Picot (1982), S. 272; Picot, Reichwald u. Schönecker (1985).
150) Benisch (1969), S. 79.
151) Vgl. Brockhoff (1988), S. 82; ferner Kern (1970), S. 45.
152) Vgl. Brockhoff (1988), S. 82; ferner Kern (1970), S. 45; Schunk (1982), S. 160 ff.
153) Unternehmensspezifische Leistungen müssen nicht zwangsläufig Kernaktivitäten darstellen, die zum „sicheren" make-Bereich zählen. Es gibt auch überzeugende Gründe dafür, die trotz hoher Unternehmensspezifität der Leistung für einen Fremdbezug sprechen (vgl. den folgenden Gliederungspunkt 1.2.). Andererseits sollten aber sichere Kernaktivitäten unternehmensspezifisch sein.
154) Vgl. Hess (1989), S. 13.
155) Vgl. Hess (1989), S. 13; Schneider (1991a).
156) Bundesminister für Wirtschaft (1986), S. 22 f.
157) Vgl. o.V. (1980), S. 34.
158) O.V., (1980), S. 36.
159) Bundesminister für Wirtschaft (1986), S. 22.
160) Wie bereits angedeutet, bringt daher Abbildung 25 für die Zuordnung von F&E-Leistungen zu Kernaktivitäten und typischen buy-Leistungen letztlich nur eine statische Momentaufnahme zum Ausdruck.
161) Vgl. z.B. Seeser (1990), S. 160 – 195.
162) Vgl. z.B. Hansen u. Leitherer (1984), S. 13.
163) Als ein Beispiel für eine „intelligente Lösung" könnte die Elektronifizierung von herkömmlichem Spielzeug genannt werden, vgl. hierzu Leitherer (1980), S. 1099. In diesem Sinne würde z.B. eine koordinative Verbindung von einem Spielzeughersteller und einem Unternehmen aus dem Elektronikbereich fruchtbare Anregungen liefern.
164) Vgl. Benisch (1969), S. 170 f.
165) Benisch (1969), S. 84 f.
166) Strebel (1983), S. 64.
167) Axelrod (1987), S. 113 – 115.
168) Vgl. Trux, Müller u. Kirsch (1984), S. 92 ff.
169) Vgl. Kieser (1974), S. 302 ff.; Michaelis (1985), S. 155 ff.
170) Vgl. Kieser (1974), S. 302 ff.
171) Vgl. Kieser (1974), S. 302 ff.
172) Zur Bedeutung von Organisation und Ordnung als Unsicherheit reduzierende Mechanismen vgl. z.B. Simon (1965); Kunz (1985); Schneider (1988), S. 202 – 226.
173) Zur strategischen Bedeutung unterschiedlicher interner Flexibilitätspotentiale vgl. z.B. Ansoff (1976), S. 140; Ulrich (1978), S. 99 ff.; Hinterhuber (1980), S. 178 ff.; Popp (1984); Schneider Dietram (1987), S. 97 – 107.
174) Vgl. Williamson (1975), S. 31 ff.
175) Vgl. Williamson (1975), S. 21 ff.
176) Vgl. Kieser (1974), S. 302.
177) Vgl. Picot (1982), S. 272.
178) Vgl. z.B. Silver (1984), S. 138; Casson (1986), S. 11 – 16 u. S. 51 – 53; Casson (1987), S. 84 – 120.
179) Wright u. Thompson (1986), S. 142.
180) Davies (1987), S. 95 f.
181) Vgl. z.B. Ouchi (1980), S. 133 f.
182) Vgl. z.B. auch Baur (1990a), S. 48 und die dort angegebene Literatur.
183) Vgl. z.B. ferner Williamson (1975), S. 101 ff.; Blois (1972), S. 253 f.; Bühner (1985), S. 156.
184) Vgl. Kieser (1974), S. 303.
185) Vgl. Tapon (1989), S. 200 f.

186) Allerdings macht Tapon (1989), S. 200 u. S. 203 f. auch darauf aufmerksam, daß Großunternehmen häufig versuchen, in die Organisation dieser kleineren Forschungsinstitute einzugreifen.

187) Vgl. Bierfelder (1980), S. 46; o.V. (1980), S. 36.

188) Vgl. Schneider (1988), S. 164.

189) Vgl. hierzu Kapitel zwei Nr. 4 dieser Arbeit.

190) Ob und inwieweit Marktanteile auch zukünftig gesichert werden können, ist daher unsicher.

191) Vgl. hierzu aus praktischer Sicht auch Beckurts (1983), S. 30; zur prozeßinternen Unsicherheit vgl. Kapitel zwei Nr. 1

192) v. Hippel (1987), S. 300.

193) Vgl. z.B. auch Männel (1981), S. 58; ähnlich auch bereits Lüdde (1979), S. 18 f.; Harrigan (1983), S. 315. In diesem Zusammenhang hebt daher Blau (1990), S. 74 die wachsende Bedeutung der „Risikodelegationseffekte" von buy-Entscheidungen im „unsicheren" technologischen Umfeld hervor. Vgl. hierzu ferner am Beispiel der Automobilindustrie mit Blick auf eine Untersuchung der IG-Metall o.V. (1990a), S. 5 sowie ursprünglich Klebe u. Roth (1990).

194) Blau (1990), S. 72.

195) Vgl. Weiss (1985), S. 156.

196) Vgl. Weiss (1985), S. 156.

197) Vgl. Sauter (1985), S. 151 ff.

198) Picot (1982), S. 272.

199) Benisch (1969), S. 172.

200) Schneider (1988), S. 193.

201) Vgl. Michaelis (1985), S. 161 ff.

202) Vgl. Michaelis (1985), S. 146 f.

203) Vgl. hierzu Kapitel drei Abschnitt 1.3.

204) Vgl. Bjuggren (1985), S. 15.

205) Vgl. Bjuggren (1985), S. 16 ff.

206) Schneider (1988), S. 161.

207) Picot (1982), S. 272.

208) Vgl. Picot (1982), S. 277.

209) Vgl. Picot, Reichwald u. Schönecker (1985), S. 1030.

210) Picot, Reichwald u. Schönecker (1985), S. 1030.

211) Vgl. Schwetlick (1971), S. 32 ff.

212) Vgl. Wicher (1986), S. 238 f.

213) Vgl. Needham (1971), S. 68 ff.; das Konzept der Mindesthäufigkeit von F&E-Aktivitäten entspricht letztlich dem Aspekt der sogenannten Forschungsschwelle, auf das z.B. Brockhoff (1980) hinweist. Hiernach stellt die Forschungsschwelle einen Mindestaufwand für F&E dar, der als Wirtschaftlichkeitsgrenze einer Periode definiert ist (man beachte aber auch die kritischen Anmerkungen von Brockhoff auf S. 485). Durch eine Unterschreitung der Forschungsschwelle bleiben positive Beiträge zum Unternehmensziel aus. Auch Schätzle (1965), S. 167 weist auf einen Mindestumfang an F&E-Aktivitäten hin. Zu einer Kritik dieser These vgl. die empirisch gestützte Untersuchung von Viefers (1986), S. 10 ff.

214) Vgl. Kern u. Schröder (1977), S. 109 f.; Corsten (1984), S. 224 f.; Wicher (1986), S. 237 f.; sowie Kapitel zwei Nr. 4.

215) Vgl. z.B. auch Viefers (1986), S. 13 – 17 und die dort angegebene Literatur.

216) Vgl. hierzu zweites Kapitel Nr. 4.

217) Hamberg (1964), S. 62 spricht z.B. von der Möglichkeit von Großunternehmen „... to pool the risk of failure"; ähnlich Schätzle (1965), S. 168; Maas (1986), S. 49 f.

218) Vgl. Kern u. Schröder (1977), S. 114.

219) Vgl. z.B. bereits Nelson (1959). In ähnlicher Weise wie es aufgrund von Serendipitätseffekten im F&E-Bereich von Unternehmen zu neuen Produkten und Technologien kommen kann, begründet z.B. Teece die Entstehung von Multiprodukt-Unternehmen. Teece geht davon aus, daß in Großunternehmen aufgrund der Unmöglichkeit der vollkommenen Abstimmung von Kapazitäten unausgenutzte Spielräume bzw. Leerkapazitäten entstehen. Da diese Leerkapazitäten beschäftigt werden sollen, werden unter Umständen völlig neuartige und von den eigentlichen Kernaktivitäten einer Unternehmung weit entfernte Aktivitäten (bzw. die Produktion völlig neuer Produkte) in das unternehmerische Aktivitätsportefeuille (bzw. Produktsortiment) eingestellt, wodurch eine Multiprodukt-Firma bzw. ein diversifizierendes Unternehmen entsteht; vgl. hierzu Teece (1980).

220) Vgl. Kamp u. May (1981), S. 356; Wicher (1986), S. 239; Thom (1987), S. 367 f.; soweit in Klein- und Mittelbetrieben F&E betrieben wird, geschieht dies meist durch den Eigentümer-Unternehmer selbst; vgl.

hierzu auch Viefers (1986), S. 29, der in Anlehnung an eine Untersuchung der Industrie- und Handelskammer Koblenz ausführt, daß dies bei 88 % der Unternehmen mit weniger als 0,5 Mio DM, aber nur noch bei 15 % der Unternehmen mit mehr als 50 Mio DM Umsatz der Fall ist.

221) Vgl. z.B. auch Biegel (1987), S. 70.

222) Vgl. hierzu den Hinweis von Schmelzer u. Buttermilch (1988), S. 55.

223) Vgl. z.B. Schmelzer u. Buttermilch (1988), S. 55, sowie allgemein zur Bedeutung von Entlastungseffekten für den Strategie- und Wachstumsfaktor „Managementkapazität" Picot, Laub u. Schneider (1989), S. 225 f.; Schneider (1989), S. 154.

224) Vgl. z.B. Schmelzer u. Buttermilch (1988), S. 56.

225) Vgl. Heismann (1990), S. 238.

226) Wicher (1986), S. 239.

227) Wicher weist in diesem Zusammenhang auch auf die bedeutenden Ausnahmen, der im High-Tech-Bereich agierenden, stark innovativen kleinen und mittleren Unternehmen, hin. Vgl. Wicher (1986), S. 239.

228) Vgl. Picot, Laub u. Schneider (1989), S. 113 – 118.

229) Vgl. hierzu z.B. auch May (1980), wonach der absolute (nicht relative) Anteil der Grundlagenforschung an den gesamten F&E-Aufwendungen mit zunehmender Unternehmensgröße steigt.

230) Vgl. Fusfeld u. Haklisch (1986), S. 34 f.

231) Vgl. z.B. die empirischen Ergebnisse von Picot, Laub u. Schneider (1989), S. 236 – 240.

232) Vgl. Schwetlick (1971), S. 32 ff.

233) Berg (1973), S. 45.

234) Vgl. Berg (1973), S. 45.

235) Vgl. z.B. Pugh, Hickson u.a. (1968); Pugh (1981); sowie im deutschsprachigen Raum besonders Kieser u. Kubicek (1983).

236) Vgl. z.B. Witte (1978); Picot (1981); Gerum (1988).

237) Im Hinblick auf das Mitbestimmungs- und Betriebsverfassungsgesetz mag diese Sichtweise vielleicht zunächst etwas befremdend erscheinen. Denkt man aber an Transaktionen auf dem Arbeitsmarkt (z.B. Tausch von Arbeitsleistung gegen Entgelt), so ist es unmittelbar einsichtig, daß durch diese Gesetze Tauschprozesse kanalisierende Wirkungen ausgelöst werden. Eine ganze Hierarchie unterschiedlicher rechtlicher Regelungen, die beispielsweise von der Arbeitszeitordnung bis zu den verschiedenen Komponenten der kollektivrechtlichen Ebene (Tarifvertrag, Betriebsvereinbarungen usw.) bis hinunter zum Individualrecht reicht, gibt die rechtlichen Rahmenbedingungen für die Gestaltung von Transaktionsbeziehungen zwischen Arbeitnehmer und Arbeitgeber vor. Die Institutionalisierung, die Überwachung der Einhaltung und mögliche Änderungsaktivitäten hinsichtlich dieser Rahmenbedingungen lösen ihrerseits Transaktionskosten bei den Beteiligten aus. Vgl. hierzu beispielsweise die sehr inspirative Habilitationsschrift von Hotz-Hart (1988), in der die Wirkungen arbeitsmarktrechtlicher Rahmenbedingungen auf die Transaktionskosten einer Gesellschaft und das Innovationsverhalten von Unternehmen untersucht wird.

238) Picot (1982), S. 272.

239) Teece (1987), S. 68.

240) Vgl. z.B. auch Baur (1990a), S. 84.

241) Vgl. Adler (1980), S. 13 f. Ein weiteres sehr drastisches Beispiel, an dem die Bedeutung der „Nicht-Auslagerung" von F&E-Aktivitäten angesichts der Vermeidung des Geheimnistransfers sogar im internationalen Zusammenhang deutlich wird, betrifft das amerikanische „star-wars-Projekt" ("SDI"). Die noch vor kurzer Zeit besonders hohen bundesdeutschen Hoffnungen, am Gesamtvolumen des Projekts von ca. 22 Milliarden Dollar mit einem stolzen Betrag teilhaben zu können, haben sich insbesondere aufgrund der amerikanischen Geheimhaltungsbedürfnisse nicht annähernd erfüllt. Der Anteil beträgt heute lediglich 0,3 Prozent. Vgl. hierzu auch Hoffmann (1990), S. 34.

242) Vgl. z.B. Grefermann u.a. (1974), S. 106 – 108.

243) Vgl. z.B. Picot, Laub und Schneider (1989), S. 123 – 131.

244) Darüber hinaus versuchen Unternehmen häufig, spezifisches F&E-Personal durch vertragliche Gestaltung (z.B. Erfolgs- und Kapitalbeteiligung, Einräumung zusätzlicher Mitbestimmungsrechte) möglichst eng an sich zu binden, vgl. z.B. Schneider (1988), S. 182 – 186; Picot, Laub u. Schneider (1989), S. 227 – 235; sowie aus transaktionskostentheoretischer Sicht die grundsätzlichen Darstellungen bei Williamson, Wachter u. Harris (1975).

245) Vgl. hierzu ausführlich Bartenbach (1985).

246) Vgl. Bartenbach (1985).

247) Der bis vor kurzer Zeit noch unsichere Ausgang der Wirtschaftsreformen und Verhandlungen über die Regelungen der Eigentumsverhältnisse in der ehemaligen DDR und die dadurch ausgelöste Rechtsunsi-

113

cherheit dürfte beispielsweise ein Hauptgrund dafür sein, wieso bundesdeutsche Unternehmen bei der Gründung von Joint Ventures in der ehemaligen DDR zurückhaltend waren.

248) Müller (1990), S. 72.
249) Müller (1990), S. 75; allerdings muß dem Argument der rechtlichen Regelungsdichte auch eine gewisse Alibifunktion zugeordnet werden, wenn Müller einschränkt: „Tatsächlich dürfte aber das wesentlich größere Know-how in den USA den Ausschlag für die Standortverlagerung gegeben haben. Davon versucht auch Bayer zu profitieren. Der Leverkusener Konzern hat sich ebenfalls jenseits des Atlantiks in Biolabors eingekauft und errichtet in Kalifornien eine Fabrik zur Herstellung eines Blutpräparats. Selbst die Hoechster, die in ihrem Stammwerk (Insulinproduktion) und bei der Tochter Behringwerke (Blutmittel) um die Genehmigung gentechnischer Anlagen kämpfen, kommen offenbar ohne US-Hilfe nicht aus und kooperieren seit Jahren mit einer Forschungsstätte in Boston".
250) Vgl. hierzu und zu den folgenden Ausführungen über die unternehmensinterne Organisationsstruktur und den Zusammenhang zum F&E- und Innovationsbereich z.B. Marr (1980); Goldberg (1986); Staudt u. Schmeisser (1987); Picot u. Schneider (1988), S. 102 – 105.
251) Zur Bedeutung von (formellen und informellen) interorganisatorischen Informationskanälen für das F&E-Personal vgl. z.B. Ganz u. Goldhar (1978).
252) Man denke in diesem Zusammenhang z.B. auch an die Aufnahme von Beschränkungsbestimmungen in der Unternehmenssatzung, bestimmte F&E-Gebiete nicht zu betreten (z.B. aufgrund moralischer Selbstbindung gegenüber F&E-Aktivitäten auf dem Gebiet der Gentechnologie).
253) Vgl. zum Venture Management z.B. allgemein Nathusius (1979); Laub (1985); Servatius (1988).
254) Vgl. z.B. Picot u. Schneider (1988), S. 104.
255) Zur staatlichen Forschungspolitik in der Bundesrepublik Deutschland vgl. Gerjets (1982); im Hinblick auf die Forschungsförderung insbesondere S. 123 – 274.
256) Vgl. hierzu Kohn (1980), S. 6; o.V. (1981).
257) Vgl. z.B. o.V. (1982).
258) Vgl. z.B. Foxall u. Tierney (1984); Biegel (1987); Foxall (1988); Imai (1989).
259) Vgl. v. Hippel (1978).
260) Vgl. Foxall (1988).
261) Vgl. Teece (1987).
262) Foxall (1988), S. 243.
263) Vgl. z.B. Yu (1981); Lunn (1985); Teece (1987).
264) Vgl. z.B. Porter (1987), S. 380; ähnlich Zäpfel (1989), S. 135 f.
265) Blau (1990), S. 66.
266) Zu einer eingehenden Erörterung der kartellrechtlichen Probleme von F&E-Kooperationen vgl. z.B. Benisch (1969), S. 59, S. 70 ff. u. S. 159; Rasche (1970), S. 30 ff.; Bartenbach (1985); Machunsky (1985), der nach einer eingehenden kartellrechtlichen Diskussion des § 1 des Gesetzes gegen Wettbewerbsbeschränkungen (GWB) und des Art. 85 Abs. 1 des Vertrags zur Gründung der Europäischen Wirtschaftsgemeinschaft zu dem Ergebnis kommt, daß zahlreiche Kooperationsvorhaben im F&E-Bereich dem Kartellrecht unterliegen (S. 62).
267) Vgl. z.B. Benisch (1969), S. 59, S. 69 ff., S. 234 u. S. 350 f.; Rasche (1970), S. 31 ff.
268) Vgl. Seeser (1990), S. 54; Hayes u. Wheelwriht (1984), S. 309. Zur daraus entstehenden Bedeutung von Personalentwicklungsmaßnahmen für die Erhaltung der Innovationsfähigkeit vgl. z.B. Huber und Schneider (1991).
269) Vgl. zur allgemeinen wettbewerbsstrategischen Bedeutung von Informations- und Kommunikationstechnologien z.B. Mc Farlan (1984); Parsons (1984); Picot (1986); Porter u. Millar (1986); Diebold (1987); Hofmann (1988).
270) Ganz u. Goldhar (1978), S. 231; ähnlich jüngst Staudt (1991).
271) Vgl. zur Bedeutung der Abstimmung von F&E- und Marketingabteilung z.B. Mock (1983), S. 43; v. Benkenstein (1987); Pfeiffer u. Metze (1989), Sp. 561 und die dort angegebene Literatur; sowie besonders auch Mansfield u. Wagner (1975), die einen empirischen Nachweis dafür erbringen, daß eine enge Zusammenarbeit und Integration zwischen Forschung und Entwicklung und Marketing innerhalb einer Unternehmung die Wahrscheinlichkeit einer erfolgreichen Kommerzialisierung von Innovationen erhöht.
272) Vgl. z.B. auch Parsons (1984), S. 50.
273) Vgl. z.B. Klatzky (1970); Hedberg, Edström, Müller u. Wilpert (1975).
274) Keen (1981), S. 28.
275) Vgl. z.B. Heismann (1990), S. 241 f.
276) Vgl. Tapon (1989), S. 202.
277) Kritisch äußert sich hierzu Reitzle (1988), S. 510. Er betont zwar die enorme Bedeutung neuer F&E-

Technologien wie CAD und CAM, stellt aber andererseits auch fest, daß in der F&E-Praxis mit diesen Hilfsmitteln oftmals x-fache Variationen und Änderungen durchgeführt bzw. „durchgespielt" würden, wodurch die erhoffte Verkürzung der Entwicklungszeit faktisch in vielen Fällen nicht eintreten würde.

278) Ganz u. Goldhar (1978), S. 234.

279) Vgl. z.B. bereits Schwetlick (1971); sowie jüngst besonders Seeser (1990), der die strategische Bedeutung der Einführung von CAE-Technologien zur Unterstützung des Entwicklungsprozesses im Automobilbau untersucht.

280) Ganz und Goldhar (1978), S. 231; vgl. hierzu auch Staudt (1991).

281) Ganz und Goldhar (1978), S. 239 u. S. 245.

282) Vgl. hierzu z.B. auch Seeser (1990), S. 197 f.

283) Vgl. hierzu Kapitel fünf 3.

284) Vgl. hierzu z.B. Ciborra (1981); Malone (1985); Schneider (1988), S. 163 f.; Picot (1989), S. 368 f.; zu Autoren, die unabhängig von einer expliziten Besinnung auf die Transaktionskostentheorie die Dezentralisierungs- bzw. Disintegrationseffekte von Informations- und Kommunikationstechnologien betonen vgl. z.B. Klatzky (1970); Döpping, Henckel u. Rauch (1981); Brandt (1984).

285) Vgl. z.B. Wild (1976); Eisenrith (1981).

286) Vgl. Grochla (1980), S. 32; zu ähnlichen Angaben Staudt (1991).

287) Dies gilt neben der externen besonders auch für die interne und kooperative F&E. Vgl. hierzu z.B. Pfeiffer u. Metze (1989), Sp. 560, die besonders auch die Bedeutung von CAD und CAE für die Produktivitätssteigerung in F&E-Abteilungen hervorheben.

288) Vgl. Ganz und Goldhar (1978), S. 233.

289) Vgl. auch Ansoff (1988), S. 831.

290) Vgl. z.B. Child (1987), S. 35; Bühner (1988), S. 401.

291) Vgl. hierzu auch Heismann (1990), S. 243.

292) Zur Bedeutung der Kommunikationsfähigkeit im F&E-Bereich und die Innovationsfähigkeit in Unternehmen allgemein vgl. z.B. Huber und Schneider (1991).

293) Vgl. z.B. Preissner-Polte (1989), die besonders die disintegrative und dezentralisierende Wirkung von Glasfasernetzen angesichts einer erfolgreichen Einführung bei dem Automobilproduzenten Ford für die audivisuelle Kommunikation u.a. im F&E-Bereich hervorhebt: „Mit Lichtgeschwindigkeit tauschen ... Mitarbeiter der Konstruktionsbüros, die in verschiedenen Bürogebäuden sitzen, Entwürfe und Detailskizzen für CAD-Anwendungen über Glasleiter aus" (S. 262).

294) Vgl. hierzu z.B. überblickweise Baur (1990a), S. 136 – 140 und die dort zahlreich angegebene Literatur.

295) Zur Bedeutung der Standardisierung von Nachrichtenstruktur, Informationsmedien und Datentransport für interorganisatorische Informationsaustausche und ihre Auswirkungen auf Transaktionskosten vgl. auch Baur (1990a), S. 136 ff.

296) Sogenannte Freiformlinien lassen sich z.B. nicht über festgelegte geometrische Figuren (z.B. Kreis, Kegel, Viereck) festlegen.

297) Vgl. z.B. Diebold (1987), S. 167.

298) Vgl. hierzu auch Seeser (1990), S. 166 – 172.

299) Man vergleiche daher auch Abschnitt 5.2.

300) Vgl. hierzu Abschnitt 2.2.

301) Allerdings setzt dies vollstes Vertrauen in die Entscheidungslogik voraus (das allerdings auch die Verfasser angesichts der qualitativen Komplexität der Fragestellung nicht haben).

302) Zur Problematik „Lösen" versus „Handhaben" vgl. Kirsch (1978).

Sechstes Kapitel

Strategische Überlegungen
für die F&E-Organisation

Bei der Darstellung der Einflußgrößen der Wahl von Bereitstellungsformen für F&E-Leistungen wurden bereits vielfach strategische Fragen angeschnitten. Dies mußte zwangsläufig geschehen. Denn den transaktionskostentheoretischen Einflußgrößen kommt für Fragen der Unternehmensorganisation unmittelbar übergeordnete strategische Bedeutung zu.

Spezifität, Unsicherheit, Häufigkeit, rechtliche und technologische Rahmenbedingungen sind strategierelevante Kontextfaktoren. Ihr Wandel in einem ökonomischen System hat unmittelbar Auswirkungen auf Integrations- und Disintegrationsaktivitäten von Unternehmen. Und auch die Evolution der Unternehmensgrenzen wird durch sie bestimmt. Damit determinieren sie z.B. auch strategisch wichtige Bereiche wie das Wachstum der Unternehmung, den vertikalen Integrationsgrad von Lieferanten und Abnehmern auf der Beschaffungs- und Absatzseite und die Wertschöpfungsquote einer Unternehmung.

Zwischen dem Wandel der Einflußgrößen und der Evolution der Unternehmensgrenzen, die über eine Vielzahl von Einzelentscheidungen über Integration und Disintegration von unternehmerischen Aktivitäten in Gang gehalten wird, besteht ein Koevolutionsverhältnis. Änderungen der Einflußgrößen ziehen Änderungen des Integrationsgrades nach sich.

Ob und gegebenenfalls inwiefern die Akteure in Unternehmen diese strategierelevanten Evolutionsprozesse bewußt steuern (können), wird gegenwärtig sehr kontrovers diskutiert.[303] Es fehlt nicht an Hinweisen darüber, daß Integrations- und Disintegrationsentscheidungen oftmals unbewußt oder bestenfalls anhand kurzfristig und/oder ad hoc ausgelegter (und oft rein kostenorientierter) Kriterien getroffen werden – obgleich sie den Unternehmenserfolg stark beeinflussen[304] und grundsätzlich einer strategischen Betrachtung bedürfen.[305] Auf diese Diskussion und auf die Untersuchung der Frage, inwieweit auch im F&E-Bereich weitgehend unbewußte oder an kurzfristigen oder tradierten Aspekten („das haben wir immer schon selbst entwickelt") orientierte Entscheidungen über Integration und Disintegration getroffen werden, soll im vorliegenden Zusammenhang aber nicht näher eingegangen werden.

Nachdem im zurückliegenden Kapitel zumindest eine Sensibilität für transaktionskostentheoretische Einflußgrößen und die daraus entstehenden Integrations- und Disintegrationseffekte für F&E-Aktivitäten in einem ökonomischen System geschaffen wurde, steht in diesem Kapitel vielmehr die explizite Einbindung transaktionskostentheoretischen Gedankenguts in grundlegende unternehmensstrategische Zusammenhänge im Vordergrund.

1. Strategische Perspektiven
   für die F&E-Organisation

Transaktionskosten sind vor allem Kosten der Information und Kommunikation.[306]
Dies gilt für Transaktionsbeziehungen innerhalb des einzelnen Unternehmens ebenso
wie auf interorganisatorischer, volkswirtschaftlicher und internationaler Ebene. Es ist
daher sinnvoll zu untersuchen, welche Beziehungen zwischen einer transaktionskostentheoretischen und einer informationstheoretischen Betrachtungsweise bestehen. Erst
dann lassen sich unternehmensstrategische Konsequenzen und Perspektiven für die
F&E-Organisation genauer aufzeigen.

1.1. Information und Kommunikation:
    Ihr Einfluß auf Transaktionskostenpegel
    der F&E-Organisation

In kritischer Auseinandersetzung mit der nachrichtentechnisch und ausschließlich an
syntaktischen Elementen interessierten Sichtweise von Information und Kommunikation
wie sie insbesondere von Shannon und Weaver[307] vertreten wurde, begründeten v.
Weizsäcker und v. Weizsäcker einen an den Begriffen Erstmaligkeit und Bestätigung
aufgehängten informationstheoretischen Ansatz.[308] Der informationstheoretische Ansatz von v. Weizsäcker und v. Weizsäcker zielt vor allem darauf ab, die semantische und
pragmatische Ebene bzw. den Verstehensaspekt und den Aufforderungscharakter von Information und Kommunikation in den Mittelpunkt des Betrachtungsinteresses zu rük-
ken. Danach bilden Erstmaligkeit und Bestätigung die Endpunkte eines Kontinuums,
über dem das Ausmaß der pragmatischen Information aufgespannt wird (vgl. Abbildung
33).

Eine Information mit nahezu 100 Prozent Erstmaligkeit hat keine pragmatische Information, weil der Majorität Anknüpfungspunkte zur semantischen Ebene fehlen.

> „Innovationen, deren Erstmaligkeit nahe bei 100 Prozent liegt, erleiden
> deshalb meist das traurige Schicksal, daß sie zu ihrer Zeit belächelt wer-
> den" [309]

Erst ein minimales Erkennen, ein semantisches Wahrnehmen und Einordnen bzw. eine
minimale Bestätigung verleihen daher der Erstmaligkeit eine gewisse Realität.[310]

An dieser Stelle soll das Erstmaligkeits-Bestätigungs-Modell keiner kritischen Diskussion unterzogen werden.[311] Vielmehr geht es um die Untersuchung der Beziehungen,
die zwischen dem Erstmaligkeits-Bestätigungs-Modell und dem Transaktionskostenan-

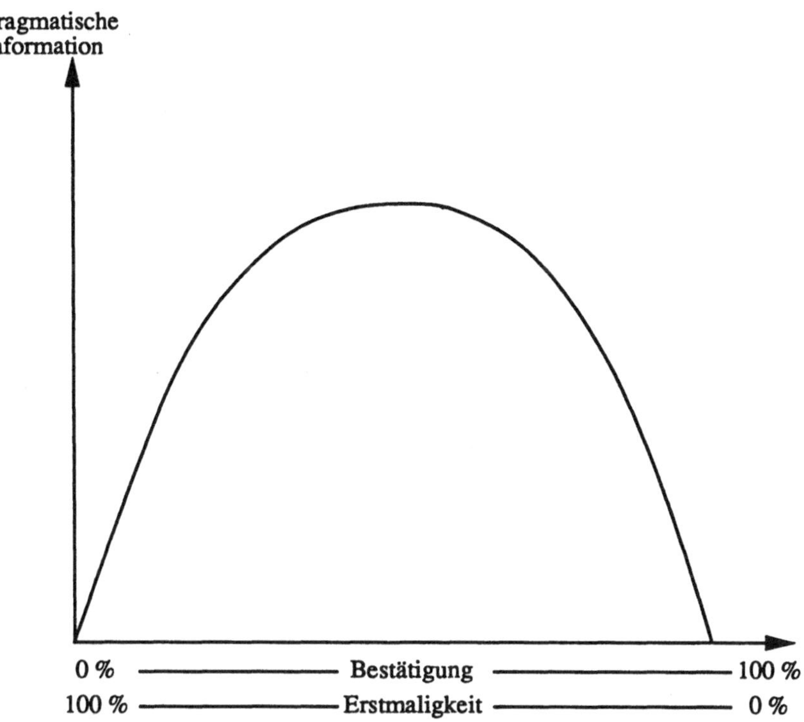

Abbildung 33: Pragmatische Information, Erstmaligkeit und Bestätigung

satz bestehen und welche Konsequenzen sich für die F&E-Organisation aus unternehmensstrategischer Sicht ergeben. Diese Beziehungen sind heuristisch äußerst wichtig und interessant sowie unmittelbar offensichtlich: Tauschbeziehungen, die sich auf Güter mit hohem Erstmaligkeitsgrad – z.B. F&E-Ergebnisse – beziehen, werden grundsätzlich mit sehr hohen Transaktionskostenpegeln belastet.[312] Gleiches gilt, wenn mit bestimmten Transaktionspartnern erstmalig in eine Tauschbeziehung eingetreten wird (z.B. bislang unbekannte Bereitsteller von F&E-Leistungen). Mit zunehmender Erstmaligkeit der Information, die für die Abwicklung von Tauschprozessen notwendig ist und von den Transaktionspartnern bewältigt werden muß, steigen die Transaktionskosten. Mit zunehmender Bestätigung fallen sie (vgl. Abbildung 34).

Was erstmalig auftritt, hat hohen Spezifitätscharakter. Bereitsteller von F&E-Leistungen befinden sich in einer small-numbers-Position. Die Information über das neuartige F&E-Ergebnis ist darüber hinaus zugunsten des F&E-Erstellers asymmetrisch verteilt. Diesen Informationsvorteil kann der F&E-Bereitsteller opportunistisch zu seinem Vorteil nutzen. Erstmaligkeit löst auch hohe Unsicherheit aus. Man denke z.B. an mangelnde Vergleichsmöglichkeiten und an Probleme der Bewertung der Qualität völlig neuartiger Güter. Ebenso können bei hoher Erstmaligkeit noch keine economies of scale (Häufigkeits-

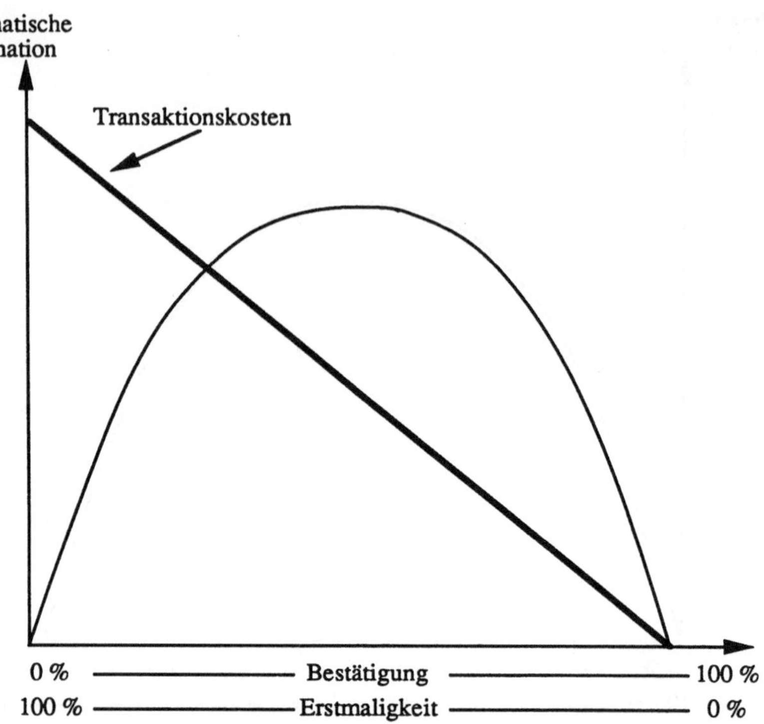

Abbildung 34: Ausmaß der Transaktionskosten in Abhängigkeit von Erstmaligkeit und Bestätigung einer Information

aspekt) zum Tragen kommen. Und auch die Vernetzung in juristisch autorisierte Güte- und Qualitätsnormen und die juristische Einordnung und Verankerung von erstmalig auftretenden Gütern wird erhebliche Probleme aufwerfen – es gibt noch keinen Präzidenzfall.[313] Am Beispiel der Patenterlangung beschreibt z.B. Lunn eine Situation, in der der Erhalt eines Patents für revolutionäre Innovationen höhere Informationsprobleme und zeitliche Verzögerungen mit sich bringt als für eher „traditionelle" Lösungen.[314]

Orientiert man sich an der transaktionskostentheoretisch ableitbaren Sichtweise, wonach bei hohen Transaktionskosten hierarchische (hoher vertikaler Integrationsgrad), bei mittleren Transaktionskosten kooperative (mittlerer vertikaler Integrationsgrad) und bei geringen Transaktionskosten marktliche Organisationsformen zu wählen sind (geringer vertikaler Integrationsgrad),[315] lassen sich im Erstmaligkeits-Bestätigungs-Paradigma sowohl die Ausmaße verschiedener Transaktionskostenpegel als auch die ihnen zuzuordnenden Organisationsformen für die Abwicklung von F&E-Aktivitäten in vereinfachter Form abbilden (vgl. Abbildung 35).

Die Bedeutung von modernen Informations- und Kommunikationstechnologien wurde in diesem Zusammenhang noch nicht angeschnitten. Vor dem im letzten Kapitel be-

120

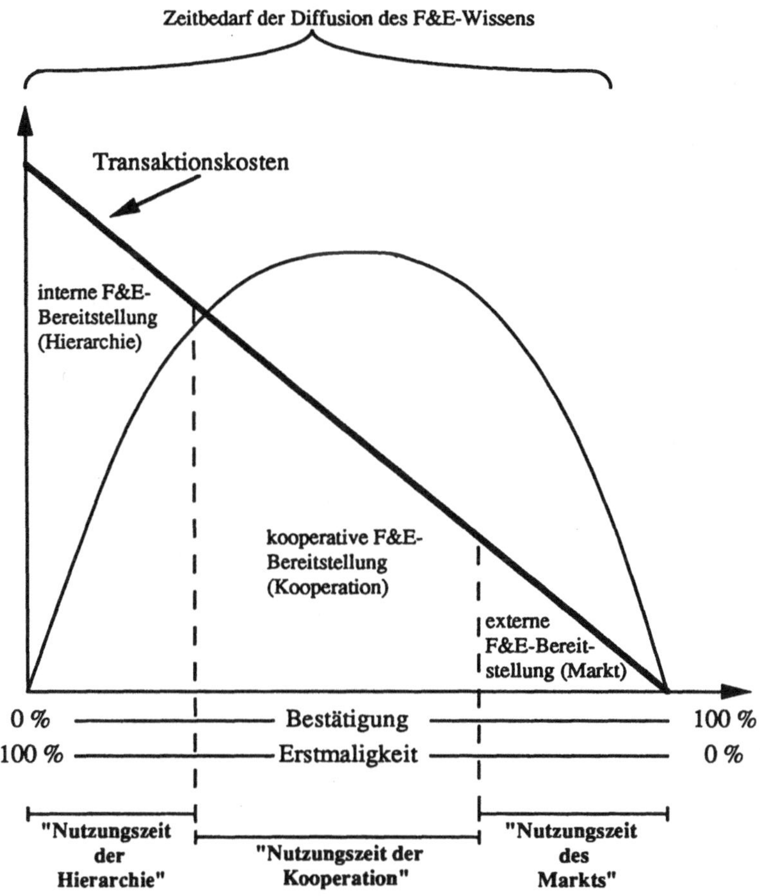

Abbildung 35: Transaktionskosten und Organisationsformen für F&E im Erstmaligkeits-Bestätigungs-Modell

schriebenen Hintergrund läßt sich aber sehr einfach feststellen, daß die Überführung von Erstmaligkeit in Bestätigung durch sie an Geschwindigkeit gewinnt. Da Informations- und Kommunikationstechnologien ständig weiterentwickelt werden, ist davon auszugehen, daß durch sie der Prozeß der Überführung von F&E-Ergebnissen mit hoher Erstmaligkeit in Bestätigung in Zukunft beschleunigt vor sich gehen wird. Die Diffusions- und Absorbtionsgeschwindigkeit von F&E-Wissen in einer Gesellschaft und in Unternehmen wird durch Informations- und Kommunikationstechnologien erhöht. Die Durchlaufzeit von erstmaligen F&E-Ergebnissen durch Unternehmen wird durch den erhöhten „Informationsdurchsatz" reduziert.[316] Auch der allgemeine Trend zur Bildungsgesellschaft, wodurch das Feld für eine schnelle Absorbtion von Erstmaligkeit in einer Gesellschaft gut bestellt wird, trägt hierzu bei. Hierdurch wird auch die Zeit verkürzt, die dafür

investiert werden muß, um die mit hoher Erstmaligkeit verbundenen Transaktionskostenpegel abzutragen.

Für Organisationsformen bedeutet dies, daß ihre Nutzungsdauer, d.h. der Zeitraum, in
dem sie für die Abwicklung von bestimmten F&E-Aktivitäten gegenüber anderen Organisationsformen aus Gründen der mit ihnen verbundenen Transaktionskosten komparative Vorteile aufweisen, immer kürzer wird. Dies gilt besonders für hierarchische Organisationsformen bzw. interne F&E, die bei hohen Informationsproblemen aus Gründen der
Einsparung von Transaktionskosten zur Anwendung kommen. Sinken die Informationsprobleme und die mit ihnen verbundenen Transaktionskosten zunehmend schneller, muß
aus ökonomischen Effizienzüberlegungen auch schneller auf die kooperative und marktliche Bereitstellung von (vormals erstmaligen) F&E-Leistungen übergegangen werden.

Der Übergang von einer hierarchischen zu einer kooperativen und schließlich marktlichen Organisationsform muß aus ökonomischen Effizienzgründen mit dem beschleunigten Abbau von Transaktionskostenpegeln im Gleichschritt erfolgen (vgl. Abbildung 36).

Ausgelöst durch die Beschleunigung der Transformierung von Erstmaligkeit in Bestätigung verläuft die Kurve der Transaktionskostenpegel in Abbildung 36 steiler als in Abbildung 35. Transaktionskostenpegel werden schneller abgebaut. Der Evolutionsprozeß
von internen (hierarchischen) zu externen (marktlichen) Organisationsformen nimmt geringere Zeit in Anspruch. F&E-Aktivitäten, die aufgrund hoher Informations- und Kommunikationsprobleme heute noch intern bereitgestellt werden, können morgen schon kooperativ organisiert und übermorgen schon von außen (marktlich) bezogen werden.

Die Konsequenzen, die sich aus diesen nur sehr knapp angerissenen transaktionskosten-,
informations- und evolutionstheoretischen Zusammenhängen für strategische Überlegungen zu make or buy von F&E-Leistungen ergeben, beziehen sich vor allem auf zwei
Aspekte:

Einerseits wird die strategische Bedeutung von Information und Kommunikation für die
Manipulation von Transaktionskostenpegeln und damit für die Wahl von Organisationsformen für F&E-Aktivitäten im interorganisatorischen Zusammenhang unmittelbar offensichtlich. Die an F&E-Prozessen beteiligten Akteure können durch Informations- und
Kommunikationsstrategien die interorganisatorische Arbeitsteilung in einem ökonomischen System erheblich beeinflussen (vgl. Abschnitt 1.2.).

Andererseits ergibt sich ein deutlicher Hinweis auf die strategische Relevanz einer hohen Reagibilität hinsichtlich der Wahl von Bereitstellungsformen für F&E-Leistungen.
Die Organisation der Bereitstellungsformen muß zunehmend reagibler reorganisiert werden können. Der Übergang von interner F&E bzw. Eigenfertigung auf externe F&E
bzw. Fremdbezug muß daher flexibler erfolgen. Die Reagibilität der Bereitstellung wird
damit zum zentralen Strategiefaktor (vgl. die Abschnitte 1.3. und 1.4.).

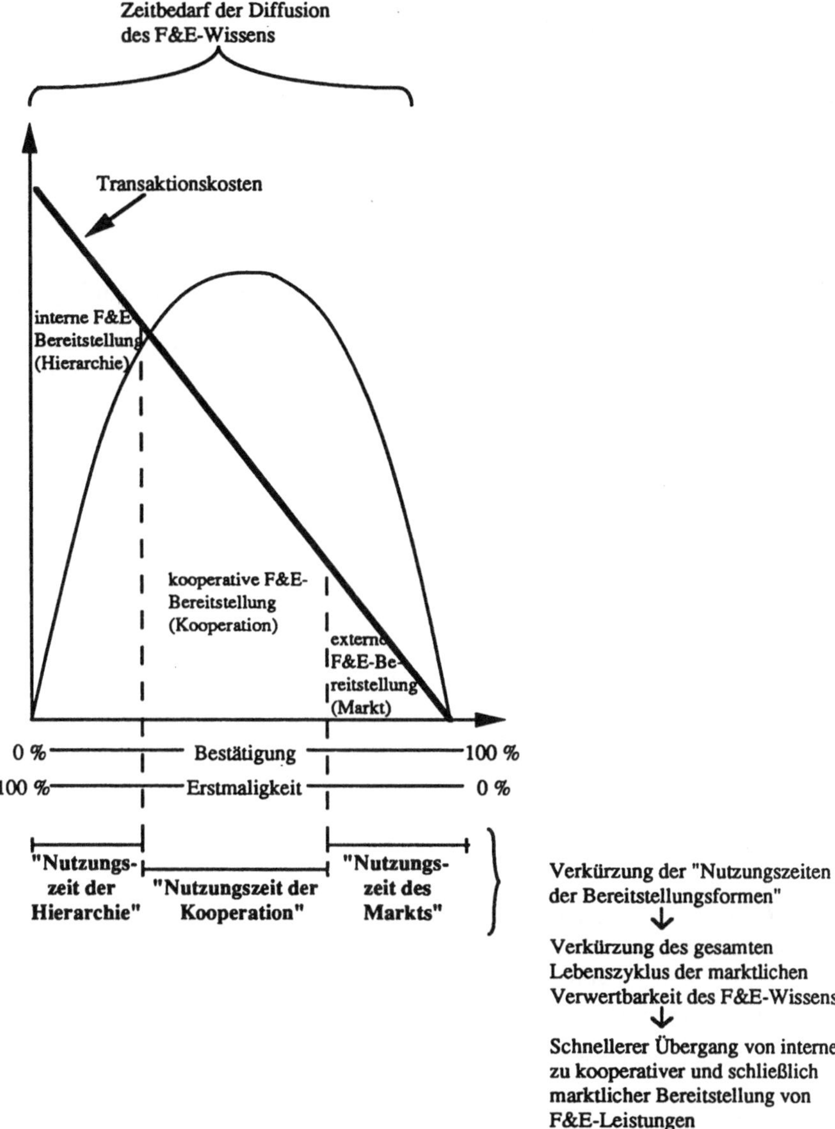

Abbildung 36: Verkürzung der „Nutzungsdauer" von Bereitstellungsformen für F&E-Leistungen

1.2. Informations- und Kommunikationsstrategien: Die strategische Manipulation von Transaktions- kostenpegeln im arbeitsteiligen F&E-Prozeß

Die Wahl der jeweiligen Organisationsformen wird erheblich davon determiniert, in welcher Position zwischen Erstmaligkeit und Bestätigung sich die Transaktionsbeziehung für die F&E-Bereitstellung befindet.[317] Gleiches gilt grundsätzlich auch für den Diffusionsgrad des Wissens über die aus F&E-Aktivitäten hervorgehenden Ergebnisse.

Vielfach wird die Information für den Diffusionsverlauf von neuen Technologien und Produktinnovationen in gesellschaftlichen Systemen als grundlegender und wichtigster Faktor angeführt.[318] Besonders im frühen Stadium von F&E-Prozessen wird die Information noch sehr unstrukturierten und nur sehr schwer kommunizierbaren Charakter haben. Marktliche Bereitstellungsformen und die für ihre Anbahnung und Aufrechterhaltung notwendige Kommunikation über die Unternehmensgrenzen hinweg werden hierdurch mit prohibitiv hohen Transaktionskosten belastet. Eigenerstellung der F&E-Leistungen bzw. hoher vertikaler Integrationsgrad der F&E-Aktivitäten ist dann die Konsequenz.

In diesem Zusammenhang ist auch der Hinweis von Armour und Teece interessant:[319] Danach entwickelt sich im unternehmensinternen Bereich eher eine gemeinsame Sprach- und Symbolkultur als über die Unternehmensgrenzen hinweg. Durch die organisatorische Verankerung einer unternehmensinternen Sprach- und Symbolkultur ist eine Diffusion „technologischer Information" (Armour u. Teece) innerhalb der Unternehmensgrenzen einfacher als zwischen Unternehmen.[320] Auch dies behindert die zwischenbetriebliche Arbeitsteilung im F&E-Bereich und trägt zur Präferierung der internen F&E bei.[321]

Boisot bringt die Beziehung zwischen dem Diffusionsverlauf von neuem Wissen und verschiedenen Organisationsformen in Abhängigkeit der Eigenschaften Codifizierbarkeit und Strukturierbarkeit von Informationen – zwei unumgängliche Voraussetzungen der Herbeiführung von Bestätigung – zum Ausdruck:

> "... uncodified information is generally more difficult to transmit in other than face-to-face situations. That being so, the number of parties that can effectively participate in any one transaction is necessarily limited. The second is that the very lack of structure of the information used, increases the uncertainty and risks associated with the transaction. There is a need for trust and an ability for the parties to get on to the same 'wavelength'."[322]

Boisot, der seine Aussagen besonders auch auf die Situation in Forschungs- und Entwicklungslabors bezieht,[323] weist auf die strategische Dimension dieser informationstheoretischen Zusammenhänge und die für die interorganisatorische Organisation der F&E-Bereitstellung entstehenden Konsequenzen aber nicht explizit hin.[324] Wenn aber

Information als Hauptdeterminante der Wahl von F&E-Bereitstellungsformen angesehen wird,[325] muß dieser Frage eingehender nachgegangen werden. Durch welche Informations- und Kommunikationsstrategien kann die Transformation von Erstmaligkeit in Bestätigung unterstützt und wie kann Vertrauen in hohe Erstmaligkeit aufgebaut werden, damit ein Fremdbezug von F&E-Leistungen möglich wird?

Informations- und Kommunikationsstrategien können im vorliegenden Sachverhalt danach unterschieden werden, wer sie verfolgt und wie sie auf die interorganisatorische Arbeitsteilung wirken:

Informations- und Kommunikationsstrategien können grundsätzlich von allen an F&E-Prozessen direkt Beteiligten (F&E-Bereitsteller und F&E-Nachfrager) und von F&E-Prozessen direkt oder indirekt in ihrer Wettbewerbsposition Betroffenen (z.B. Konkurrenten von F&E-Bereitsteller und F&E-Nachfrager) verfolgt werden.

Hinsichtlich ihrer Wirkung können Informations- und Kommunikationsstrategien einerseits die arbeitsteilige Organisation von F&E-Aktivitäten in einer Gesellschaft unterstützen. Man kann dann von disintegrations-komplementären bzw. integrations-konfliktären Informations- und Kommunikationsstrategien sprechen. Andererseits können sie auch dafür herangezogen werden, die arbeitsteilige Organisation von F&E-Aktivitäten zu torpedieren. In diesem Zusammenhang wirken Informations- und Kommunikationsstrategien disintegrations-konfliktär bzw. integrations-komplementär.

Disintegrations-komplementäre (bzw. integrations-konfliktäre) Informations- und Kommunikationsstrategien werden z.B. besonders die Bereitsteller von F&E-Leistungen verfolgen. Sie müssen potentielle F&E-Nachfrager davon überzeugen, daß der externe Bezug von F&E-Leistungen für sie günstiger und mit geringeren Transaktionskosten behaftet ist als die interne Bereitstellung. Da F&E-Leistungen aufgrund ihres inhärent hohen Erstmaligkeitscharakters stets hohe Informationsprobleme auslösen, müssen F&E-Bereitsteller Mechanismen finden, um Erstmaligkeit bei potentiellen Kunden abzubauen und Vertrauen in die externe Bezugsquelle aufzubauen.

F&E-Bereitsteller können sich z.B. folgender Instrumente bedienen:[326]

- Veröffentlichung von neuesten F&E-Ergebnissen in Zeitschriften und Vorstellung bei Messen, Kongressen und Ausstellungen.
- Einladung potentieller F&E-Auftraggeber zu in-house-Präsentationen von neuen F&E-Ergebnissen. In diesem Zusammenhang ist besonders an die Bedeutung der Beherrschung von Präsentationstechniken und die Verfügbarkeit von Visualisierungstechnologien zu denken.
- Hinweise auf zufriedene Kunden: „... the principle stimulus to try out a new product is the knowledge that others have used it successfully".[327]
- Hinweise auf die Schlüsselfunktion der F&E-Ergebnisse für andere und komplementäre F&E-Aktivitäten sowie co-spezialisierter Produktionstechnologien und Unternehmenskapazitäten potentieller F&E-Auftraggeber.
- Zusage von Hilfen bei der Einführung von F&E-Ergebnissen, um Übernahme- und Akzeptanzprobleme im Unternehmen des F&E-Nachfragers zu reduzieren.

- Hinweise auf zukünftig zunehmende Profitabilität der F&E-Ergebnisse, die beson-
  ders deswegen im Einzugsbereich des Anwenders auftreten wird, weil dieser über
  co-spezialisierte assets verfügt.
- Signalisierung öffentlich anerkannter und hoch angesehener Zertifikate, die der
  F&E-Bereitsteller in der Vergangenheit erwerben konnte (z.B. Qualitätsstandards,
  Gutachten von öffentlichen Forschungsinstituten, Patente, Forschungspreise).

Auch der Nachfrager nach F&E-Leistungen wird Informations- und Kommunikationsstrategien verfolgen. Sie können darauf ausgerichtet sein, allgemein Informationen über
die am Markt vorhandenen F&E-Leistungen zu gewinnen und/oder speziell Informationen darüber zu erzielen, wie seriös das Geschäftsgebaren eines bestimmten F&E-
Bereitstellers ist und welcher Art seine F&E-Leistungen sind.

Nachfrager von F&E-Leistungen können sich in dieser Hinsicht beispielhaft folgender
Instrumente bedienen:

- Grundsätzliche Offenheit gegenüber neuen und von außen herangetragen Ideen (Strategie des „in die Unternehmung hineinlassen"[328]).
- Systematische Nachfrage nach Informationen über die personelle und materielle
  Ausstattung der F&E-Labors von F&E-Bereitstellern (Kompetenz des Forschungs-
  personals, technologische Durchdringung der F&E-Aktivitäten), um deren „Produktionsfunktion" kennenzulernen und deren Gewinnspannen abzuschätzen (z.B. auch
  Besichtigungen), wodurch z.B. der Spielraum der F&E-Bereitsteller für opportunistisches preisstrategisches Verhalten eingeengt werden kann.[329]
- Aufbau eigener F&E-Kompetenz durch erhöhte F&E-orientierte Informationsnachfrage, um die F&E-Leistungen externer Anbieter besser einschätzen zu können.[330]
- Absorbtion und systematische sowie kritische Auswertung möglichst vieler der von
  externen F&E-Bereitstellern signalisierten Informationen ("screening").
- Aufbau und Offenhaltung von (informellen und formellen) Kommunikationskanälen
  zu F&E-know-how-Trägern (Forschungsinstitute, Patentingenieure und -anwälte
  usw.), um sie bei Bedarf als kritische „Filter" bei anstehenden Fremdbezugsentscheidungen mobilisieren zu können.

Abschottungshaltungen gegenüber Informations- und Kommunikationsstrategien von
Seiten des F&E-Bereitstellers gegenüber den Strategien des F&E-Nachfragers (z.B. Zurückhaltung von Informationen über das eigene F&E-Personal) bzw. von Seiten des
F&E-Nachfragers gegenüber den Strategien des F&E-Bereitstellers (grundsätzlich ablehnende Haltung gegenüber Einladungen für in-house-Präsentationen von F&E-
Erstellern) wirken für eine interorganisatorische F&E-Arbeitsteilung hemmend. Dies gilt
auch für solche Fälle, in denen im vorhinein vermutet wird, daß die Verfolger von Strategien arglistig vorgehen. Denn sowohl eine Verstärkung als auch eine Enthärtung einer
solchen Vermutung kann nur durch weitere Informationsnachfrage erfolgen. Eine Beibehaltung des ursprünglichen Informationsstandes (Vermutung der Arglist), d.h. fortgesetzte Abschottung gegenüber weiteren Informationen, ist nur dann ökonomisch sinnvoll, wenn davon ausgegangen wird, daß der Informationszugewinn die einzugehenden

Kosten der Informationsnachfrage (z.B. Zeitaufwand für den Besuch einer Präsentationsveranstaltung) nicht rechtfertigt.[331]

Ähnlich wie Abschottungsversuche von F&E-Bereitstellern und F&E-Nachfragern disintegrations-konfliktär wirken, so können auch Konkurrenten von F&E-Bereitstellern und F&E-Nachfragern Informations- und Kommunikationsstrategien verfolgen, die eine arbeitsteilige Organisation der F&E-Aktivitäten ihrer Wettbewerber erschweren bzw. verhindern. Auf Seiten konkurrierender F&E-Bereitsteller gehört hierzu z.B. die Verstreuung von diskreditierenden Informationen über F&E-Bereitsteller, mit denen man in direkter Konkurrenz steht. Auf Seiten in gegenseitiger Konkurrenz stehender F&E-Nachfrager ist es z.B. vorstellbar, daß ein F&E-Nachfrager andere F&E-Nachfrager dadurch diskreditiert, indem er F&E-Bereitstellern Informationen darüber zuspielt, daß deren in-house-Präsentationen von verschiedenen F&E-Nachfragern zur Abwerbung von hochqualifiziertem F&E-Personal genutzt werden.

Informations- und Kommunikationsstrategien können demnach die interorganisatorische Arbeitsteilung im F&E-Bereich erschweren und erleichtern bzw. sowohl mit höheren als auch mit niedrigeren Transaktionskosten belasten. Die Manipulation von Transaktionskostenpegeln ist ein strategisches Instrument der effizienten Strukturierung und Kanalisierung von Transaktionsbeziehungen. Die Öffnung und transaktionskostengünstige Ausgestaltung von Transaktionskanälen ist ein ökonomischer Erfolgsfaktor arbeitsteilig organisierter F&E-Prozesse.[332]

1.3. Strategierelevanz von sunk costs und Marktaustrittsbarrieren:
Die Folgen der Konservierung strategischer Inflexibilität der F&E-Bereitstellung

Hohe sunk costs sind mit hohen Marktaustrittsbarrieren gleichsetzbar. Denn sunk costs lassen die Eigenfertigung gegenüber dem Fremdbezug meist vorteilhafter erscheinen, wodurch die einmal gewählte F&E-Richtung (make) kontinuierlich beibehalten wird.

Die Gründe liegen vor allem darin, daß insbesondere die rein kostenrechnerisch orientierte Entscheidungsfindung über make or buy an einer Überbetonung des sunk-costs-Prinzips leidet: Bei Unterauslastung des F&E-Bereichs werden den auf Vollkosten basierenden Fremdbezugspreisen nur die sogenannten variablen Kosten der Eigenfertigung gegenübergestellt. Die Eigenfertigung schneidet dann angesichts des Arguments der Ausnutzung eigener F&E-Kapazitäten (Leerkostenvermeidung) meist besser ab als der Fremdbezug.[333]

Sind die Kapazitäten ausgelastet, dann werden den Fremdbezugspreisen zwar die Vollkosten der Eigenfertigung gegenübergestellt, allerdings unterliegen die Vollkosten oft

einer internen Manipulation. Diese Manipulation der Bereitstellungskanäle läuft
meist darauf hinaus, die Eigenerstellungskosten aufgrund der Erhaltung von Eigen-
fertigungspotentialen unter die Fremdbezugspreise zu pressen. Wiederum wird hierdurch die Eigenerstellung gegenüber dem Fremdbezug favourisiert.[334] Die Inflexibilität der F&E-Bereitstellung wird zugunsten der Eigenerstellung konserviert.

Der Zukauf neuer F&E-Kapazitäten, der bei bereits voll ausgelasteten F&E-Kapazitäten
bei Ausweitung der F&E-Aktivitäten eines Unternehmens notwendig ist, wird außerdem
nicht so feinkörnig stattfinden können, daß nur genau die bestehende Kapazitätslücke
geschlossen wird. In der Praxis wird mit dem Zukauf von F&E-Kapazitäten meist nicht
nur eine bestimmte bestehende Kapazitätslücke geschlossen, sondern gleichzeitig und
zwangsläufig auch ein bestimmtes Ausmaß an (quantitativer und/oder qualitativer) Leer-
kapazität mitaufgebaut. Dies liegt vor allem in dem in der Betriebswirtschaftslehre oft
beklagten Mangel der geringen Teilbarkeit von Produktionsfaktoren begründet.[335] Solche Unteilbarkeiten von Produktionsfaktoren treten vor allem im F&E-Bereich von Unternehmen auf, behindern eine Feinabstimmung der F&E-Kapazitäten mit der F&E-
Beschäftigung und führen nicht selten zu einem ökonomisch unsinnigen Vorhalten über-
dimensionierter F&E-Kapazitäten.[336] Nicht selten führt dies zur Vergeudung knapper
Ressourcen im Rahmen von Parallelentwicklungen.[337]

Hinzu kommt, daß bei sukzessiven Zukäufen von F&E-Kapazitäten oft nur marginale
Variationen zur bereits bestehenden F&E-Ausstattung vorgenommen werden. Dies bezieht sich weniger auf die technologisch bessere Ausreifung von F&E-Geräten, sondern
vor allem auf die oft enge Zuschneidung der zusätzlich aufgebauten F&E-Kapazitäten
auf die bestehende Ausstattung. Damit wird die mögliche Aktivitätsvariabilität im F&E-
Bereich stark verengt bzw. auf nur wenige Marktsegmente fokussiert. Es entstehen
gleichzeitig hohe sunk costs und Marktaustrittsbarrieren. Der Aufbau einer F&E-
Kompetenz in „fremden Bereichen" wird vernachlässigt. Obgleich u.U. quantitativ und
qualitativ verbessertes F&E-Gerät gekauft wird, investiert man in seine angestammten
und traditionellen F&E-Gebiete. Hierdurch wird ein hoher Spezialisierungsgrad bei
gleichzeitig hoher Eigenentwicklungs- und Forschungsquote provoziert. Der Eintritt in
andere und in möglicherweise innovative und wachstumsträchtige Marktsegmente wird
damit F&E-seitig erschwert oder gar völlig unmöglich gemacht.

> „Je größer die eigene Produktionstiefe ist, desto besser kann der Produk-
> tionsprozeß koordiniert und rationalisiert werden. Es wird aber im glei-
> chen Zuge um so schwieriger sein, im Falle von Nachfrageänderungen das
> Produktionsprogramm grundlegend umzustellen, insbesondere dann, wenn
> im eigenen Fertigungssektor große Spezialisierung vorherrscht."[338]

Zu einer ähnlich kritischen Beurteilung einer sehr hohen Eigenfertigungsquote angesichts der Einschränkung der unternehmerischen Flexibilität kommt auch Fieten.[339] Er
zeigt auf, daß durch die Verkürzung von Produktlebenszyklen und schwankender Nachfrage zunehmende Auslastungsrisiken für Eigenfertigungskapazitäten ausgelöst werden,
wodurch die Amortisation der (oft spezifisch zugeschnittenen) Anlageinvestitionen immer mehr bedroht wird. Ferner ist auf die Kapitalintensität von Eigenfertigungskapazitä-

ten hinzuweisen, die Finanzierungsprobleme auslösen kann und allein dadurch die strategische Flexibilität begrenzt.[340)]

Daß diese Argumentationen im Zusammenhang mit der Organisation von F&E-Leistungen mit gleicher Brisanz gelten, liegt auf der Hand.

Je mehr eigene F&E-Kapazitäten in der Vergangenheit aufgebaut wurden, desto mehr wird daher bei konsequenter und wiederholter Anwendung der genannten traditionsbehafteten Entscheidungskriterien zusätzlich in den Aufbau eigener F&E-Kapazitäten investiert, die oft nur ein enges F&E-Spektrum umfassen. Aus dieser Perspektive droht ein deterministischer Zwang zur vertikalen Integration „unattraktiver" F&E-Aktivitäten. Für F&E ist dies ein Teufelskreis, weil damit immer höhere Marktaustrittsbarrieren geschaffen werden.

In diesem Zusammenhang wird vielfach auf die mit der Erhöhung von Marktaustrittsbarrieren verbundenen Nachteile der vertikalen Integration hingewiesen, weil damit die strategische Flexibilität zunehmend eingeschränkt wird.[341)] Auf Flexibilitätsprobleme, die besonders dann auftreten, wenn immer mehr intern erforscht und entwickelt sowie der externe F&E-Bezug vernachlässigt wird, machen auch Praktiker aus dem F&E-Management aufmerksam.[342)]. Mit Blick auf dieses Problem kommt z.B. auch Seeser angesichts seiner praktischen Erfahrungen im Zuge der Entwicklung eines integrierten CAD-Systems zu dem Ergebnis, daß es Unternehmen oft versäumen, nachdem ein bestehender F&E-Bedarf durch interne Stellen gedeckt wurde, wieder auf den Marktbezug überzugehen – obgleich dies aus ökonomischen Effizienzgründen wünschenswert wäre.[343)]

Die Reagibilität der Reorganisation von Bereitstellungsformen insbesondere hinsichtlich eines Übergangs von der internen F&E zur externen F&E sinkt. Gefahren, die damit verbunden sein können, sind z.B. Verengung der F&E-Aktivitäten auf ein bestimmtes und verengtes Technologiefeld (das u.U. immer unattraktiver für einen breiten Markt wird), Abkoppelung von neuen und externen Entwicklungen im eigenen F&E-Bereich, mangelnde know-how-Zufuhr von außen und damit einhergehend eine verengte in-side-out-statt heterogene out-side-in-Versorgung mit F&E-Informationen.

Schließlich droht ein Einschwenken auf eine technologische Einbahnstraße, die zu einer engen Ausrichtung auf ein bestimmtes und enges Absatzmarktsegment führt. Wird die Existenz des engen Absatzmarktsegments gefährdet, werden zu seiner Rettung vielfach unterstützende und ressourcenbindende Abwehrschritte eingeleitet. So lassen sich recht einfach Beispiele aufzeigen, in denen versucht wird, diese engen und sehr spezifischen Marktsegmente durch politische und gesellschaftliche Einflußnahme „quasi künstlich und am Nachfragemarkt vorbei" am Leben zu erhalten, um die in der Vergangenheit aufgebauten Kapazitäten (sunk costs) noch hinlänglich ausschöpfen zu können.

Eines der herausragendsten und an Dramatik kaum zu überbietenden Beispiele bildet die besonders F&E-intensive Rüstungsindustrie. Die enge Ausrichtung auf die Entwicklung und Produktion von Rüstungsgütern und der durch geheimnisinduzierte und auf spezifisch ausgerichtete Informationspools basierende F&E-Bereich, der zwangsläufig zu einem hohen vertikalen Integrationsgrad führt, hat in diesem Industriebereich zu einem spezifischen Zuschnitt der F&E- sowie Produktionskapazitäten und zu einer Vernachlässigung (vielleicht sogar zu einer Verdrängung) der zivilen Güterentwicklung und -produktion beigetragen. Damit kam es gleichzeitig zu einer starken Abkoppelung von anderen Marktsegmenten. Eine „Rüstungskonversion", mit der die Umwandlung militärisch-industrieller Entwicklung und Produktion in zivile verbunden sein soll, muß sich daher gegenwärtig zwangsläufig äußerst schwierig gestalten.[344]

Rüstungsexperten halten eine Rüstungskonversion zwar grundsätzlich für realisierbar, weisen aber darauf hin, daß die Übertragung militärischer F&E-Ergebnisse und Technologien in zivile Anwendungen problematisch sei. So berichtet z.B. Hoffmann in Anlehnung an einen deutschen Rüstungsexperten, daß Techniker, die zwanzig Jahre lang in militärischen Kategorien gedacht hätten, nicht wüßten, was für den Zivilbedarf gebraucht werde.[345] Außerdem betrage der Anteil der zivilen Technik an einem typischen wehrtechnischen Fachbereich nur ungefähr zehn Prozent.

Die F&E-orientierte Ressourcenbindung im Rüstungssektor, die letztlich Marktaustrittsbarrieren induziert, ist enorm. Beschränkt man sich lediglich auf die Entwicklungskapazitäten, so hat das Entwicklungsprogramm des „Jäger 90" im Jahr 1989 bei den Firmen MBB, Dornier und MTU immerhin allein knapp 2000 Mitarbeiter gebunden; während der gesamten Laufzeit des Projekts bis in das Jahr 2005 werden 4000 – 5000 Mitarbeiter in der Entwicklung und 15000 – 20000 in der Produktion tätig sein.[346]

Die u.a. im Zuge des Abbaus des Feindbilds zwischen Ost und West verringerte Nachfrage nach Rüstungsgütern einerseits und die in diesem F&E-intensiven Industriesektor aufgebauten sunk costs und Marktaustrittsbarrieren andererseits, mobilisieren die Betroffenen und Verantwortlichen zu Gegenmaßnahmen. Für sie entsteht ein Zwang, ihre angestammten Absatzsegmente – zumindest argumentativ – zu protektionieren bzw. „künstlich" am Leben zu erhalten, um die aufgebauten Eigenentwicklungs- und Eigenfertigungskapazitäten noch hinlänglich ausnutzen zu können.

> „Für die Daimler-Tochter Deutsche Aerospace steht viel auf dem Spiel. Sollte beispielsweise der europäische Jäger 90, der gegenwärtig mit einem Aufwand von sechs Milliarden Mark (deutscher Anteil) entwickelt wird, aus dem Bundeswehrprogramm gestrichen werden, droht acht- bis zehntausend hochqualifizierten Arbeitnehmern das Aus. Für Johann Schäffler, Chef der Aerospace-Tochter MBB, die den Jäger 90 entwickelt, gibt es daher auch unter Abrüstungsbedingungen hunderttausend gute Gründe, warum eine deutsche Streitkraft einen Jäger 90 braucht".[347]

Neben der fast ohnmächtigen Klage, „Man hätte schon gestern damit (gemeint ist die Rüstungskonversion, Anm. d. Verf.) anfangen müssen, wir fangen jetzt damit an"[348], konzentrieren sich konstruktive Lösungskonzeptionen für die angesprochenen Probleme in der Rüstungsindustrie vor allem darauf, Stäbe für die Entwicklung von zivilen Anwendungen von Rüstungstechnologien zu bilden (z.B. Büro für wirtschaftliche Angleichung im US-Verteidigungsministerium).

Durch solche eher reaktiv ausgelegte Mechanismen werden letztlich jedoch nur die negativen ökonomischen Folgen von verengten Aufbauaktivitäten interner Kapazitäten zu reduzieren versucht. Im vorgestellten Beispiel erschüttern sie nicht nur ein einzelnes Unternehmen, sondern eine ganze Branche, die in sich einen äußerst hohen vertikalen Integrationsgrad aufweist.

Besonders vor dem Hintergrund einer strategischen Organisationsperspektive der F&E-Bereitstellung stellt sich daher die Frage, wie aktive und vorausschauende Handhabungsmechanismen aussehen könnten, um einer ungezügelten Wucherung interner F&E-Kapazitäten antizipativ entgegenwirken zu können. Durch welche Möglichkeiten kann der Ausbaueuphorie interner F&E-Kapazitäten wirksam vorgebeugt werden, damit die durch den Aufbau von sunk costs einhergehende Gefahr der Einengung der strategischen Bereitstellungsflexibilität und des sukzessiven Aufbaus von Marktaustrittsbarrieren im F&E-Bereich im vorhinein gebannt werden kann?

1.4. Reagibilitätsstrategien für die Bereitstellung von F&E- Leistungen: Sensibilisierungsstrategien

Neben dem Hinweis auf die informations- und kommunikationsstrategischen Manipulationsmöglichkeiten von Transaktionskostenpegeln ergab die informations- und kommunikationstheoretische Grundlegung in diesem Kapitel insbesondere unter dem Blickwinkel moderner Informations- und Kommunikationstechnologien Hinweise auf die Bedeutung einer hohen Reagibilität der Wahl von Bereitstellungsformen. Eine solche Reagibilität muß vor allem in Richtung Fremdbezug bestehen, um die internen F&E-Kapazitäten nicht ungezügelt wuchern zu lassen und der beschriebenen Gefahr hoher sunk costs und Marktaustrittsbarrieren wirksam entgegentreten zu können.

Trotz der vielfachen Schwierigkeiten der exakten Messung wird häufig auf die heute zunehmend schnellere Verbreitung von F&E-Wissen hingewiesen, die in Zukunft noch beschleunigt vor sich gehen wird.[349] Angesichts der schnelleren Transformation von erstmaligem F&E-Wissen in bestätigtes und weit verbreitetes F&E-Wissen muß stets überprüft werden, ob die in der Vergangenheit gewählte Bereitstellungsform noch der gegenwärtigen Situation entspricht. Strategische Fragen, die dann gestellt werden müssen, sind beispielsweise: Wie haben sich die Einflußgrößen verändert? Besteht noch ein hoher Transaktionskostenpegel, der für die interne Bereitstellung der F&E-Aktivitäten spricht?

Auf übergeordneter Ebene stellt sich schließlich die zentrale strategische Frage, wodurch eine hohe F&E-orientierte Bereitstellungsreagibilität im Unternehmen unterstützt und gesichert werden kann.

Grundsätzlich können dabei zwei Ebenen unterschieden werden:

(1) Ebene der Vorbereitung, in der Informationen gesammelt und Sensibilität für eine Reorganisation der Bereitstellungsform gebildet wird.
(2) Ebene der Durchführung, in der eine bereits bestehende Bereitstellungsform für F&E-Leistungen (z.B. interne F&E) aufgegeben und stattdessen auf eine neue (z.B. Auftragsvergabe) übergegangen werden soll (vgl. Abschnitt 1.5.).

Für die erste Ebene ist die ständige Beobachtung der im fünften Kapitel dargestellten Einflußgrößen und ihres Wandels im Zeitablauf eine grundlegende Voraussetzung. Die Bildung von Frühindikatoren im Rahmen eines strategischen Frühaufklärungssystems[350] kann zur Sensibilitätssteigerung für sich in Zukunft ändernde Einflußgrößen und die Früherkennung von daraus resultierenden Veränderungen der Transaktionskostenpegel beitragen.[351]

Die Veränderung der Anzahl der Verbesserungs- und Vorschlagsraten für neue F&E-Projekte, Absentismusquoten, Fluktuationsraten, Äußerungen von F&E-Personal auf Befragungen und Rückgänge der Kommunikationsintensität zwischen F&E- und Marketingabteilungen können z.B. Frühindikatoren für Motivationsprobleme im eigenen F&E-Bereich einer Unternehmung darstellen. Diese Indikatoren können Koordinierungsunsicherheit für die internen F&E-Prozesse signalisieren (Erhöhung der Transaktionskosten im internen Bereich) und einen organisatorischen Änderungsbedarf in Richtung Fremdbezug von F&E-Leistungen und/oder interner Umorganisation anzeigen (Gründung eines Spin-Off, Projektorganisation).

In ähnlicher Weise trägt die ständige Beobachtung des Beschaffungsmarkts für F&E-Leistungen zu einer höheren beschaffungsmarktseitigen Bereitstellungsreagibilität bei. Auch Szenarien über zukünftige Veränderungen des Produktsortiments der Unternehmung können frühe Hinweise darüber geben, ob die gegenwärtig noch als unternehmensspezifisch geltenden F&E-Aktivitäten auch zukünftig noch unternehmensspezifisch sein werden und der Fremdbezug entsprechender F&E-Leistungen auch in Zukunft noch von der Gefahr des small-numbers-Problems behaftet sein wird.

Strategische Sensibilität für schwache Signale ("Strategic Response to Weak Signals"[352]), die sich auf zukünftige Änderungen der Einflußgrößen von Organisationsformen und Transaktionskosten beziehen, ist jedoch noch keine Garantie dafür, daß der festgestellte Reorganisationsbedarf auch tatsächlich Reorganisationsprozesse nach sich zieht. Hohe strategische Wahrnehmungsfähigkeit sichert nicht zwangsläufig hohe strategische Handlungsfähigkeit.[353] Außerdem liegt für die Übernahme der Funktionen Wahrnehmung und Handlung in Unternehmen oft eine personale Teilung vor: Personen, die frühe Signale aus dem Unternehmen und der Unternehmensumwelt wahrnehmen und auf einen Reorganisationsbedarf hinweisen, sind meist nicht die gleichen Personen, die darüber entscheiden, ob zukünftig für die Bereitstellung von F&E-Leistungen Eigenfertigung, Kooperation oder Fremdbezug betrieben wird.[354] Soweit eine solche personale Teilung vorliegt, hängt eine effiziente Arbeitsteilung vor allem von der Übereinstimmung der Werte, Ziele und einer reibungslosen Kommunikation zwischen beiden Personenkreisen ab. Auch die Personengruppe, die über die Realisierung von Integration und Disintegration von F&E-Aktivitäten zu bestimmen hat, muß daher sensibilisiert werden.[355)]

1.5. Reagibilitätsstrategien für die Bereitstellung von F&E- Leistungen: Realisationsstrategien für die Auflösung von Verkrustungseffekten

Wird auf der ersten Ebene ein Reorganisationsbedarf wahrgenommen, der z.B. angesichts der Verringerung der Unternehmensspezifität, der Reduzierung der zu bewältigenden Unsicherheit und verbesserter Kommunikationsmöglichkeiten mit Fremdbezugspartnern einen Übergang von der internen F&E-Bereitstellung zur F&E-Kooperation oder gar zur Fremdvergabe von F&E-Aufträgen nahelegt, stellt sich die Frage nach der Realisierung des Reorganisationsprozesses.

Insbesondere Disintegrationsaktivitäten von Unternehmen werden durch Verkrustungseffekte, die zur Beibehaltung der Eigenfertigung mahnen ("Schuster bleib bei deinen Leisten") sowie aufgrund von Personalreduzierungseffekten, die durch Disintegration zwangsläufig auftreten, erschwert. Auch drohende Verluste von Macht und Status, die bei den Leitern von F&E-Abteilungen durch die Verringerung von Leitungsspannen und Reduzierungen ihrer F&E-Potenz im Rahmen von Disintegrationstendenzen auftreten werden, bilden Anreize, um einen Fremdbezug von bislang selbst durchgeführten F&E-Leistungen zu verhindern.[356)]

Für die Verteidigung der Eigenfertigung weitere Argumente zu finden, ist insgesamt nicht schwer: Hinweise auf bereits eingegangene interne Investitionen, Ausschöpfen von sunk costs, Probleme beim Wiederaufbau interner F&E-Kapazitäten, wenn sich die Einflußgrößen später wieder ändern und eine interne F&E-Bereitstellung empfehlen usw. Es ist offensichtlich, daß sich Betroffene von Disintegrationsabsichten vor allem auch der oben beschriebenen Informations- und Kommunikationsstrategien bedienen können. Sie werden versuchen, Transaktionskostenpegel entsprechend ihrer singulären Präferenzen und Ziele zu manipulieren.

Angesichts der zunehmend notwendiger werdenden beschleunigten Überführung der internen F&E-Bereitstellung in die F&E-Kooperation und die marktliche Bereitstellung von F&E-Ergebnissen bedrohen durch Verkrustungseffekte ausgelöste Auslagerungsbarrieren eine aus ökonomischen Gründen notwendige interorganisatorische Arbeitsteilung im F&E-Bereich. Sie behindern die Bereitstellungsreagibilität und bilden die Hemmschwellen für Reorganisationsprozesse, deren Realisierung aus Transaktionskostengründen ökonomisch sinnvoll wäre. Wie können diese Auslagerungsbarrieren neben der Verfolgung von Sensibilisierungsstrategien auf der Ebene der konkreten Realisierung im F&E-Bereich überwunden werden?

Die Modifikation von F&E-orientierten make-or-buy-Entscheidungsprozessen eröffnet für die Überwindung von Verkrustungseffekten interessante Anhaltspunkte. Baur zeigt unter Hinweis auf die Förderung des Fremdbezugs reifer Technologien entsprechend dem Lebenszyklusmodell von Anderson und Weitz[357] verschiedene Modifikationsmöglichkeiten von make-or-buy-Entscheidungsprozessen in Unternehmen auf.[358] Er unterscheidet eine defensive und eine offensive Strategie.

Die defensive Strategie verfolgt die organisatorische Institutionalisierung von fundierten und strategisch (und nicht am kurzfristigen Kostenkalkül) ausgelegten make-or-buy-Analysen für jede Investition, durch die zusätzliche Eigenfertigungskapazitäten aufgebaut werden könnten. Für make-or-buy-Entscheidungen im F&E-Bereich ist es unter diesem Aspekt denkbar, daß jede die F&E-Kapazität in personeller und materieller Hinsicht erweiternde, rationalisierende oder substituierende Investition einem make-or-buy-Gremium zur Entscheidung vorgelegt wird. Dieses Gremium sollte aus Gründen der Erhaltung einer möglichst viele Aspekte berücksichtigenden Entscheidung sehr heterogen besetzt sein. Vor allem sollte ein solches make-or-buy-Gremium nicht nur Mitglieder beinhalten, deren Position im Unternehmen direkt mit dem Ausgang der Entscheidung verknüpft ist. Unter Umständen erweist sich sogar die Hinzuziehung eines externen „Transaktionskosten-Beraters" für das F&E-Management als sinnvoll.

Die Bedeutung einer heterogenen Besetzung des Entscheidungsgremiums darf besonders auch vor dem Hintergrund der subjektiv unterschiedlichen Bewertung zukünftiger Einflußgrößen von Transaktionskosten[359] nicht unterschätzt werden. Baur weist z.B. in seiner empirischen Studie überzeugend nach, daß Mitglieder aus verschiedenen Abteilungen einer Unternehmung sowohl hinsichtlich der Einschätzung der zukünftigen Veränderungen als auch des aktuellen Niveaus von make-or-buy-relevanten Entscheidungskriterien zu durchaus unterschiedlichen Einschätzungen kommen können.[360] Mit Blick auf eine umfassende und ganzheitliche Fundierung der make-or-buy-Entscheidung äußern sich sowohl Vertreter aus dem praktischen als auch aus dem theoretischen Umfeld für eine möglichst hohe Variabilität des make-or-buy-teams.[361] Da im F&E-Bereich die Problemstellung an Komplexität gewinnt, ist dies hier von besonderer Tragweite.

Bei der offensiven Strategie gilt dagegen der Fremdbezug von F&E-Leistungen als strategische Leitlinie. Alle F&E-Leistungen, die von außen bezogen werden können, werden ungeachtet der internen Kapazitäten und soweit keine prohibitiven Transaktionskosten bestehen, vom Beschaffungsmarkt für F&E-Leistungen bezogen. Diese offensive Strategie erfordert ein ausgeprägtes Informationsmanagement für am Beschaffungsmarkt beziehbare F&E-Leistungen. Sie kann zum Auflösungszwang vorhandener F&E-Kapazitäten bzw. zum Verkauf dieser Kapazitäten an zukünftige F&E-Lieferanten führen.[362] Es handelt sich um ein zielgerichtetes und strategisches „Outsourcing" von

F&E-Funktionen und F&E-Leistungen, die gegenwärtig noch innerhalb der eigenen Unternehmensgrenzen abgewickelt werden.[363]

Sind in der Vergangenheit F&E-Kapazitäten aufgebaut worden und kommt die offensive Strategie erstmals zur Anwendung, können die Überwindung sozialer Härten (Entlassung von F&E-Personal) und ökonomische Zwänge (Unveräußerbarkeit von F&E-Anlagen, Vermeidung der Unterbrechung laufender F&E-Prozesse) eine nur dosierte Anwendung dieser Strategie empfehlen. Immer dann, wenn bereits F&E-Kapazitäten aufgebaut wurden und die offensive Strategie erstmals angewendet wird, nimmt sie den Charakter einer „radikalen Abbaustrategie" an. Es handelt sich um ein andauerndes Infragestellen der internen F&E-Aktivitäten, ein F&E-orientiertes Zero-Base-Budgeting, das von einem Outsourcing-team vorangetrieben wird. Es dominiert das Prinzip des Fremdbezugs von F&E-Leistungen, die bislang intern erstellt wurden.

Der Anteil dessen, der bisher selbst erforscht und entwickelt wurde, und nun nach außen verlagert werden soll, ist bei erstmaliger Anwendung dieser offensiven Strategie am höchsten. Er verringert sich erst nach mehrmaliger Durchführung dieser strategischen Leitlinie und nähert sich asymptotisch dem unumgänglichen „Bodensatz an Kern-F&E-Leistungen", die intern bereitzustellen sind. Nach mehrmaliger Orientierung an dieser Leitlinie dominiert das Prinzip der Aufrechterhaltung des Fremdbezugs von F&E-Leistungen, die auch bislang schon von außen bezogen wurden. Die offensive Strategie verliert ihre „Radikalität" und geht in die defensive Strategie über. Am „Bodensatz" der internen F&E angelangt, wird der bisherige Fremdbezugsanteil lediglich verteidigt (Übergang zur defensiven Strategie), aber nicht erhöht (vgl. Abbildung 37).

Die Konfliktträchtigkeit der offensiven Strategie und die Gefahr ihrer Torpedierung aufgrund von Argumenten, die aus Verkrustungstendenzen entstehen können (vgl. oben), wird daher nach mehrmaliger Anwendung zunehmend eingeschränkt.

Trotzdem erfordert sowohl die defensive Strategie des Outsourcing als auch im besonderen Maße die offensive Strategie eine grundlegende Neuorientierung der make-or-buy-Perspektive. Beide Strategien machen eine andauernde und vor allem strategisch ausgerichtete „awareness" für möglicherweise unterschwellig vorangetriebene Aktivitäten in Richtung Aufbau von Eigenfertigungskapazitäten notwendig.

Die aktive und bewußte Restrukturierung der Unternehmensgrenzen wird durch eine explizite und tiefgehende Verankerung eines F&E-orientierten Führungskonzepts der Art „management by transaction-costs" in den Unternehmensleitlinien unterstützt. Damit wird nach außen und innen signalisiert, daß man einer effizienzorientierten Flexibilisierung gegenüber einer verkrustungsnahen Stabilität der Unternehmensgrenzen unternehmensstrategische Priorität zuordnet.

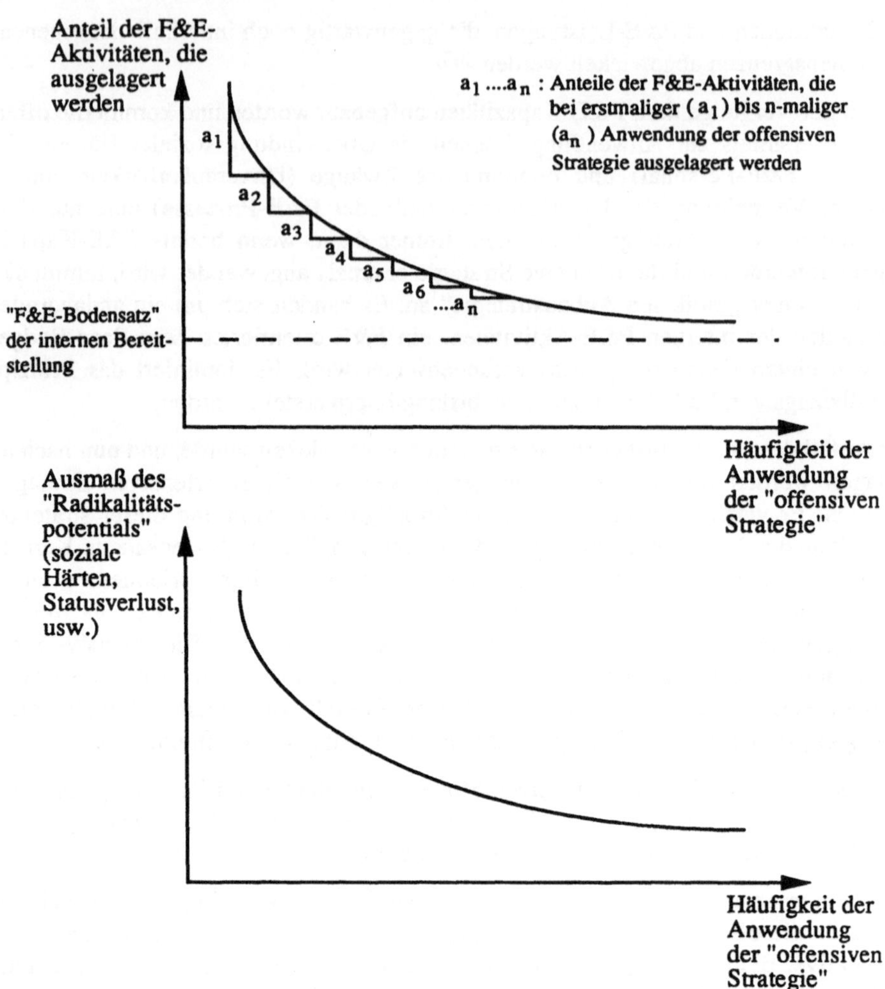

Abbildung 37: Wirkungen der offensiven Strategie

2. Technologiestrategien und F&E-Organisation: F&E-Bereitstellung im Spannungsfeld zwischen Technologieführerschaft und Technologiegefolgschaft

Die Bereitstellung von F&E-Leistungen zwischen make or buy verlangt besonders angesichts einer übergeordneten organisationstheoretischen Auffassung und angesichts ihrer enormen praktischen Relevanz für die Unternehmenspolitik und den Unternehmenserfolg insgesamt eine strategische Ausrichtung der Managementperspektive. Entscheidungen der Integration und Disintegration von F&E-Aktivitäten stellen echte Führungsentscheidungen dar: „Sie berühren die Unternehmenspolitik auf lange Sicht und sind Gegenstand der strategischen Unternehmensplanung."[364] Die bisherigen Ausführungen machten dies deutlich und gaben hierfür manche Strategieempfehlung.

Daraus läßt sich aber auch ableiten, daß die Organisation von F&E-Aktivitäten zwischen Eigenerstellung, Kooperation und Fremdbezug auch in engem Zusammenhang mit den strategischen Grundpositionen und den verfolgten Unternehmensstrategien sowie den Philosophien von Unternehmen zu sehen ist. Der Großteil der in der Literatur zu strategischen Grundpositionen, Unternehmensstrategien und -philosophien angebotenen Kategorien und Klassifizierungen[365] weist sicherlich mehr oder weniger starke Interdependenzbeziehungen zur Organisation von F&E auf. Dies gilt auch, wenngleich die ganze Bandbreite der Strategierelevanz der „F&E-Organisation zwischen Markt und Hierarchie" aufgrund der vorherrschenden Verengung der Organisationsperspektive auf den unternehmensinternen Bereich grob vernachlässigt wird.

Besonders die auf F&E abgestimmten Technologiestrategien scheinen in Anbetracht des Untersuchungsgegenstands für eine nähere Analyse interessant. Sie sollen daher abschließend mit Blick auf die F&E-Organisation diskutiert werden. Danach lassen sich Technologieführerschaft ("first") und Technologiegefolgschaft ("follower") unterscheiden.[366]

> „Das forschungs- und entwicklungspolitische Konzept eines Unternehmers kann aktiv, mit dem Ziel der Führerschaft auf technischem Gebiet oder passiv, an den Forschungsleistungen der Konkurrenz orientiert, betrieben werden."[367]

Aus wissenschaftlicher und praktischer Sicht gibt es zahlreiche Hinweise dafür, daß die Position eines Technologieführers immer wichtiger wird. Eine Forschergruppe um Pfeiffer zeigt beispielsweise sehr deutlich auf, daß mit der anhaltenden Verkürzung der Marktzyklen die Vorteile des Erstanbieters (first) gegenüber Imitatoren (follower) immer mehr steigen.[368] Bei einer marktlichen Lebensdauer von drei Jahren kann beispielsweise eine verspätete Marktpräsenz von einem Jahr bereits eine Reduktion von 50 Prozent des absetzbaren Produktvolumens kosten. Dies macht die Abdeckung von F&E- sowie Fertigungs- und Vertriebskosten oft unmöglich.[369] Durch die Reduzierung der Lebenszyklen wird die Amortisationsdauer für die besonders am Anfang des Entstehungszyklus von Produkten auftretenden Kosten immer weiter verkürzt. Ebenso kann eine Verringerung des Absatzvolumens bei verkürzten Produktlebenszyklen zum Ausbleiben von Kostendegressionseffekten bzw. economies of scale führen.

2.1. Technologieführerschaft und die Organisation von F&E

Welche Konsequenzen ergeben sich vor diesem Hintergrund auf Seiten von Technologieführern für die unterschiedlichen Formen der Bereitstellung von F&E-Leistungen?

2.1.1. Technologieführerschaft und interne F&E

Für Technologieführer ergibt sich der Vorteil, daß die follower technologisch permanent einen Schritt zurück sind und nie mehr aufholen können, wenn sie bei ihren fortgesetzten F&E-Aktivitäten im unternehmensinternen Bereich laufend Erkenntnisse hinzugewinnen, die ihnen stets Vorteile (first-mover-advantages) bei der Entwicklung weitergehender Neuerungen einbringen. Der first kann nicht nur stets auf die von ihm im eigenen Einzugsbereich erstmals erreichten F&E-Potentiale aufbauen. Er hat bei interner F&E auch einen Vorsprung bei fortgesetzten und aufeinander sequentiell aufbauenden F&E-Aktivitäten, welche die Grundlage für weitere Innovationen des first bilden. Dies ist ein durchschlagendes Motiv für den first, intern F&E zu betreiben.

In der Praxis gibt es viele Beispiele für die Bedeutung solcher sogenannten „connections to prior technologies":

> "Many technologies evolve in an evolutionary fashion, with todays round
> of R&D activities building on yesterdays, which in turn build on the day
> befores... in the aircraft industry, the DC-3 improved upon the DC-2, and
> subsequent aircraft built on what was learned with the DC-3. Hence, whether an enterprise is able to participate in one technology often depends on
> whether it participated in the earlier generation."[370]

Ein weiteres Beispiel findet sich in der Entwicklung von Speicherchips. Die Kenntnisse und Erfahrungen aus F&E-Aktivitäten, die Technologieführer auf dem Gebiet der 1-Megabit-Chip-Entwicklung und Produktion zwischen 1980 und 1985 sammeln konnten sowie der 4-Megabit-Chip-Entwicklung gegenwärtig sammeln, sind grundlegende Voraussetzungen für die Entwicklung von 16- und 64-Megabit-Chips.[371] Die first-mover-advantages, die Technologieführer durch eigene F&E in der Vergangenheit gewinnen konnten, kommen der für den Erhalt der first-Position notwendigen „connections to prior technologies" entgegen.

138

Das Gewicht dieser first-mover-advantages nimmt zu, wenn der first im Fall des Marktzutritts weiterer Anbieter – wie erwähnt – mit fortgesetzten Preissenkungen droht. Hierdurch kann der first die Einnahmen der follower vermindern und ihnen finanzielle Ein-
bußen zufügen. Die Finanzkraft der follower wird hierdurch bedroht. Der für einen forcierten und auf das „Überholen" des first angelegte notwendige Ressourceneinsatz im
F&E-Bereich der Technologiefollower trifft auf finanzielle Engpässe bzw. auf eine strategische Schwäche.[372] Derartige preisstrategische Verhaltensmuster kann der first in
der Regel leicht verfolgen, weil er bereits vor Markteintritt von followern einen Teil seiner set-up-costs auf dem Markt hereingeholt haben wird und von Erfahrungskurvenef-
fekten im F&E-, Beschaffungs-, Produktions- und Absatzbereich profitieren kann. In
diesem Fall spricht man von einem sogenannten „eintrittsverhindernden Preisverhalten"
des first.[373] Mitunter können hierdurch starke Preissenkungen und sogar drastische
Preisverfälle auf breiter Front die Folge sein, unter denen nur ein first überleben kann.

Unter nahezu von apokalyptischer Dramatik gekennzeichneten Titeln werden für diese
wettbewerblichen Marktzusammenhänge in vielen Beiträgen zur Mikrocomputer- und
Bauelementeindustrie praktische Beispiele geliefert.[374] Der permanente technologische
Fortschritt in dieser Branche hat zu immer kürzeren Lebenszyklen geführt. Die Produktlebenszyklen von PCs lagen beispielsweise Mitte der 80er Jahre bei vier Jahren; zu Be-
ginn der 90er Jahre liegen sie nur noch bei zwölf Monaten.[375] Darüber hinaus wurde
vor allem für Computer und elektronische Bauelemente (besonders auch Speicherchips[376]) unter einem permanenten Preisverfall ein erbarmungsloser Wettlauf um die
Position des first ausgelöst. Nur Unternehmen, die bei der Entwicklung neuer Chipgene-
rationen mit immer höherer Speicherkapazität – die Speicherkapazität vervierfacht sich
im Schnitt alle drei bis vier Jahre[377] – die Position eines Technologieführers einnehmen, können auf eine Amortisation ihrer F&E-Kosten sowie anderer set-up-costs hoffen.

Je mehr follower in den Markt eintreten, desto eher sind Überkapazitäten die Folge.
„Die rasante Entwicklung der Chiptechnologie hat die Produktzyklen bei Computern
dermaßen verkürzt, daß schon eine Verzögerung von wenigen Monaten das Hauptge-
schäft mit einer neuen Maschine verderben kann".[378] Und: „Wer an diesem Markt ein
halbes Jahr später kommt als die Konkurrenz, hat nur noch die Kosten und keinen Pfen-
nig verdient."[379] Pfeiffer proklamiert daher die These von der „Notwendigkeit eines immer früheren Startens".[380] Für Technologieführer bedeutet dies unter dem Aspekt der
F&E-Organisation ein immer früheres Starten eigener F&E-Aktivitäten.

Verfolgt ein Unternehmen das Ziel der Technologieführerschaft, könnte daher insgesamt
die plausible These zugrundegelegt werden, daß interne F&E sehr intensiv betrieben
werden muß. Dies gilt neben anwendungsorientierter F&E besonders auch für die
Grundlagenforschung. Dafür spricht z.B. der Bedarf nach Geheimhaltung von grundla-
gentechnologischem F&E-know-how, der bei interner F&E des first einfacher zu befriedigen ist als bei Fremdbezug von F&E-Leistungen. Auch dem Primat der „connections
to prior technologies" kann durch (frühere) eigene grundlagenorientierte F&E besser
entsprochen werden. Außerdem erleichtert die interne F&E den Auftritt, den Zugang
und die Aneignung von Serendipitätseffekten in der Grundlagenforschung und der ange-

wandten F&E im eigenen Einzugsbereich des first. Bei kooperativer oder marktlicher F&E-Organisation ist die Zuordnung von ökonomisch verwertbaren Serendipitätseffekten – die vor allem in Verbindung mit Synergieeffekten durch „connections to prior technologies" auftreten und im Wettbewerb mit followern für fortgesetzte Neuerungen und technologische Verbesserungen eingesetzt werden können – dagegen meist sehr schwierig.381)

Um die wettbewerbsstrategisch äußerst wichtige Position des first übernehmen zu können, ist schließlich auch an die Differenzierungsrelevanz der Grundlagenforschung zu denken.382) Dies gilt beispielsweise insbesondere für die Genforschung, für F&E im Mikroelektronikbereich und in der pharmazeutischen Industrie. Unternehmen, die diesen Industriebereichen angehören, sind gezwungen, innerhalb der eigenen Unternehmensgrenzen verstärkt Grundlagenforschung zu betreiben, um den differenzierungsrelevanten grundlagentheoretischen Anschluß nicht zu verpassen. Die Eigenerstellung von F&E-Leistungen ist die notwendige Voraussetzung für die Erlangung von Grundlagenkenntnissen, auf denen in diesen Branchen die Gewinnung von first-mover-advantages und Differenzierungspotentialen basiert. Für den Pharmabereich betont hierzu z.B. Tapon:

> "The discovery of even more effective drugs requires strong theoretical foundations in the physiology of the disease, possibly down to the level of the genes. In future, it is likely that break-throughs in drug design will be based on a 'discovery-by-design' approach, which rests heavily on basic research... this reliance on basic research distinguishes the pharmaceutical industry from other high technology-industries, such as the aircraft and semiconductor industries."383)

Vor diesen Hintergründen müßte man daher Technologieführern die interne F&E anraten. Insbesondere müßten Technologieführer auch Grundlagenforschung innerhalb der eigenen Unternehmensgrenzen betreiben.

Zwar gilt somit für Technologieführer grundsätzlich die Notwendigkeit, F&E-Leistungen intern bereitzustellen; allerdings sind auch verschiedene Motive des Technologieführers denkbar, F&E-Leistungen von außen zu beziehen und/oder kooperativ bereitzustellen.

2.1.2. Technologieführerschaft und externe F&E

In mehreren Abschnitten wurde bereits angedeutet, daß die externe F&E quasi als F&E-Window-Politik betrieben werden kann. Sie steht unter der Zielsetzung, das eigene Unternehmen kontinuierlich mit externen know-how-Potentialen zu versorgen, um den Anschluß an externe F&E-Trends nicht zu verlieren bzw. in wachsamer „Lauerstellung" zu bleiben.

Für einen Technologieführer bedeutet dies nicht, daß er das F&E-know-how, das er mittels Auftragsvergabe oder Lizenz von außen besorgt, unmittelbar im Zusammenhang mit seiner Position als Technologieführer steht, oder seine aktuelle Führerposition sogar von den externen F&E-Leistungen abhängt. Vielmehr kann eine kontinuierlich betriebene F&E-Auftragsvergabe des first an sehr viele verschiedene F&E-Auftragnehmer dazu genutzt werden, gute Kommunikationsbeziehungen zu potentiellen Produzenten von durchschlagenden F&E-Kenntnissen zu unterhalten. Damit kann nicht nur der Beschaffungsmarkt laufend beobachtet und nach F&E-high-lights abgetastet werden. Auch ein Integrationsbedarf von F&E-Aktivitäten kann schneller befriedigt werden, wenn am Beschaffungsmarkt F&E-Potentiale erkennbar sind, die für den Technologieführer hohe Attraktivität aufweisen. Die laufende Vergabe von F&E-Aufträgen ist in dieser Hinsicht als beschaffungsmarktorientierte „Kontroll-, screening- und Kommunikationsstrategie" aufzufassen. Sie fördert darüber hinaus die für Technologieführer äußerst wichtige F&E-orientierte „out-side-in-Politik".

Daneben dürfen die besonders für Technologieführer relevanten Entlastungswirkungen von F&E-Auftragsvergaben und Lizenznahmen nicht unterschätzt werden. Durch gezielte Entlastungsstrategien kann die Zeitintensität von Entwicklungsprozessen reduziert werden. Dies ist eine wichtige Voraussetzung, um sich als first schnell am Markt zu placieren und zu behaupten.

Dabei gilt die schon im Rahmen der Häufigkeit von F&E-Aktivitäten abgeleitete Handlungsmaxime. Danach sind aus transaktionskostentheoretischen Gründen besonders standardisierbare, weniger wachstumsträchtige und aus der F&E-Grundlast stammende F&E-Leistungen an den Beschaffungsmarkt zu delegieren.[384] Demgegenüber wären wachstumsträchtige, differenzierungsrelevante und unternehmensspezifische F&E-Leistungen selbst bereitzustellen. Insbesondere F&E-Leistungen, auf die sich die technologische Führungsposition im aktuellen Stadium und zukünftig begründet, sollten innerhalb der eigenen Unternehmensgrenzen erbracht oder bei Bedarf vom Beschaffungsmarkt rasch in die Unternehmensgrenzen verlagert bzw. durch einen hohen vertikalen Integrationsgrad eingebunden werden. Dadurch tritt eine Entlastung des wachstumsstrategischen Faktors Managementkapazität von Routinetätigkeiten ein, so daß eine Konzentration auf wachstumsfördernde, kreative und innovative Aktivitäten ermöglicht wird.[385] Diese „F&E-Strategie der interorganisatorischen Arbeitsdelegation" ist für die Erhaltung von first-Positionen nicht nur theoretisch einsichtig, sondern sie stellt auch einen empirisch fundierten Erfolgsfaktor innovativer und technologieorientierter Unternehmen in der Praxis dar.[386]

2.1.3. Technologieführerschaft und kooperative F&E

Kann es für einen Technologieführer überhaupt Gründe für eine F&E-Kooperation geben? Müßte nicht jedes Kooperationsmotiv eines first vor dem Hintergrund der ständigen Gefahr der „Verdünnung" seines führenden F&E-know-hows durch Kooperationspartner im Keim ersticken?

Angesichts der unter Abschnitt 2.1.2. genannten Gründe ergibt sich unmittelbar, daß in manchen Situationen F&E-Kooperationen auch für Technologieführer sinnvoll sein können. Denn F&E-orientierte „Window-" und „Entlastungsstrategien" können auch auf kooperativer Ebene verfolgt werden. Lediglich der vertikale Integrationsgrad zwischen first und den Unternehmen, mit denen er auf verschiedenen F&E-Gebieten zusammenarbeitet, steigt bei einer Kooperation.

F&E-Kooperationen können z.B. aus der Sicht eines Technologieführers darauf abzielen, sich von unattraktiven F&E-Aktivitäten zu entlasten. Einer der Unterschiede zum externen Bezug von F&E-Leistungen besteht beispielsweise bei der Kooperation darin, daß dem Kooperationspartner durch den vergleichsweise höheren Integrationsgrad nicht – zumindest nicht so offensichtlich – der Eindruck vermittelt wird, als würde er vom first nur als „verlängerte Werkbank im F&E-Bereich" (aus-) genutzt. Hierdurch kann der first auch eine unter dem Ziel einer „out-side-in-Strategie" stehende „Window-Politik" kommunikationsfreundlicher (und damit transaktionskostengünstiger) gestalten.

Für den Kooperationspartner eines first kann es seinerseits attraktiv sein, sich als „Kooperationspartner eines first" bezeichnen zu dürfen – wenngleich er letztlich faktisch die Rolle eines Delegationsempfängers spielen muß, dessen sich der first bedient. Denn für die marktliche Diffusion und wettbewerbliche Aufwertung seiner Reputation kann es sehr wichtig sein, nach außen das Image eines „eingeweihten Kooperationspartners" eines Technologieführers zu haben, wenn es um die Anbahnung weiterer Transaktionsbeziehungen geht. Dies gilt selbst dann, wenn er sich darüber bewußt ist, daß er aus Sicht des first nie ein „echter" Kooperationspartner sein kann – und letztlich ausgenutzt wird. Die damit verbundenen Frustrationen und möglicherweise implizit zu ertragenden „Demütigungen" nimmt er aber in Kauf, weil er alles daran setzt, um für „Uneingeweihte" in gutem Licht zu erscheinen oder sich einen „Reputationsspeicher" für die Verfolgung zukünftiger eigener Strategien aufzubauen.[387]

Aus dieser Sicht ist es sogar vorstellbar, daß der first durch eine derartige Kooperation unter günstigeren Vertragskonditionen F&E-Leistungen beziehen kann, als wenn er die Bereitstellung der F&E-Leistungen über einen niedrigeren Integrationsgrad – z.B. durch Auftragsvergabe – organisieren würde. Der Grund liegt vor allem darin, daß dem Kooperationspartner möglicherweise die Gewinnung des Images eines „Kooperationspartners des first" so wichtig ist, daß er dem first sogar bei den Vertragskonditionen entgegenkommt, Preisnachlässe in Aussicht stellt und kulante Garantiezusagen trifft (z.B. für Fort- und Weiterentwicklungen).

Ein Technologieführer kann F&E-Kooperationen aber auch aus Gründen von Kontrolleffekten durch F&E-Delegation an Kooperationspartner eingehen: Kontrolleffekte durch die Delegation von F&E-Leistungen an Kooperationspartner liegen z.B. dann vor, wenn durch den kooperativen Aufbau von F&E-orientierten Gemeinschaftsunternehmen die F&E-seitige Ressourcenallokation des Kooperationspartners überwacht und sogar gesteuert werden kann. Teilt man sich die finanziellen Belastungen, die mit dem Aufbau einer gemeinschaftlich nutzbaren F&E-Organisation verbunden sind, so kann der first beispielsweise sicher sein, daß dem Kooperationspartner zumindest diese Mittel fehlen, um eigene F&E-Anstrengungen zum „Überholen" des first zu unternehmen.

In ähnlicher Weise ist eine vom first unter der Zielsetzung des Entlastungseffekts stehende F&E-Kooperation als Überwachungs- bzw. „Kleinhaltestrategie" nutzbar. Besteht z.B. eine Kooperationsbeziehung, in der sich ein Kooperationspartner durch einen langfristigen Rahmenvertrag zur Übernahme von aus der F&E-Grundlast stammenden Aktivitäten des first verpflichtet, so kann der first durch andauernde Delegation zu einer fortgesetzten Kapazitätsauslastung des F&E-Bereichs des Kooperationspartners beitragen. So sehr dies angesichts der Vermeidung von Leerkapazitäten wünschenswert ist, so sehr wird damit aber auch die F&E-Kapazität des Kooperationspartners mit unattraktiven F&E-Aktivitäten zugeschüttet. Im Einzugsbereich des Kooperationspartners fehlt der notwendige Freiraum für innovatives und kreatives Forschen und Entwickeln. Und dem Kooperationspartner wird durch die F&E-Delegation des first die Art seiner F&E-Aktivitäten indirekt von außen oktroyiert.

Eine Vielzahl weiterer Kooperationsmotive des first unter dem „Überwachungstenor, jeder Kooperationspartner ist ein potentieller Konkurrent" wäre denkbar. Es stellt sich aber bereits angesichts der hier angedeuteten Zusammenhänge die Frage, inwieweit der first durch seine Kooperationsstrategien einen informatorischen Zugewinn des Kooperationspartners befürchten muß bzw. first-relevante (substantielle) F&E-Potentiale an Kooperationspartner verlieren könnte.[388] Gibt es durch F&E-Kooperationen einen substantiellen F&E-orientierten Erkenntnisfortschrift und Informationszugewinn für die Kooperationspartner von Technologieführern?

Um diese Frage eingehender analysieren zu können, ist eine Unterscheidung in Informationssubstanz und Informationssubstitut sinnvoll.[389] Unter substantieller Information (Informationssubstanz) im Zusammenhang mit F&E-Aktivitäten versteht man Information, die einen tiefgehenden Einblick in die F&E-Prozesse gibt. Dies sind z.B. Informationen über die Zusammensetzung von neuartigen Rezepturen im pharmakologischen Bereich, technische Funktions- und Regelungsbeschreibungen von neuen Schaltkreisen in der Regelungstechnik, spektralanalytische Auflösungs- und Frequenzkombinationen in der Sensortechnik oder auch CAE- und CAD-Pläne in der Entwicklung mikroelektronischer Baugruppen. Informationssubstitute liegen dagegen vor, wenn Informationen keine sachinhaltliche Substanz hinsichtlich spezifischer Eigenschaften von F&E-Leistungen aufweisen. Es stellt lediglich F&E-orientierte „Quasi-Information" (F&E-Gerede) dar. Diese „Quasi-Information" kann auch strategisch manipuliert werden, wenn aus informationspolitischen und/oder kommunikationsstrategischen Gründen nicht über den eigentlichen (substantiellen) Kern einer Sache kommuniziert wird, sondern lediglich über informatorische Umwege – ohne Informationssubstanz nach außen zu geben – versucht wird, ein beabsichtigtes Transaktionsergebnis zu erreichen. Letztlich muß der Technologieführer nur darauf achten, daß durch die F&E-Kooperation keine first-relevante Informationssubstanz an den Kooperationspartner transferiert wird. Erst durch den Verlust first-relevanter Informationssubstanz wird seine first-Position gefährdet.

Kommuniziert der first daher mit seinen Kooperationspartnern lediglich über Informationssubstitute, wird der Kooperationspartner nie Kenntnis über substantielle F&E-Informationen erlangen, die zum „Überholen" des first beitragen könnten. Insbesondere wenn der Kooperationspartner als verlängerte F&E-Werkbank genutzt wird und lediglich aus der F&E-Grundlast stammende Leistungen übernimmt, läuft der first nie Gefahr, daß er substantielle first-relevante F&E-Informationsvorsprünge verliert. Außerdem steht es dem first frei, im Rahmen von F&E-Kooperationen von strategischen Informationssubstituten Gebrauch zu machen.

Und schließlich reicht der Transfer von substantiellen F&E-Informationen an follower allein nicht aus, um ernsthaft in Konkurrenz zu Technologieführern zu treten. Vielmehr entscheidet die Schnelligkeit, mit der diese Informationen in verwertbare Produkte und Verfahren umgesetzt werden, über die Konkurrenzfähigkeit am Markt.[390] Selbst wenn ein Technologieführer durch die F&E-Kooperation substantielle Informationen preisgibt, können andere first-mover-advantages des Technologieführers (z.B. Erfahrungseffekte, Image, Distributionsnetz) dazu beitragen, daß die first-Position ungefährdet bleibt.

Neben diesen eher strategisch-opportunistisch angelegten „unechten" F&E-Kooperationen gibt es für Technologieführer auch Gründe für das Eingehen tiefgehender Kooperationen, bei denen auch bewußt und „wirklich" substantielle F&E-Informationen zwischen den Beteiligten ausgetauscht werden (müssen). Insbesondere ist dies der Fall, wenn Technologieführer davon auszugehen haben, daß sie ihre Position nur noch kurze Zeit ohne tiefgehende F&E-Kooperation verteidigen können. Für (Noch-) Technologieführer erscheint es dann ökonomisch sinnvoller, sich gemeinsam mit „aufholenden" Kooperationspartnern die first-Position und die first-relevante F&E-Informationssubstanz zu teilen, als langsam in der großen Schar der follower unterzugehen. Ein Umsteigen des (Noch-) first in eine durch F&E-Kooperation geteilte Technologieführerposition ist darüber hinaus im „Noch-first-Stadium" gegenüber den Kooperationspartnern einfacher durchzusetzen und glaubhafter zu rechtfertigen, als wenn man die first-Position bereits verloren hat.

2.2. Technologiegefolgschaft und die Organisation von F&E

Es wurde deutlich, daß Technologieführer, wollen sie ihre Position dauerhaft erhalten oder gar noch ausbauen, einem Zwang zur internen Organisation von F&E-Aktivitäten unterliegen. Dieser Zwang erstreckt sich insbesondere auch auf die Grundlagenforschung.

Für follower könnte man daraus zunächst Umgekehrtes folgern. Muß ein Unternehmen davon ausgehen, daß es im Wettbewerb die Position eines followers einnehmen wird oder strebt es diese Position sogar an, könnte man ihm vordergründig raten, weniger in interne F&E zu investieren und lediglich produktnahe und unmittelbar anwendungsnahe F&E selbst zu betreiben sowie F&E-Leistungen besonders auch am Markt zu beschaffen. Allerdings ergeben sich auch für follower Gründe, die sowohl für die interne als auch für die kooperative F&E-Bereitstellung sprechen.

144

2.2.1. Technologiegefolgschaft und interne F&E

Selbst dann, wenn davon ausgegangen wird, daß sich follower auch zukünftig mit ihrer wenig attraktiven Position begnügen, ergibt die interne F&E für sie Sinn – selbst wenn die interne F&E nur auf Sparflamme gehalten wird.

Erklärt man follower eher als Bezieher von externen F&E-Leistungen, so stellt sich die Frage, wie die Qualität der extern bezogenen F&E-Leistungen fachgerecht beurteilt werden kann, wenn nicht ein Minimum an interner F&E-Kompetenz aufgebaut wird. Interne F&E-Kompetenz ist daher zunächst für die Überprüfung der Qualität externer F&E-Leistungen erforderlich. Ferner ist auch für die Abschätzung der „Produktionsfunktion" der F&E-Lieferanten internes F&E-know-how notwendig. Andernfalls würde sich der Technologiefolger völlig dem opportunistischen und preisstrategischen Verhalten der externen F&E-Lieferanten aussetzen. Daher ist auch für den follower ein Mindestmaß an interner F&E notwendig.

Die Bedeutung einer minimalen internen F&E- bzw. technologischen Kompetenz gilt jedoch nicht nur für das screening im Zuge von externen Vergaben von spezifisch auf F&E-Leistungen beruhenden Aufträgen. Ein Minimum an interner F&E- bzw. technologischer Kompetenz kann für sämtliche externe Auftragsvergaben von Vorteil sein – dies gilt auch für den Fremdbezug „trivialer" und standardisierter Leistungen. Denn auch der Bereitstellung solcher niveauarmer Leistungen (einfache Blechteile, Schrauben usw.) liegt eine Produktionsfunktion zugrunde. Sie ist von der zugrundeliegenden Technologie und diese wiederum von vorgelagerten F&E-Aktivitäten abhängig. Für die Beurteilung der Spannfestigkeit und Korrosionsbeständigkeit von einfachen Schrauben ist die Kenntnis des Ausgangsmaterials (z.B. bezüglich der Legierung und der Beimischungen sowie des verwandten Recyclinganteils) und des Produktionsprozesses unersetzlich, wenn ein Kunde die Leistungen mehrerer potentieller Lieferanten einem fundierten Vergleich zu unterziehen beabsichtigt.[391]

Bei fehlender interner F&E- bzw. technologischer Kompetenz wird dagegen die Informationsverteilung über diese qualitätsbestimmenden Faktoren voll zugunsten der Lieferanten verzerrt. Bei Preisverhandlungen und Qualitätsvergleichen kann sich dies zum Nachteil des followers auswirken. Zwar ist es in diesen Fällen denkbar, daß dieser Informationsasymmetrie durch die Heranziehung externer Experten abgeholfen werden kann. Allerdings begibt man sich hierdurch wiederum in die Abhängigkeit externer know-how-Träger, die ihren Informationsvorteil opportunistisch ausnutzen könnten.

Begnügt sich der follower darüber hinaus nicht mit seiner wenig attraktiven Wettbewerbssituation, und strebt er daher mittel- bis langfristig die Position des Technologieführers an, so empfehlen Pfeiffer u.a. die Strategie des „Überholens ohne Einzuholen" bzw. die „Strategie des first". Sie formulieren folgende Leitlinie:

> „Versuche nicht, den derzeitigen first an Erfahrung zu überholen, sondern versuche, seine Erfahrung außer Kraft zu setzen, indem eine prinzipiell neue Erfahrungskurve begründet wird."[392]

Eine solche „Überholstrategie" darf nicht darauf hinauslaufen, durch Kosteneinsparungen, Rationalisierungsstrategien usw. die eigene Kostenfunktion – bei gleichem Output wie der first – unter diejenige des Technologieführers zu drücken. Aufgrund der Erfahrungsvorteile und der zahlreichen Möglichkeiten eintrittsverhindernder Preisstrategien wäre dies ein hoffnungsloses Unterfangen. Vielmehr ist explizit am Output der Produktionsfunktion anzusetzen. Zentrale Strategie solcher Überholversuche muß es daher sein, den technologischen Wandel aktiv voranzutreiben und neue Produkte und Produktionstechnologien zu entwickeln. Durch die Entwicklung und Einführung innovativer Produkte und neuartiger Produktionstechnologien soll besonders auf der Outputseite „Erstmaligkeit" produziert werden, durch die man sich vom first abhebt und dessen Produktionsfunktion und Outputs veralten.[393] Der follower muß beim „Überholen ohne Einzuholen" seinen Output vom Output des gegenwärtigen first zu differenzieren und bei kundenrelevanten Leistungsmerkmalen positiv abzuheben versuchen. Innovative, wachstumsträchtige und differenzierungsrelevante F&E-Leistungen sind hierfür Grundvoraussetzung.

Es stellt sich daher die Frage, wie Technologiefolger zu entsprechendem F&E-knowhow Zugang bekommen können, wenn sie bislang nur wenig interne F&E betrieben haben. Daher macht eine auf das „Überholen ohne Einzuholen" hinauslaufende Strategie von followern eine zunehmende interne Bereitstellung von F&E-Leistungen notwendig.

2.2.2. Technologiegefolgschaft und externe F&E

Der herkömmliche Bereitstellungsweg für F&E-Leistungen bei followern ist der externe Bezug. Dies kann über F&E-orientierte Auftragsvergaben oder Lizenzen geschehen. Follower verfolgen dann ein passives forschungs- und entwicklungspolitisches Konzept. Sie orientieren sich an der Konkurrenz in dem von Busch beschriebenen Sinne.[394]

Allerdings ist es auch denkbar, daß follower über den externen Bezug von F&E-Leistungen die Strategie des Überholens zu verfolgen versuchen. Defizite bei „Connections to prior technologies" können z.B. durch den Zukauf von Lizenzen kompensiert werden.[395] Und in ähnlicher Weise wie Technologieführer, so können auch follower durch kontinuierliche Vergaben von F&E-Aufträgen Strategien des „Warmhaltens" potentieller Lieferanten von attraktiven F&E-high-lights betreiben. Diese F&E-high-lights können für durchschlagende Basisinnovationen grundlegend sein und die Basis für eine Überholstrategie des followers bilden. Dadurch wird die Strategie des „Überholens ohne Einzuholen" unterstützt, wenn es gelingt, differenzierungsrelevante F&E-Leistungen vom Beschaffungsmarkt schnell und reibungslos in die Unternehmung einzugliedern.

Aber auch vor diesem Hintergrund erweist es sich für derzeit noch in der Position des followers verharrende, aber auf das Aufholen konzentrierte Unternehmen als sinnvoll, interne F&E zu betreiben, um eine Mindestkompetenz im F&E-Bereich sicherzustellen, damit die Prüfung und Absorbtion externer F&E-Leistungen effizient organisiert werden kann.

146

2.2.3. Technologiegefolgschaft und kooperative F&E

In vielen Bereichen der Mikroelektronik und Computerindustrie nehmen japanische Unternehmen die Positionen von Technologieführern ein. Westeuropäische und nordamerikanische Unternehmen müssen sich dagegen auf diesen wachstumsträchtigen Gebieten mit der Position von followern begnügen. An der unattraktiven follower-Position wird trotz vielfach hoher Verluste festgehalten, um den technologischen Anschluß nicht völlig zu verlieren.

Durch F&E-Kooperationen versuchen nordamerikanische und westeuropäische Unternehmen – oftmals durch staatliche Subventionen unterstützt – in jüngerer Zeit gemeinsam aufzuholen.

„Der gemeinsame Feind sitzt in Japan". Unter diesen oder ähnlichen Slogans wird der Versuch unternommen, kooperative F&E-Anstrengungen voranzutreiben. Ziel dieser kooperativen und strategisch angelegten F&E-Allianzen ist es einerseits, mittel- bis langfristig den technologischen Vorsprung japanischer Unternehmen wettzumachen. Andererseits sind diese strategischen F&E-Allianzen darauf ausgerichtet, im Hinblick auf zahlreiche mikroelektronische Produkte und Systemkomponenten von der monopolistischen Preis- und Mengendiktatur japanischer Zulieferer unabhängig zu werden.[396]

Unter diesem Vorzeichen gibt es besonders in jüngerer Zeit viele Beispiele für F&E-Kooperationen von Unternehmen, die derzeit noch follower-Positionen einnehmen: Mit Hilfe des von Siemens, Philips und SGS-Thomson sowie einer Vielzahl weiterer kleinerer europäischer Unternehmen getragenen F&E-Projekts „Jessi" (Joint European Submicron Silicon) wollen die Kooperationspartner den Rückstand in der Mikroelektronik gegenüber japanischen Unternehmen aufholen. Gemeinsam sollen Chip-Technologien, Produktionsanlagen und entsprechende Chip-Anwendungen erforscht und entwickelt sowie die diversen Forschungsaktivitäten kooperativ bewältigt werden.[397] Hauptziel von „Jessi" ist es vor allem, bis 1996 einen Mikrochip mit einer Speicherkapazität von 64 Megabit zur Serienreife zu entwickeln und damit die Vormachtstellung japanischer Unternehmen zu durchbrechen.[398]

Mit dem Projekt „Sematech" (Semiconductor Manufacturing Technology) verfolgen nordamerikanische Unternehmen ähnliche Ziele. Nordamerikanische Computerhersteller und high-tech-Unternehmen der Raumfahrt- und Rüstungsindustrie gerieten immer mehr in die Abhängigkeit japanischer Chiphersteller, die als Technologie- und Marktführer die Preise und Mengen vorgaben. Hauptträger von „Sematech" ist der Computerriese IBM, der seinerseits mit Siemens auf dem Gebiet der Entwicklung von „Superchips der übernächsten Generation" (64-Megabit-Chips und mehr) eine F&E-Kooperation vereinbart hat.[399]

Die Stoßrichtung dieser transatlantischen F&E-Kooperation zielt nicht nur auf die Teilung der enormen Entwicklungskosten[400] und den Gewinn von Synergieeffekten, sondern ist vor allem wettbewerbsstrategischer Natur. Die Stoßrichtung zielt wiederum nach Fernost – gegen die ungestüm vorandrängenden japanischen Unternehmen:

„Damit bahnt sich eine europäisch-amerikanische Zusammenarbeit bei der
Entwicklung und Anwendung von Technologien für Herstellung und Einsatz hoch- und höchstleistungsfähiger Schaltkreise, Halbleiter und Bauelemente an, die nach Ansicht von Marktbeobachtern vor allem darauf ausge-
richet ist, eine mögliche Abhängigkeit von japanischen Anbietern zu verhindern."[401]

Diese kooperativen F&E-Anstrengungen lassen vermuten, daß es die beteiligten Unternehmen als günstiger ansehen, sich gemeinsam und kooperativ die Position des first zu
erarbeiten und schließlich zu teilen, als daß jeder für sich allein im unattraktiven Sumpf
der follower – wie in der Vergangenheit viele mittlere Computerhersteller und Unternehmen der Mikroelektronik[402] – unterzugehen.

Inwieweit die angesprochenen F&E-Kooperationen erfolgreich sein werden, ist derzeit
nicht prognostizierbar.[403] Spitzentechnologie braucht langen Atem; und den haben
nordamerikanische Unternehmen in der Vergangenheit oft vermissen lassen, wenn es
um langfristige F&E-Projekte ging – obgleich sie (absolut) immer noch mehr für F&E
ausgeben als jedes andere Land der Welt.[404] So wird der Bruch des von einem nord-
amerikanischen Konsortium gegründeten Gemeinschaftsunternehmens „U.S. Memo-
ries", mit dem die Entwicklung und Produktion von 4-Megabit-Chips in Angriff genommen werden sollte, mit der Unfähigkeit amerikanischer Manager erklärt, „ausnahms-
weise mal langfristig zu denken."

Auch das angesehene MIT (Massachusetts Institute of Technology) beklagt dieses kurzfristige Denken insbesondere vor dem Hintergrund der Übernahme der amerikanischen
Genentech durch die „ausländische" Hoffmann-La Roche, die ein Signal für ein langsa-
mes Ende der amerikanischen high-tech-Branche sein könnte.[405] Das kalifornische Unternehmen Genentech gilt als Kronjuwel der amerikanischen Gentechnik. Für die Ausweitung von F&E und weitere Expansionsstrategien suchte es kapitalkräftige und langfristig ausgelegte Partner, die es allerdings nicht in den USA fand:

> „... daß dieser Partner ausgerechnet Hoffmann-La Roche hieß und aus dem
> Ausland kam, ging beinahe an den amerikanischen Lebensnerv. Das Ge-
> spenst vom Ausverkauf der High-Tech-Industrie geht seither um."[406]

Ist man wie Rademacher der Ansicht, daß amerikanische F&E-Ingenieure immer noch
die kreativsten der Welt sind, andererseits aber angesichts der kurzfristigen Orientierung
des Managements eine für erfolgreiches Forschen und Entwickeln notwendige Stabilität
nicht garantiert werden könne, ergibt sich ein eigenständiges Kooperationsmotiv für follower, die zum „Überholen" ansetzen. Follower sollten immer dann kooperieren, wenn
sie durch eine F&E-Kooperation gegenüber Technologieführern komparative Nachteile
kompensieren bzw. sogar komparative Vorteile erzielen können. Dies ist sicherlich ein
sehr allgemeines, aber im Hinblick auf die kooperative Zusammenarbeit und angestrebte
Mehrheitsbeteiligung von Hoffmann-La Roche (Stärke als Stabilitätsgarant) an Genentech (Stärke als kreativer F&E-Garant) auch ein in der Empirie durchschlagendes Kooperationsmotiv.

Anmerkungen

303) Vgl. z.B. grundlegend die Vertreter der Schweizer Evolutionsschule, z.B. Malik (1979); Malik u. Probst (1981).

304) Vgl. z.B. die empirischen Ergebnisse von Picot, Laub u. Schneider (1989), S. 186 – 261; Picot, Schneider u. Laub (1989), wonach der ökonomische Erfolg von innovativen Unternehmensgründungen vor allem von der Organisation der Marktbeziehungen auf der Beschaffungs- und Absatzseite abhängig ist. Vgl. ferner Baur (1990a u. b); Schneider (1988), (1991).

305) Zur Bedeutung einer strategischen Perspektive für make-or-buy-Entscheidungen vgl. auch Fieten (1986a), (1989); Hess, Tschirky u. Lang (Hrsg.) (1989); Blau (1990). Insbesondere in der eher „kostenrechnerisch orientierten, traditionellen" Literatur zu make-or-buy steht dagegen der operative Charakter im Vordergrund. Vgl. hierzu auch Weilenmann (1984), der in seiner empirischen Untersuchung von 50 Unternehmen nachweist, daß 75 % aller Unternehmen einen (kurzfristigen) Kostenvergleich durchführen und sich dabei 70 % auf die Vollkosten, 19 % auf die Teilkosten und 11 % auf beide verlassen.

306) In einer Welt ohne Informations- und Kommunikationsprobleme wird das Transaktionskostenproblem obsolet. In einer neoklassischen Sichtweise, die von vollkommener Information (bestenfalls erweitert durch sogenannte Search-Theorien, vgl. z.B. Stigler (1961); dazu kritisch Ricketts (1987), S. 57) ausgeht, gibt es daher keine Transaktionskosten; vgl. auch Abschnitt IV.2.1.

307) Vgl. Shannon u. Weaver (1949).

308) Vgl. v. Weizsäcker u. v. Weizsäcker (1972); sowie v. Weizsäcker (1974); ferner Schneider (1990).

309) Reichert (1984), S. 76; Schneider (1990).

310) Vgl. Schneider (1988), S. 221. Geringe pragmatische Information ergibt sich auch am anderen Ende des Kontinuums: bei hoher Bestätigung und niedriger Erstmaligkeit. Dazu der Evolutionstheoretiker Jantsch (1979), S. 89 f.: „Reine Bestätigung bringt nichts Neues; sie ist Stagnation oder Tod."

311) Vgl. hierzu z.B. Blaseio (1986), S. 207 – 209; kritisch könnte z.B. eingewandt .werden, daß die Kurve, durch die das Ausmaß der pragmatischen Information festgelegt wird, nicht zwangsläufig stetig und kontinuierlich verlaufen muß. Außerdem sind in konkreten Situationen die Ausprägungen von Erstmaligkeit und Bestätigung allenfalls ordinal meßbar. Trotz der hier nur angedeuteten Kritik wird offensichtlich, daß dieses Modell im vorliegenden Fall als fruchtbares heuristisches Instrument genutzt werden kann.

312) Vgl. Schneider (1988), S. 221 – 226; (1990).

313) Vgl. zur Bedeutung von Unsicherheit reduzierenden und (erstmalige) Informationen stabilisierenden institutionellen Mechanismen (z.B. DIN-Normen, Qualitäts- und Gütezeichen) für die Abwicklung von Transaktionsbeziehungen z.B. Wegehenkel (1980), S. 37 – 41; Kunz (1985), S. 71 – 133; Tietzel (1985), S. 161 – 166.

314) Vgl. Lunn (1985), S. 227.

315) Vgl. Kapitel vier 2.2.; sowie die dort angegebene Literatur.

316) Vgl. hierzu z.B. auch Katzman (1974), S. 125 f.

317) Von der Schwierigkeit, daß bei den Transaktionspartnern Unterschiede in der Einordnung bestehen (der F&E-Bereitsteller ordnet z.B. die Transaktionsbeziehung bei hoher Bestätigung ein, während der Auftraggeber sie bei hoher Erstmaligkeit einordnet), sei hier aus Vereinfachungsgründen abstrahiert.

318) Vgl. z.B. Grefermann u.a. (1974), S. 117; Gerjets (1982); Stutzke (1987), S. 46.

319) Vgl. Armour u. Teece (1980), S. 471.

320) Nach Armour und Teece (1980) kann dagegen der zwischenbetriebliche Austausch von Forschern und Entwicklern dazu beitragen, daß sich auch zwischen verschiedenen Unternehmen eine gemeinsame Sprach- und Symbolkultur herausbildet, wodurch die interorganisatorische Diffusion „technologischer Information" erleichtert wird.

321) Ähnlich Wright u. Thompson (1986), S. 143.

322) Boisot (1986), S. 144. „The more one`s experience has been compressed into some kind of structure (i.e. codified) the more speedely and the more extensively it can be diffused." (S. 139).

323) Vgl. Boisot (1986), S. 147.

324) Nur implizit macht Boisot (1986) darauf aufmerksam, daß „.... a communication strategy will be required involving either – an effort to increase communication; – an effort to block communication; – a push towards greater codification; – a push towards reduced codification." (S. 140).

325) Vgl. hierzu Kapitel vier 2.2.3., in dem das Ausmaß von Transaktionskosten und die Wahl von Organisationsformen in Anlehnung an verschiedene Transaktionskostentheoretiker in Abhängigkeit von Informationsproblemen dargestellt wird.

326) Vgl. hierzu auch die Bedeutung von Ergebnispromotion im Verwertungszusammenhang von F&E-Ergebnissen in Kapitel zwei Nr. 1.

327) Nelson, Peck u. Kalachek (1967), S. 99. Dazu auch Stutzke (1987): „Da nur wenige Menschen die neue Technologie in ihrer gesamten Komplexität verstehen und zudem deren Einführung hohe Kosten ... und Risiken einschließt, bewirkt das Vorhandensein erfolgreicher Übernehmer eine Senkung der Unsicherheit (und damit der marktlichen Transaktionskosten, Anm. d. Verf.)" (S. 47).

328) Vgl. Huber und Schneider (1991), S. 16.

329) Vgl. z.B. Baur (1990a), S. 67 ff., wonach z.B. Automobilunternehmen versuchen, die Produktions- und Kostenfunktion ihrer Vorlieferanten abzuschätzen, um den Gewinnanteil am Preis der von außen bezogenen Vorprodukte zu messen. Sowohl bei Preisverhandlungen mit dem Lieferanten als auch für die Beurteilung der technologischen Kompetenz des Vorlieferanten können solche Informationen sehr wertvoll sein. An anderer Stelle weist Baur darauf hin, daß sich ein Hersteller von Bremsflüssigkeiten und Bremsklötzen gegen Quality Audits aufgrund des damit u.U. verbundenen Verlusts von Produktionsgeheimnissen erfolgreich wehrt.

330) Auf die Bedeutung einer „mikroelektronischen Kompetenz" für eine effiziente Verhandlungsführung bei Fremdbezug und die Beurteilung von Kostenplänen der Vorlieferanten für kleinere Hersteller von integrierten Schaltkreisen in der Mikroelektronikindustrie der Schweiz weist z.B. Hotz-Hart (1989) hin.

331) Allerdings kann hier auch ein Informationsparadoxon auftreten: ob die Investition in die Informationsnachfrage lohnt, kann erst beurteilt werden, wenn man sie durchgeführt hat.

332) Der Effekt, daß die Richtigkeit und Wahrheit der durch Informations- und Kommunikationsstrategien gestreuten Signale durch verbesserte Informations- und Kommunikationstechnologien tendenziell schneller überprüft werden können, andererseits die Verfolgung solcher Strategien durch sie aber auch kostengünstiger möglich ist, sei hier nur kurz angedeutet.

333) Vgl. z.B. Schneider (1989), S. 153; Baur (1990a), Kap. II.1.2.

334) Vgl. hierzu auch die folgenden Ausführungen sowie Schneider (1991a).

335) Vgl. z.B. Gutenberg (1983), S. 348 ff.; zu einer praktischen Konsequenz auf dem Arbeitsmarkt z.B. Schneider Dietram (1987), S. 78 – 81.

336) Vgl. hierzu z.B. auch Maas (1986), S. 58.

337) Vgl. z.B. Pfeiffer u. Metze (1989), Sp. 560.

338) Blau (1990), S. 82.

339) Vgl. Fieten (1986a), S. 15 und (1986b), S. 20.

340) Zu unterschiedlichen Finanzierungsaspekten von make or buy vgl. grundlegend auch Kremeyer (1982); ferner Männel (1981), S. 46 f.; Porter (1987), S. 388 f. weist darauf hin, daß durch den höheren Finanzbedarf bei make der Flexibilitätsspielraum zukünftiger Investitionsentscheidungen sinken könnte und die emotionale Bindung an eine Geschäftseinheit notwendige Anpassungsprozesse erschwert (S. 318 – 344); dagegen werden durch Fremdbezug Finanzmittel frei, die in „wichtigere" und wachstumsträchtigere Kernaktivitäten allokiert werden könnten, vgl. Fieten (1986b), S. 20.

341) Vgl. z.B. Porter (1984), S. 387 f.; Harrigan (1985).

342) Vgl. z.B. Beckurts (1983), S. 30 f.

343) Vgl. Seeser (1990), S. 88.

344) Vgl. Hoffmann (1990).

345) Vgl. Hoffmann (1990), S. 16.

346) Vgl. zu diesem Zahlenmaterial Bading (1990), S. 8, der den Anteil der Bundesrepublik Deutschland an den Gesamtkosten der Entwicklung des Jäger 90 auf über sechs Milliarden DM schätzt.

347) Hoffmann (1990), S. 16.

348) Hoffmann (1990), S. 15, der mit diesen Worten einen Rüstungsmanager zitiert.

349) Vgl. z.B. bereits vor dreißig Jahren Mansfield (1961); Krupp (1984); auf die sich insbesondere auch Stutzke (1987), S. 87 – 90 bei seiner Gegenüberstellung der Unterschiede zwischen der Diffusionsgeschwindigkeit früherer Erfindungen und derjenigen heutiger Erfindungen bezieht. Auch bei Mansfield, Krupp und Stutzke finden sich Hinweise, daß hierfür vor allem verbesserte Informations- und Kommunikationsmöglichkeiten verantwortlich sind.

350) Zur Bedeutung und zu Möglichkeiten der strategischen Frühaufklärung vgl. z.B. Müller (1981).

351) Zu einer vereinfachten Darstellung von Indikatoren für die Früherkennung von Transaktionskostenpegeln und mögliche organisatorische Lösungen vgl. Picot u. Schneider (1988), S. 111 f.

352) Vgl. Ansoff (1976).

353) Zum Interdependenzverhältnis zwischen unternehmerischer Wahrnehmungs- und Handlungsfähigkeit vgl. z.B. Kirsch (1976), S. 195 f.; Schneider (1988), S. 109 f.

354) Zur personalen Teilung und zur Bedeutung von personalen Gespannstrukturen vgl. Kapitel zwei sowie die dort angegebene Literatur.

355) Die Bedeutung der Ergebnispromotion für die Übermittlung der wahrgenommenen Signale an die über F&E-Bereitstellungsformen entscheidenden Instanzen darf hier nicht unterschätzt werden.
356) Vgl. z.B. auch den Hinweis von Gross (1969), S. 48.
357) Vgl. Anderson u. Weitz (1986); sie plädieren dafür, z.B. innovative Produktionstechnologien in ihrem frühen Anwendungsstadium (geringer Diffusionsgrad, hohe Erstmaligkeit, große Informationsprobleme) unternehmensintern einzusetzen. Mit zunehmender Reife der Technologie (hoher Diffusionsgrad, hohe Bestätigung, geringe Informationsprobleme) plädieren sie zunehmend für Fremdbezug. Zu einer ähnlichen Argumentation vgl. auch Williamson (1985), S. 126. Vgl. hierzu ferner die evolutionstheoretischen Darstellungen von Schneider (1991).
358) Vgl. Baur (1990a), S. 232; ähnlich Schneider (1991a).
359) Vgl. zum Problem der subjektiven Einschätzung von Transaktionskosten Abschnitt 2 im fünften Kapitel.
360) Vgl. Baur (1990a), S. 171 – 175 u. S. 201 – 215. Die von Baur befragten Personen waren Mitglieder der Entwicklungs- und Einkaufsabteilung sowie Mitarbeiter des Finanz-Controllings und der technischen Zentralplanung der betrachteten Unternehmung.
361) Vgl. Bearth (1989), S. 66; Blau (1990), S. 33. Zu weiteren Vorschlägen über die Besetzung von make-or-buy-Gremien vgl. ferner Weilenmann (1984) sowie Hartmann (1988).
362) Ähnlich Baur (1990a), S. 232.
363) Zum Begriff „Outsourcing" und zu einem schrittweisen Abbau von Eigenfertigungskapazitäten vgl. auch Mollenhauer u. Laukin (1990); hierzu kritisch o.V. (1990a), S. 5 in Analogie zu einer Studie von Klebe u. Roth (1990) für die Industriegewerkschaft Metall.
364) Küting (1983), S. 32.
365) Vgl. z.B. Schwetlick (1971), S. 34 ff.; Stoff (1978); Hinterhuber (1980); Berschin (1982); Brockhoff (1984), S. 162 f.; Trux, Müller u. Kirsch (1984); Porter (1984), (1986); Benkenstein (1987), S. 79 ff.; Busch (1987); Picot (1989).
366) Vgl. z.B. Pfeiffer, Metze, Schneider u. Amler (1982); Porter (1986), S. 239 ff.; Benkenstein (1987), S. 81 ff.
367) Busch (1987), S. 54 f.
368) Vgl. Pfeiffer, Metze, Schneider u. Amler (1982). Gloor u. Simma (1988), die zu ähnlichen Ergebnissen kommen, sprechen in diesem Zusammenhang von der Verkleinerung des strategischen Zeitfensters. Ähnlich äußert sich bereits Gälweiler (1974), S. 265 im Hinblick auf die Position des Marktführers: „Wer nicht Marktführer ist, sondern einen nachgeordneten Platz hat, muß einsehen, daß der Marktführer, wenn er seine Rolle geschickt spielt, letztlich unangreifbar ist, und daß es deshalb unter solchen Bedingungen wenig Sinn hat, eine bestehende Marktführerschaft um jeden Preis angreifen zu wollen."
369) Vgl. hierzu Pfeiffer (1983), der Kaske, Vorstandsvorsitzender der Siemens AG, zitiert; ferner Lütge (1990b), S. 35.
370) Teece (1989), S. 20.
371) Vgl. z.B. Teece (1989), S. 20; Weber (1990), S. 16.
372) Vgl. Maas (1986), S. 42.
373) Vgl. Maas (1986), S. 42, der in diesem Zusammenhang in Anlehnung an Scherer (1980) auch den Begriff „eintrittsverhindernder Preis" bzw. in Anlehnung an Schellhaass (1984) auch den Begriff „dynamische Marktschranke" einführt.
374) Vgl. z.B. Baier (1989), der den Begriff „Elektronik-Krieg" verwendet; Lütge (1990a), (1990b), die von einem „Aberwitzigen Wettlauf" bzw. unter dem Titel „Jeder jagt jeden" von einem „gnadenlosen Technikwettlauf der Computerindustrie" spricht.
375) Vgl. Heismann (1990), S. 238.
376) Vgl. z.B. Lütge (1990b), S. 35; Weber (1990), S. 16.
377) Vgl. z.B. Weber (1990), S. 16.
378) Lütge (1990b), S. 35.
379) Mit diesen Worten zitiert Weber (1990), S. 16 einen Siemens-Sprecher.
380) Pfeiffer (1983), S. 66.
381) Vgl. Tapon (1989), S. 208.
382) Vgl. z.B. den Hinweis bei Porter (1987), S. 70. Baur (1990a) weist in diesem Zusammenhang darauf hin, daß aus strategischen Gründen mit zunehmender Differenzierungsrelevanz ein zunehmender vertikaler Integrationsgrad notwendig wird, S. 81 – 89 u. S. 140 f.
383) Tapon (1989), S. 201 f.
384) Vgl. hierzu auch Kapitel fünf Nr. 3.
385) Zur Bedeutung der Managementkapazität für das Unternehmenswachstum vgl. z.B. grundlegend Penrose (1980); vgl. ähnlich im praktischen Zusammenhang mit F&E-Aktivitäten Heismann (1990), der z.B. die

Bedeutung von CAE für die Simulation von Schaltplänen, den CAE-unterstützten Systementwurf und die Parallelisierung von F&E-Aktivitäten hervorhebt, wodurch Entwicklungsingenieure frei für die Übernahme von kreativen und wachstumsträchtigen Aufgaben werden.

386) Vgl. die empirisch gestützten Ergebnisse bei Picot, Laub u. Schneider (1989), S. 186 – 254; Picot, Schneider u. Laub (1989). Besonders Unternehmen der kleineren und mittleren Größenklasse haben daher – nicht nur mit Blick auf die F&E-Organisation – sorgfältig zu bedenken, daß sie die Position eines Technologieführers nur durch eine enge Konzentration auf bestimmte und wenige Wertschöpfungsstufen erreichen können; vgl. hierzu auch Zäpfel (1989), S. 251.

387) Diese Zusammenhänge gelten sicherlich nicht nur für F&E-Kooperationen, sondern auch für zahlreiche andere ökonomische und besonders auch soziale Transaktionsbeziehungen.

388) Vgl. zu dieser Gefahr z.B. Weilenmann (1984), S. 226; Strasser (1989), S. 25.

389) Vgl. hierzu Schneider (1988), S. 101 f.

390) Vgl. ähnlich Gelder (1986), S. 35.

391) Vgl. hierzu auch Bornemann (1986).

392) Pfeiffer, Metze, Schneider u. Amler (1982), S. 51.

393) Zur ökonomischen Bedeutung der unternehmerischen Produktion von Erstmaligkeit vgl. Schneider (1991).

394) Vgl. Busch (1987), S. 54 f.

395) Vgl. hierzu auch Bruderer (1989), S. 80.

396) Vgl. z.B. Lauber (1990), S. 24; Weber (1990), S. 16.

397) Vgl. o.V. (1990b), S. 24.

398) Vgl. z.B. Hetzel (1990), S. 16.

399) Vgl. Hielle (1990), S. 18; Lütge (1990a), S. 21; Lauber (1990), S. 24.

400) Vgl. zu diesem Aspekt der Siemens-IBM-Kooperation o.V. (1990b), S. 13.

401) Hielle (1990), S. 18.

402) Vgl. hierzu z.B. Lütge (1990b), S. 35; Schneider u. Deysson (1990), S. 64.

403) Vgl. hinsichtlich einer sehr kritischen Erfolgseinschätzung insbesondere Schmitz (1990), S. 83, der in Anlehnung an einen Branchenkenner das Jessi-Projekt schon jetzt für eine „Leiche" hält.

404) Vgl. Rademacher (1990), S. 17.

405) Vgl. Rademacher (1990), S. 17.

406) Rademacher (1990), S. 17.

Nachwort

In der Theorie der Organisation, die in der Vergangenheit insbesondere durch den sogenannten Situativen Ansatz der theoretischen und empirischen Organisationsforschung
beherrscht wurde, stand noch bis vor kurzer Zeit die Behandlung intraorganisatorischer
Phänomene im Mittelpunkt. Das Organisationsproblem unternehmerischer Aktivitäten
wurde nur innerhalb gegebener Unternehmensgrenzen untersucht.[407] Die Analyse von
Veränderungen der Unternehmensgrenzen durch make-or-buy- bzw. Integrations- und
Disintegrationsprozesse stand im Abseits. Dieser einseitigen Betrachtungsweise werden
heute sowohl aus theoretischer als auch aus praktischer Sicht zahlreiche fruchtbare Er-
weiterungsmöglichkeiten aufgezeigt.

Einerseits erfährt diese Verengung des Blickwinkels heute insbesondere durch die Vertreter des Transaktionskostenansatzes eine deutliche Schwerpunktverschiebung. Titel
wie „Markt" und „Hierarchie", „Eigenfertigung" und „Fremdbezug" oder „make or buy"
sowie „intermediäre Organisationsformen" zeigen diese neue Richtung an. Andererseits
hat auch in die eher praxisorientierte Managementliteratur die zwischenbetriebliche Organisationsperspektive bereits Einzug gehalten. So ergeben sich besonders auch aus den
konkreten Organisationsphänomenen der Praxis deutliche Signale für eine Verlagerung
von Organisationsproblemen. Mergers- und Akquisitions-Aktivitäten[408], die Bildung
von Joint-Ventures[409] und strategischen Allianzen[410] bringen die Notwendigkeit einer
um den interorganisatorischen Bereich erweiterten Organisationsauffassung deutlich
zum Ausdruck.

Zu einem gewissen Ausmaß mag man der Ansicht sein, daß diese neue Akzentuierung
einer Modeströmung entspringt. Organisationsforschung und -praxis scheinen für Mode-
trends eine „traditionelle Offenheit" aufzuweisen. Man denke in diesem Zusammenhang
beispielsweise an die Divisionalisierungseuphorie in den 60er und 70er Jahren, die in
Wissenschaft und Praxis je nach Standpunkt und Wirkungsebene enorme Ressourcen
gebunden, freigesetzt, vergeudet, aber auch eingespart hat.

Die Verfasser dieses Buches gehen jedoch nicht davon aus, daß es sich bei der vorgestellten Organisationsperspektive um einen ähnlichen und womöglich schnell vergängli-
chen Modetrend handelt. Die Reichweite und Reichhaltigkeit der Theorie der Transaktionskosten und ihre ökonomisch-theoretische Fundierung scheinen vielmehr darauf hinzuweisen, daß sie sich für viele bereits bestehende „Subtheorien" der Organisation um
einen ökonomischen Strukturkern von enormer heuristischer Tragweite handelt.[411] Darauf aufbauend lassen sich nicht nur ökonomische Phänomene erklären, sondern auch allgemeine evolutorische, politische, historische und gesellschaftliche Problemstellungen
erfassen. Trotz der Schwerpunktbildung auf die Organisation von Forschung und Entwicklung wurde dies an einigen Stellen dieses Buches sehr deutlich.

In diesem Zusammenhang wurde u.a. argumentiert, daß die Überführung von erstmaliger in bestätigte Information heute aufgrund eines auf modernen Informations- und Kommunikationstechnologien basierenden schnelleren Durchsatzes von Informationen in einer Gesellschaft immer schneller vor sich geht. Der hohe inhärente Erstmaligkeitsgrad von F&E-Leistungen, der seinerseits hohe Transaktionskosten induziert und zu „make" rät, hat nur temporären Charakter und wird immer schneller abgebaut. Hierdurch erodieren auch die Transaktionskosten des Marktes ("buy") immer schneller. Durch diese Entwicklung wird die Evolution der Organisationsformen für Forschung und Entwicklung von Hierarchie zu Markt an Geschwindigkeit gewinnen; damit wird die Organisationsreagibilität von Unternehmen vor allem in Richtung „buy" zum strategischen Engpaßfaktor der F&E-Organisation.

Vor diesem Hintergrund könnte man auch die Frage stellen, ob unabhängig von der speziellen Problematik der F&E-Organisation grundsätzlich ein evolutorischer Determinismus in Richtung Disintegration und marktlicher Organisation besteht.[412] Viele Anzeichen scheinen diesen Trend zu stützen. In dieser Hinsicht ist beispielsweise die Divisionalisierung von Unternehmen letztlich als ein solcher Disintegrationsprozeß zu interpretieren. Denn dabei handelt es sich um die Bildung von relativ eigenständigen Sparten (Unternehmen) innerhalb einer Gesamtorganisation, die ihrerseits ihre Leistungen unter weitgehend marktlichen Regelungen bzw. Verrechnungspreisen ("pretiale Lenkung") austauschen. An dieser Stelle sei auch an die Bemühungen vieler (Groß-) Unternehmen erinnert, Hierarchieebenen abzuflachen und Fertigungstiefen zu reduzieren sowie durch Spin-Offs und Ausgliederungen Teile von der Mutterunternehmung organisatorisch abzuspalten. Hierdurch werden gleichzeitig marktliche und ergebnisorientierte Steuerungs- und Anreizmechanismen eingeführt. Es zeigt sich eine steigende Tendenz zur Nutzung des Marktmechanismus einerseits (Disintegration, Preis- und Ergebnissteuerung, management by objectives) und eine Reduzierung hierarchischer Allokationsmechanismen andererseits (Integration, Anweisungssteuerung bzw. Steuerung über „fiat").[413] Auch die immer ausgefeilteren Informations- und Kommunikationstechnologien, die besonders die marktliche Organisation von unternehmerischen Aktivitäten unterstützen, fördern diese Entwicklung[414].

Andererseits lassen innovative unternehmerische Aktivitäten und die Bewältigung der dadurch immer neu entstehenden Unsicherheits-, Spezifitäts- und Informationsprobleme sowie die sich stets ändernden rechtlichen Rahmenbedingungen einen deterministischen und unaufhaltsamen Evolutionssog in Richtung Disintegration und völliger Marktallokation eher unwahrscheinlich erscheinen. Darüber hinaus sind besonders Forschung und Entwicklung Bereiche, in denen die interorganisatorische Arbeitsteilung aufgrund extrem hoher Transaktionskosten bislang eher gering ist – obgleich der geringe Grad der interorganisatorischen Arbeitsteilung u.U. auf irrationalen organisatorischen Verkrustungseffekten basiert und auch hier zunehmend von „buy" Gebrauch gemacht wird.

Besonders Forschungs- und Entwicklungsaktivitäten sind darauf ausgelegt, sich im dynamischen Wettbewerb marktlich verwertbare Informationsvorsprünge zu erarbeiten. Durch diesen Prozeß werden stets hohe Erstmaligkeit und Transaktionskosten ausgelöst, die nach Integration unternehmerischer Aktivitäten verlangen. Erst dann, wenn die Quelle der Erstmaligkeitsproduktion versiegt und die Welt immer mehr informatorisch eingefangen wird, ist ein unaufhaltsamer deterministischer Evolutionssog und eine völlige Erosion von Transaktionskosten zu erwarten (bzw. zu befürchten).

Anmerkungen

407) Vgl. hierzu insbesondere Michaelis (1985), die sich vor diesem Hintergrund kritisch mit dem Situativen Ansatz auseinandersetzt.

408) Zu einem Überblick über Theorie und Praxis von M&A-Aktivitäten vgl. z.B. Laub (1991).

409) Vgl. z.B. grundlegend Gerybadze (1991) und die dort angegebene Literatur.

410) Vgl. z.B. Baur (1990b).

411) Vgl. hierzu auch die Einführung und die dort angegebene Literatur.

412) Vgl. hierzu z.B. Ricketts (1987), S. 64. Auf gesellschaftspolitischer Ebene stellen die Unabhängigkeitsbestrebungen in der Sowjetunion empirische Beispiele von Disintegrationsaktivitäten dar.

413) Vgl. z.B. die Umorganisation bei Siemens, die in der Presse mit Argumenten wie Marktnähe, Förderung des Unternehmertums, Bildung kleinerer, überschaubarer und ergebnisorientierter Entscheidungseinheiten usw. begleitet wurde und mit einer Verdoppelung der geschäftsführenden Bereiche verbunden war (Disintegration im Unternehmen). Vgl. hierzu auch Baur (1990a), S. 134 f. u. S. 235 f., der in Anlehnung an Arthur Anderson & Co und Wildemann (1988) und die FAST-Studie (1988) eine Fortsetzung der Reduzierung der Fertigungstiefen und Wertschöpfungsquoten in der Automobilindustrie erwartet.

414) Vgl. z.B. zu theoretischen Ableitungen hierzu Schneider (1988), S. 163 f.; Picot (1989), S. 368 f.

Literaturverzeichnis

Adler, U. (1980): Der Stand der Technik in der Bekleidungsindustrie unter dem Aspekt der Arbeitsstrukturierung, in: ifo-schnelldienst 33, S. 8 – 18

Albach, H. (Hrsg), (1990): Innovationsmanagement - Theorie und Praxis im Kulturvergleich, Wiesbaden

Albach, H. (Hrsg.), (1989): Organisation – Mikroökonomische Theorie und ihre Anwendungen, Wiesbaden

Albert, H. (1978): Traktat über rationale Praxis, Tübingen

Anderson, E.; Weitz, B.A. (1986): Make-or-Buy Decisions: Vertical Integration and Marketing Productivity, in: Sloan Management Review, Spring, S. 3 – 19

Ansoff, H.J. (1988): Mutmaßungen über die Zukunft des strategischen Managements, in: Handbuch Strategischer Führung, hrsg. v. A. Henzler, Wiesbaden, S. 829 – 833

Ansoff, H.J. (1976): Managing Surprise and Discontinuity – Strategic Response to Weak Signals, in: Zeitschrift für betriebswirtschaftliche Forschung, S. 129 – 152

Armour, H.O.; Teece, D.J. (1980): Vertical Integration and Technological Innovation, in: The Review of Economics and Statistics, S. 470 – 474

Arrow, K.J. (1971): Essays in the theory of risk bearing, Chicago

Axelrod, R. (1987): Die Evolution der Kooperation, München

Bading, G. (1990), Jäger 90/Fachleute bedauern emotionale Diskussion um die Nachfolge der „Phantom" – Die Grundfrage muß lauten: Brauchen wir noch eine deutsche Luftverteidigung?, in Handelsblatt v. 5.6.1990, S. 8

Baier, W. (1989): Zwischen USA und Westeuropa droht ein „Elektronik-Krieg", in: Frankfurter Rundschau v. 23.9.1990, S. 13

Balcerowicz, L. (1986): Enterprises and Economic Systems: Organizational Adaptability and Technical Innovativeness, in: Zur Interdependenz von Unternehmens- und Wirtschaftsordnung, hrsg. v. H. Leipold u. A. Schüller, Stuttgart, S. 189 – 208

Bartenbach, K. (1985): Zwischenbetriebliche Forschungs- und Entwicklungskooperation und das Recht der Arbeitnehmererfindung, München

Baur, C. (1990a): Make-or-Buy Entscheidungen in einem Unternehmen der Automobilindustrie – Analyse und Gestaltungsempfehlungen aus transaktionskostentheoretischer Sicht, München

Baur, C. (1990b): Vertikale Kooperation als Strategie innovativen Unternehmertums in der Automobilindustrie, unveröffentlichtes Manuskript, erscheint demnächst in: Innovation und Unternehmertum – Perspektiven, Strategien und Empfehlungen für ein fortschrittliches Management, hrsg. v. U.-D. Laub u. D. Schneider, Wiesbaden (1991)

Bearth, R. (1989): „Make or Buy" ist Aufgabe der Produktionsleitung, in: IO Management-Zeitschrift, 1, S. 64 – 67

Beckurts, K.H. (1983): Forschungs- und Entwicklungsmanagement – Mittel zur Gestaltung der Innovation, in: Forschungs- und Entwicklungsmanagement, hrsg. v. H. Blohm u. G. Danert, Stuttgart, S. 15 – 39

Benisch, W. (1969): Kooperationsfibel, Bergisch Gladbach

Benkenstein, M. (1987): F&E und Marketing, Wiesbaden.

Berg, H. (1973): Unternehmensgröße und Wettbewerbsfähigkeit, in: Wirtschaftsdienst 1, S. 44 – 49

Berschin, H.H. (1982): Wie entwickle ich eine Unternehmensstrategie? – Portfolio-Analyse und Portfolio-Planung, Wiesbaden

Biegel, U.R. (1987): Kooperation zwischen Anwender und Hersteller im Forschungs- und Entwicklungsbereich, Frankfurt/Main u.a.

Bierfelder, W. (1980): Betriebswirtschaftliche Innovationsforschung: Warnung vor Propheten, in: Wirtschaftswoche 33, 1980, S. 46 – 51

Bjuggren, P.-O. (1985): A Transaction Cost Approach to Vertical Integration: The Case of the Swedish Pulp and Paper Industry, Lund

Blaseio, H. (1986): Das Kognos-Prinzip – Zur Dynamik sich-selbst-organisierender wirtschaftlicher und sozialer Systeme, Berlin

Blau, T. (1990): Make or Buy – Eine im Unternehmen zu institutionalisierende Betrachtungsweise mit strategischer Dimension, unveröffentlichte Diplomarbeit, Bergische Universität Gesamthochschule Wuppertal

Blohm, H. (1980): Kooperation, in: Handwörterbuch der Organisation, hrsg. v. E. Grochla, Stuttgart 1980, Sp. 1112 – 1117

Blois, K.J. (1972): Vertical Quasi-Integration, in: Journal of Industrial Economics, S. 253 – 272

Boisot, M.H. (1986): Markets and Hierarchies in a Cultural Perspective, in: Organization Studies, S. 135 – 158

Bornemann, H. (1986): Die Wertanalyse für Kaufteile, ein Kostensenkungsinstrument im Einkauf, in: Beschaffung aktuell, 4, S. 43 – 49

Bössmann, E. (1983): Unternehmungen, Märkte, Transaktionskosten: Die Koordination ökonomischer Aktivitäten, in: Wirtschaftliches Studium, 1983, S. 105 – 111

Brandt, S. (1984): Aufgaben-Dezentralisierung durch moderne Kommunikationsmittel, München

Brockhoff, K. (1980): Wachstumsschwellen und Forschungsschwellen, in: Zeitschrift für Betriebswirtschaft, S. 475 – 499

Brockhoff, K. (1983): Kontrolle und Revision der Forschung und Entwicklung, in: Handwörterbuch der Revision, hrsg. v. A.G. Coenenberg u. K. v. Wysocki, Stuttgart 1983, Sp. 421 – 437

Brockhoff, K. (1984): Forschung und Entwicklung, in: Vahlens Kompendium der Betriebswirtschaftslehre Bd. 1, München, S. 161 – 186

Brockhoff, K. (1988): Forschung und Entwicklung. Planung und Kontrolle, München usw.

Brockhoff, K. (1990): Stärken und Schwächen in industrieller Forschung und Entwicklung, Stuttgart

Brose, P. (1982): Planung, Bewertung und Kontrolle technischer Innovationen, Berlin

Bruderer, H. (1989): Spezialisiertes Konstruktions-Know-How des Lieferanten, in: Make or Buy – Neue Dimension der strategischen Führung, hrsg. v. W. Hess u.a., Zürich, S. 75 – 92

Bundesminister für Forschung und Technologie (1988a): Bundesbericht Forschung 1988, Bonn

Bundesminister für Forschung und Technologie (1988b): Faktenbericht 1988 zum Bundesbericht Forschung, Bonn

Bundesminister für Wirtschaft (1986): Die Förderung von Forschung und Technologie in kleinen und mittleren Unternehmen durch die Bundesregierung – Bilanz 1986, Bonn

Busch, R. (1987): Internationale technologiebestimmte Wettbewerbsfähigkeit und Forschungs- und Technologiepolitik: eine komparative Studie, Frankfurt/Main usw.

Bühner, R. (1985): Strategie und Organisation, Wiesbaden

Bühner, R. (1988): Technologieorientierung als Wettbewerbsstrategie, in: Zeitschrift für betriebswirtschaftliche Forschung, S. 387 – 496

Casson, M. (1982): The Entrepreneur – An Economic Theory, Totowa usw.

Casson, M. (1986): Multinationals and World Trade – Vertical Integration and the Division of Labour in World Industries, London usw.

Casson, M. (1987): The Firm and the Market, Oxford

Child, J. (1987): Information Technology, Organization, and the Response to Strategic Challenges, in: California Management Review, S. 33 – 50

Ciborra, C.U. (1981): Information Systems and Transactions Architecture, in: International Journal of Policy Analysis and Information Systems, S. 305 – 324

Ciborra, C.U. (1987): Reframing the Role of Computers in Organizations – The Transaction Costs Approach, in: Office: Technology and People 3, S. 17 – 38

Coase, R. (1937): The Nature of the Firm, in: Economia, S. 386 – 405

Corsten, H. (1984): Die Unternehmensgröße als Determinante der Innovationsaktivitäten, in: Wirtschaftswissenschaftliches Studium, S. 224 – 228

Corsten, H.; Junginger-Dittel, K.-O. (1983): Zur Bedeutung von Forschung und Entwicklung, München

Davies, S. (1987): Vertical Integration, in: The Economics of the Firm, hrsg. v. R. Clark u. T. McGuiness, Oxford, S. 83 – 104

de Pay, D. (1989): Die Organisation von Innovationen – ein transaktionskostentheoretischer Ansatz, Wiesbaden

Diebold, J. (1987): Informationstechnik: Aufbruch in ein neues Zeitalter wirtschaftlichen Wettbewerbs, in: Zeitschrift für Organisation 3, S. 165 – 171

Domsch, M.; Gerpott, T.J. (1984): Organisations- und Personalstrukturen in der industriellen Forschung und Entwicklung – Konzepte und Ergebnisse einer empirischen Studie der FGH, in: Zeitschrift für betriebswirtschaftliche Forschung, S. 636 – 656

Döpping, F.; Henckel, D.; Rauch, N. (1981): Informationstechnologie und Dezentralisierung, in: Bauwelt, S. 1537 – 1576

Eisenrith, E. (1981): Das Patentwesen als Informationsquelle für Innovationen, Düsseldorf

FAST-Studie (1988): Verbundfertigungen, Beschaffungslogistik und die Verringerung der Fertigungstiefe in der bundesdeutschen Automobilindustrie, FAST-Studie Nr. 8 Hintergrundpapier aus dem Forschungsprojekt „Logistikkonzepte", Berlin

Fieten, R. (1986a): Make-or-Buy: Die Beschaffung wird zur Innovationsdrehscheibe im Unternehmen, in: Beschaffung aktuell 1, S. 14 – 17

Fieten, R. (1986b): Entscheidungshilfen im Beschaffungsmarketing, in: IO Management-Zeitschrift, 1, S. 20 – 23

Fieten, R. (1989): Erfolg bedarf der Strategie – Entwicklungsperspektiven der Zulieferindustrie, in: Beschaffung aktuell 2, S. 38 – 45

Foxall, G.R. (1988): Marketing New Technology: Markets, Hierarchies, and User-initiated Innovation, in: Managerial and Decision Economics, S. 237 – 250

Foxall, G.R.; Tierney, J.D. (1984): From CAP1 to CAP2: User-initiated innovation from the user's point of view, in: Management Decision 5, S. 3 – 15

Frey, B.S. (1985): Transaction Costs: Are They Just Costs, Comment, in: Zeitschrift für die gesamte Staatswissenschaft, S. 17 -20

Fusfeld, H.; Haklisch, C. (1986): Kollektive Industrieforschung, in: Harvardmanager 2, S. 34 – 41.

Ganz, C.; Goldhar, J.D. (1978): The Impact of Telecommunications Technologies on Informal Communication in Science and Engineering – Resarch Needs and Opportunities, in: Elton u.a., S. 231 – 248

Gälweiler, A. (1974): Unternehmensplanung, Frankfurt

Geigant, F.; Sobotka, D.; Westphal, H.M. (1983): Lexikon der Volkswirtschaft, 4. Aufl., Landsberg/Lech

Gelder, E. (1986): Innovative Endprodukte erfordern neuartige Zusammenarbeiten mit den Vorlieferanten – nicht nur in der Technik, in: Beschaffung aktuell 8, S. 34 – 36

Gerjets, J. (1982): Forschungspolitik in der Bundesrepublik Deutschland – Kritische Analyse Ihrer Zielsetzungen und Instrumente, Dissertation, Köln

Gerum, E. (1988): Unternehmensverfassung und Theorie der Verfügungsrechte – Einige Anmerkungen, in: Betriebswirtschaftslehre und Theorie der Verfügungsrechte, hrsg. v. D. Budäus, E. Gerum u. G. Zimmermann, Wiesbaden, S. 21 – 43

Gerybadze, A. (1991): Innovatives Unternehmertum im Rahmen von internationalen Joint-Ventures im F&E-Bereich: eine kritische Analyse, erscheint demnächst in: Innovation und Unternehmertum – Perspektiven, Strategien und Empfehlungen für ein fortschrittliches Management, hrsg. v. U.-D. Laub u. D. Schneider, Wiesbaden

Gloor, P.F.; Simma, B. (1988): Innovative Unternehmung – Aktuelle Herausforderungen, unternehmerische Antworten, gesellschaftliches Umfeld, in: Zeitschrift Führung und Organisation 1, S. 18 – 24

Goldberg, W. H. (1986): Zur Organisation interner Innovationsvorhaben in älteren und größeren Unternehmungen, in: Die Betriebswirtschaft, S. 128 – 139

Grefermann, K. u.a. (1974): Patentwesen und technischer Fortschritt, Teil I: Die Wirkung des Patentwesens im Innovationsprozeß, Göttingen

Grochla, E. (1980): Betriebswirtschaftlich – organisatorische Voraussetzungen technologischer Innovationen, in: Zeitschrift für betriebswirtschaftliche Forschung: Neue Technologien – neue Märkte, Sonderheft 11, S. 30 – 42

Gross, H. (1969): Selbermachen oder kaufen?, München

Guiniven, J.J; Fisher, D.S. (1987): Akquisition – Strategische oder finanzielle Ziele?, in: Harvardmanager 1, S. 12 – 16

Gutenberg, E. (1983): Grundlagen der Betriebswirtschaftslehre, Bd. 1, Die Produktion, 24., unveränderte Aufl. Berlin usw.

Hamberg, D. (1964): Size of Firm, Oligopoly, and Research: The Evidence, in: Canadian Journal of Economics and Political Science, S. 62 – 73

Hansen, U.; Leitherer, E. (1984): Produktpolitik, 2. Auflage, Stuttgart

Harrigan, K.B. (1985): Exit Barriers and Vertical Integration, in: Academy of Management Journal, S. 686 – 697

Harrigan, K.R. (1983): Strategies for Vertical Integration, Lexington

Hartmann, H. (1988): Der Make-or-Buy-Entscheid, in: IO Management-Zeitschrift 10, S. 463 – 466

Hasenbeck, M. (1988): Siemens: Kultur – Revolution, in: Wirtschaftswoche 6, S. 34 – 43.

Hayes, R.H.; Wheelwright, S.C. (1984): Restoring our Competitive Edge; Competition Through Manufacturing, New York usw.

Hedberg, B.; Edström, A.; Müller, W.; Wilpert, B. (1975): The impact of computer technology on organizational power structures, in: Information Systems and Organizationals Structure, hrsg. v. E. Grochla u. N. Szyperski, S. 131 – 148

Heinen, E.; Dietl, B. (1985): Informationswirtschaft, in: Industriebetriebslehre, hrsg. v. E. Heinen, 8. Aufl., Wiesbaden, S. 893 – 1074

Heismann, G. (1990): Speerspitze des Fortschritts, in: Manager Magazin 5, S. 238 – 243

Hess, W. (1989): Grundstruktur der Thematik „Make or Buy", in: Make or Buy – Neue Diemension der strategischen Führung, hrsg. v. W. Hess u.a., Zürich, S. 1 – 21

Hess, W.; Tschirky, H.; Lang, P. (Hrsg.), (1989): Make or Buy – Neue Dimension der strategischen Führung

Hetzel, H. (1990): IBM steigt durch die Hintertür bei Jessi ein, in: Frankfurter Allgemeine Zeitung v. 1.2.1990, S. 16

Hielle, I. (1990): Transatlantische Kooperation bei Bauelementen, in: Frankfurter Allgemeine Zeitung, v. 26.1.1990, S. 18

High Tech (1989): Nr. 10, S. 8

Hinterhuber, H.H. (1980): Strategische Unternehmensführung, 2. Auflage, Berlin u. New York

Hippel v., E. (1978): A Customer-active Paradigm for Industrial Product Idea Generation, in: Research Policy 7

Hippel v., E. (1987): Cooperation between rivals: Informal know-how trading, in: Research Policy, S. 291 – 302

Hoepfner, F.G. (1974): Lizenznahme und -vergabe, in: Marketing Enzyklopädie, Bd. 2, München S. 333 – 340

Hoffmann, W. (1990): Angst vor dem Frieden – Rüstungsfirmen tun sich mit der Umstellung auf zivile Produkte schwer, in: Die Zeit, v. 2.2.1990, S. 15 f.

Hofmann, H. (1988): Wettbewerbsvorteile durch Informationstechnik, in: Office Management 7, S. 46 – 49

Hotz-Hart, B. (1988): Modernisierung von Unternehmen und Industrien bei unterschied-lichen industriellen Beziehungen. Ein Vergleich in der verarbeitenden Industrie der USA, Grossbritanniens und Deutschlands im Hinblick auf eine institutionell orientier-te Theorie, Bern u. Stuttgart

Hotz-Hart, B. (1989): Mikroelektronik und Produktstrategie in der Schweizer Industrie, in: Die Unternehmung, S. 112 – 125

Huber, J.; Schneider, D. (1991) Personalmanagement und Unternehmenskultur: Innova-tionsfähigkeit zwischen Wollen und Können im Unternehmen, bislang unveröffent-lichtes Manuskript, erscheint demnächst in: Innovation und Unternehmertum – Per-spektiven, Strategien und Empfehlungen für ein fortschrittliches Management, hrsg. v. U.D. Laub u. D. Schneider, Wiesbaden

Hummel, M. (1989): Ansätze staatlicher FuE-Förderung in der Bundesrepublik und in den USA – ein Vergleich, in: ifo-schnelldienst 26-27, S. 11 – 17

Hundsiek, D. (1987): Unternehmungsgründung als Folgeinnovation, Stuttgart

Imai, K. (1989): Systemic Innovation and Cross-Border Networks – Transcending Mar-kets and Hierarchies to Create a New Techno-Economic System, Paper for the Inter-national Seminar on the Contributions of Science and Technology to Economic Growth at the Organization for Economic Cooperation and Development, Paris

Jantsch, E. (1979): Die Selbstorganisation des Universums, München u. Wien

Jensen, M.C.; Meckling, W.H. (1976): Theory of the Firm: Managerial Behavior, Agen-cy Costs and Ownership Structure, in: Journal of Financial Economics, S. 305 – 360

Joskow, P.L. (1985): Vertical Integration and Long-term Contracts: The Case of Coal-burning Electric Generating Plants, in: Journal of Law, Economics, and Organization, S. 33 – 80

Kamp, E.M.; May, E. (1981): Kleine und mittlere Unternehmen im Forschungs- und Entwicklungsprozeß, in: Zeitschrift für Betriebswirtschaft, S. 347 – 369

Katzman, N. (1974): The impact of communication technology – Some theoretical pre-mises and their implications, in: Ekistics 225, S. 125 – 130

Kaufer, E. (1980): Industrieökonomik, Eine Einführung in die Wettbewerbstheorie, München

Keen, P.G.W. (1981): Information Systems and Organizational Change, in: Communica-tions of the ACM, S. 24 – 33

Kern, F. (1970): Forschung und Unternehmensgröße, in: Forschung und Entwicklung als Aufgabe der Unternehmensführung, hrsg. v. H. Siegwart, Bern, S. 41 – 49

Kern, W.; Schröder, H.H. (1977): Forschung und Entwicklung in der Unternehmung, Reinbeck b. Hamburg

Kern, W.; Schröder, H.H. (1980): Organisation der Forschung und Entwicklung, in: Handwörterbuch der Organisation, hrsg. v. E. Grochla, Stuttgart, Sp. 707 – 719

Kieser, A. (1974): Der Einfluß der Umwelt auf die Organisationsstruktur der Unterneh-mung, in: Zeitschrift für Organisation, S. 302 – 314

Kieser, A.; Kubicek, H. (1983): Organisation, 2. Aufl., Berlin u. New York

Kirsch, W. (1976): Organisatorische Führungssysteme, München

Kirsch, W. (1978): Die Handhabung von Entscheidungsproblemen, München

Kirzner, J. M. (1979): Perception, Opportunity, and Profit, Chicago u. London

162

Kirzner, J.M. (1978): Wettbewerb und Unternehmertum, Tübingen

Klatzky, S.R. (1970): Automation, Size and the Locus of Decision Making: The Cascade Effect, in: Journal of Business, S. 141 – 151

Klebe, T.; Roth, S. (1990): Autonome Zulieferer oder Diktat der Marktmacht? – Zur Situation und Perspektive der deutschen Automobilzulieferer, Studie der IG Metall – Vorstandsverwaltung, Frankfurt

Knoblich, H. (1969): Zwischenbetriebliche Kooperation – Wesen, Formen und Ziele, in: Zeitschrift für Betriebswirtschaft, S. 497 – 514

Kohn, H. (1980): Für Personalkostenzuschüsse stehen 1980 390 Mio DM bereit – Umfassendes Förderkonzept für kleine und mittlere Unternehmen, in: Forschung und Entwicklung – Mitteilungen der Arbeitsgemeinschaft industrieller Forschungsvereinigungen e.V., S. 4 – 6

Kowalski, U. (1980): Der Schutz von betrieblichen F&E-Ergebnissen, Frankfurt/Main

Kremeyer, E. (1982): Eigenfertigung und Fremdbezug unter finanzwirtschaftlichen Aspekten, Wiesbaden

Krubaski, E.; Wenzel, G. (1989): High-Tech mit Highlights, in: manager magazin, Juli, S. 187 – 191

Krupp, H. (1984): Innovationspolitiken zwischen Können und Brauchen, in: Spektrum der Wissenschaft 10, S. 19 – 22

Kunz, H. (1985): Marktsystem und Information, Tübingen

Küting, K. (1983): Der Entscheidungsrahmen einer unternehmerischen Zusammenarbeit, in: Unternehmerische Zusammenarbeit, hrsg. v. Küting, K.; Zink, K.J., Berlin, S. 1 – 36

Laub, U.-D. (1985): Der Venture Capital Markt, München

Laub, U.-D. (1989): Zur Bewertung innovativer Unternehmensgründungen im institutionellen Zusammenhang, München

Laub, U.-D. (1991): Mergers & Akquisitions: Koordinationsstrategien innovativen Unternehmertums, erscheint demnächst in: Innovation und Unternehmertum – Perspektiven, Strategien und Empfehlungen für ein fortschrittliches Management, hrsg. v. U.-D. Laub u. D. Schneider, Wiesbaden

Lauber, H. (1990): Bitte mehr Bytes: IBM und Siemens vereint gegen Japan, in: Capital 1, S. 24

Leibenstein, H. (1968) Entrepreneurship and Development, in: The American Economic Review, S. 72 – 83

Leipold, H. (1978): Die Verwertung neuen Wissens bei alternativen Eigentumsordnungen, in: Ökonomische Verfügungsrechte und Allokationsmechanismen in Wirtschaftssystemen, hrsg. v. K.-E. Schenk, Berlin, S. 89 – 122

Leitherer, E. (1980): Innovative Produkte als Gegenstand der betrieblichen Produktions- und Marktleistung, in: Zeitschrift für betriebswirtschaftliche Forschung, S. 1096 – 1109

Leitherer, E. (1985): Betriebliche Marktlehre, Stuttgart

Lunn, J. (1985): The Roles of Property Rights and Market Power in Appropriating Innovative Output, in: The Journal of Legal Studies, S. 423 – 433

Lüdde, H.-J. (1979): Finanzwirtschaftliche Aspekte bei der Beschaffung, Berlin

Lütge, G. (1990a): Aberwitziger Wettlauf – Die Stärke der japanischen Unternehmen bei Mikrochips zwingt Siemens und IBM zur Kooperation, in: Die Zeit v. 2.2.1990, S. 21

Lütge, G. (1990b): Jeder jagt jeden – Im gnadenlosen Technikwettlauf der Computerindustrie bleiben viele Unternehmen auf der Strecke, in: Die Zeit, v. 16.3.1990, S. 35

Maas, C. (1986): Zur Ökonomischen Begründung der Forschungs- und Technologiepolitik, Diskussionspapier, Wirtschaftswissenschaftliche Dokumentation, Technische Universität, Berlin

Machlup, F. (1967): Theories of the Firm: Marginalist, Behavioral, Managerial, in: The American Economic Review, S. 1 – 33

Machunsky, J. (1985): Forschungskooperationen im Recht der Wettbewerbsbeschränkungen, Göttingen

Malik, F. (1979): Die Managementlehre im Lichte der modernen Evolutionstheorie, in: Die Unternehmung, S. 303 – 316

Malik, F.; Probst, G. (1981): Evolutionäres Management, in: Die Unternehmung, S. 121 – 140

Malone, T.W. (1985): Organizational Structure and Information Technology: Elements of a Formal Theory, Working Paper 90s: 85 – 011, Massachusetts Institute of Technology

Malone, T.W. (1986): Electronic Markets and Electronic Hierarchies: Effects of Information Technology on Market Structures and Corporate Strategies, Working Paper 90s: 86 – 018, Massachusetts Institute of Technology

Mansfield, E. (1961): Technical Change and the Rate of Imitation, in: Econometrica, S. 741 – 766

Mansfield, E.; Rapoport, J. et al (1971) Research and Innovation in the Modern Corporation, New York

Mansfield, E.; Wagner, S. (1975): Organizational and Strategic Factors Associated with Probabilities of Success in Industrial R&D, in: Journal of Law and Economics, S. 179 – 198

Marr, R. (1980): Innovation, in: Handwörterbuch der Organisation, hrsg. v. E. Grochla, Stuttgart, Sp. 947 – 959

May, E. (1980): Forschungs- und Entwicklungsaktivitäten kleiner und mittlerer Unternehmen, in: Informationen zur Mittelstandsforschung, Bonn

Männel, W. (1981): Die Wahl zwischen Eigenfertigung und Fremdbezug: theoretische Grundlagen – praktische Fälle, 2. Aufl., Stuttgart

Männel, W. (1983): Wenn Sie zwischen Eigenfertigung oder Fremdbezug entscheiden müssen ..., in: IO Management-Zeitschrift, S. 301 – 307

McFarlan, F.W. (1984): Information technology changes the way you compete, in: Harvard Business Review 3, S. 98 – 103

Michaelis, E. (1985): Organisation unternehmerischer Aufgaben – Transaktionskosten als Beurteilungskriterium, Frankfurt/Main

Mittag, H. (1985): Technologiemarketing – Die Vermarktung von industriellen Wissen unter besonderer Berücksichtigung des Einsatzes von Lizenzen, Bochum

Mock, A. (1983): Forschungs- und Entwicklungsmanagement im Maschinenbau, in: Forschungs- und Entwicklungsmanagement, hrsg. v. H. Blohm u. G. Danert, Stuttgart, S. 41 – 47

Molkenthin, R. (1981): Die finanzielle Förderung von Klein- und Mittelunternehmen unter besonderer Berücksichtigung von Steuervergünstigungen in der BRD, Hamburg

Mollenhauer, M.; Laukin, H.-P. (1990): Ausgliederung von Funktionen kann lohnend, aber auch viel teurer als ihre Beibehaltung sein, in: Handelsblatt, v. 2.1. 1990, S. 13

Monteverde, K.; Teece, D.J. (1982a): Appropriable Rents and Quasi-Vertical Integration, in: Journal of Law and Economics, S. 321 – 328

Monteverde, T.; Teece, D.J. (1982b): Supplier Switching Costs and Vertical Integration in the U.S. Automobile Industry, in: Bell Journal of Economics, S. 206 – 213

Mueller, D.C. (1986): The Modern Corporation, Brighton

Müller, G. (1981): Strategische Frühaufklärung München

Müller, M. (1990): Unter dem Regenbogen, in: Wirtschaftswoche Handbuch, S. 70 – 75

Nathusius, K. (1979): Venture Management – Ein Instrument zur innovativen Unternehmensentwicklung, Berlin

Needham, D. (1971): Economic Analysis and Industrial Structure, London

Nelson, R.R. (1959): The Simple Economics of Basic Scientific Research, in: The Journal of Political Economy, 67, S. 297 ff.

Nelson, R.R.; Peck, M.J.; Kalachek, E.D. (1967): Technology, Economic Growth and Public Policy, Washington D.C.

North, D.C. (1977): The New Economic History After Twenty Years, in: American Behavioral Scientist, S. 187 – 200

North, D.C. (1984): Transaction Costs, Institutions and Economic History, in: Zeitschrift für die gesamte Staatswissenschaft, S. 7 – 17

North, D.C. (1988): Theorie des institutionellen Wandels – Eine neue Sicht der Wirtschaftsgeschichte, Tübingen

North, D.C.; Thomas, R.P. (1973): The Rise of the Western World, Cambridge

o.V. (1980): Auftragsforschung: Tüfteln auf Bestellung, in: Wirtschaftswoche 34, S. 34 – 39

o.V. (1981): Externe Vertragsforschung: Mehr als tausend Vorhaben bewilligt, in: Forschung und Entwicklung – Mitteilungen der Arbeitsgemeinschaft industrieller Forschungsvereinigungen e.V., S. 1 – 5

o.V. (1982): Selbst entwickeln oder delegieren – Bei der Vergabe von Forschungsaufträgen tun sich kleine und mittlere Unternehmen immer noch schwer, in: Forschung und Entwicklung – Mitteilungen der Arbeitsgemeinschaft industrieller Forschungsvereinigungen e.V., S. 16 – 20

o.V. (1990a), IG Metall/Eine Studie über die Zulieferer in der Automobilindustrie – Verhältnis zwischen Automobilkonzernen und Lieferanten wird immer „japanischer", in: Handelsblatt v. 7.6.1990, S. 5

o.V. (1990b): Europa und USA knobeln an einem Chip, in: Süddeutsche Zeitung, v. 25.1.1990, S. 24

o.V. (1990c): Siemens und IBM entwickeln Chip gemeinsam, in: Frankfurter Allgemeine Zeitung, v. 25.1.1990, S. 13

Ouchi, W.G. (1980): Markets, Bureaucracies, and Clans, in: Administrative Science Quarterly, S. 129 – 141

Parsons, G.L. (1984): Information technology: a new competitive weapon, in: The McKinsey Quarterly, Spring, S. 45 – 60

Pennings, J.M. (1980): Environmental Influences on the Creation Process, in: The Organizational Life Cycle, hrsg. v. J.R. Kimberly u.a., San Francisco usw., S. 135 – 163

Penrose, E.T. (1980): The Theory of the Growth of the Firm, 2. Aufl., Oxford

Perilleux, R. (1987): Der Zeitfaktor im strategischen Technologiemanagement – Früher oder später Einstig bei technischen Produktinnovationen?, in: Technological Economics, Bd. 25, Berlin

Pfeiffer, R. (1970): Möglichkeiten und Grenzen der Auftragsforschung, in: Forschung und Entwicklung als Aufgabe der Unternehmensführung, hrsg. v. H. Siegwart, Bern, S. 89 – 97

Pfeiffer, W.; Metze, G. (1989): FuE- und Innovationsplanung, in: Handwörterbuch der Planung, hrsg. v. N. Szyperski, Stuttgart, Sp. 554 – 566

Pfeiffer, W. (1971): Allgemeine Theorie der technischen Entwicklung als Grundlage einer Planung und Prognose des technischen Fortschritts, Göttingen

Pfeiffer, W. (1983): Strategisch orientiertes Forschungs- und Entwicklungsmanagement – Probleme und Lösungsansätze aus der Sicht der Wissenschaft, in: Forschungs- und Entwicklungsmanagement, hrsg. v. H. Blohm u. G. Danert, Stuttgart, S. 57 – 83

Pfeiffer, W.; Metze, G.; Schneider, W.; Amler, R. (1982): Technologie-Portfolio zum Management strategischer Zukunftsgeschäftsfelder, Göttingen

Picot, A. (1981): Der Beitrag der Theorie der Verfügungsrechte zur ökonomischen Analyse von Unternehmungsverfassungen, in: Unternehmungsverfassung als Problem der Betriebswirtschaftslehre, hrsg. v. K. Bohr u.a., Berlin, S. 153 – 197

Picot, A. (1982): Transaktionskostenansatz in der Organisationstheorie: Stand der Diskussion und Aussagewert, in: Die Betriebswirtschaft, S. 267 – 284

Picot, A. (1986): Informationsmanagement und Unternehmensstrategie, in: 3. Europäischer Kongreß über Bürosysteme und Informationsmanagement (CW-CSE), München, S. 757 – 796

Picot, A. (1989): Zur Bedeutung allgemeiner Theorieansätze für die betriebswirtschaftliche Information und Kommunikation: Der Beitrag der Transaktionskosten- und Principal-Agent-Theorie, in: Die Betriebswirtschaftslehre im Spannungsfeld zwischen Generalisierung und Spezialisierung, hrsg. v. W. Kirsch u. A. Picot, Wiesbaden, S. 361 – 379

Picot, A.; Laub, U.; Schneider, D. (1989): Innovative Unternehmensgründungen – Eine ökonomisch-empirische Analyse, Berlin usw.

Picot, A.; Reichwald, R.; Schönecker, H.G. (1985): Eigenerstellung oder Fremdbezug von Organisationsleistung – ein Problem der Unternehmensführung I./II), in: Office Management, S. 818 – 821 u. S. 1029 – 1034

Picot, A.; Schneider, D. (1988): Unternehmerisches Innovationsverhalten, Verfügungsrechte und Transaktionskosten, in: Betriebswirtschaftslehre und Theorie der Verfügungsrechte, hrsg. v. D. Budäus, E. Gerum, G. Zimmermann, Wiesbaden, S. 93 – 118

Picot, A.; Schneider, D.; Laub, U.D. (1989): Transaktionskosten und innovative Unternehmensgründung – Eine empirische Analyse, in: Zeitschrift für betriebswirtschaftliche Forschung, S. 358 – 387

Popp, W. (1984): Simultane strategische Planung betrieblicher Funktionsbereiche, in: Strategische Unternehmensplanung, hrsg. v. D. Hahn u. B. Taylor, 3. Aufl., Würzburg usw., S. 412 – 425

Porter, M.E. (1984): Wettbewerbsstrategie, 2. Aufl., Frankfurt/Main

Porter, M.E. (1986): Wettbewerbsvorteile, Frankfurt/Main

Porter, M.E. (1987): Wettbewerbsstrategie, 4. Aufl. Frankfurt/M.

Porter, M.E.; Millar, V.E. (1986): Wettbewerbsvorteile durch Information, in: Harvardmanager 1, S. 26 – 35

Preissner-Polte, A. (1989): Wie der Blitz, in: manager magazin, Dezember, S. 262 – 269

Pugh, D.S. (1981): The Aston Program Perspective. The Aston Program of Research. Retrospect and Prospect, in: Perspectives on Organization Design and Behavior, hrsg. v. A.H. Van de Ven u. W.F. Joyce, New York usw., S. 155 – 166

Pugh, D.S.; Hickson, D.J.; Hinings, C.R.; Turner, C. (1968): Dimensions of Organization Structure, in: Administrative Science Quarterly, S. 65 – 105

Rademacher, H. (1990): Spitzentechnologie braucht langen Atem, in: Frankfurter Allgemeine Zeitung, v. 12.3.1990, S. 17

Rasche, H.O. (1970): Kooperation – Chance und Gewinn, Heidelberg

Reichert, R. (1984): Entwurf und Bewertung von Strategien, München

Reitzle, W. (1988): F&E-Strategie, in: Handbuch Strategischer Führung, hrsg. v. A. Henzler, Wiesbaden, S. 499 – 515

Ricketts, M. (1987): The Economics of Business Enterprise – New Approaches to the Firm, Brighton

Riekhof, H.-C. (1984): Unternehmensverfassung und Theorie der Verfügungsrechte, Wiesbaden

Rothschild, K.W. (1986): Die Wiener Schule im Verhältnis zur klassischen Nationalökonomie, unter besonderer Berücksichtigung von Carl Menger, in: Die Wiener Schule der Nationalökonomie, hrsg. v. N. Leser, Wien usw., S. 11 – 27

Sauter, F. (1985): Die Ökonomie von Organisationsformen. Eine transaktionskostentheoretische Analyse, München

Schanz, G. (1975): Industrielle Forschung und Entwicklung und Diversifikation – Theoretische Überlegungen und empirische Befunde, in: Zeitschrift für Betriebswirtschaft, S. 449 – 462

Schätzle, G. (1965): Forschung und Entwicklung als unternehmerische Aufgabe, in: Beiträge zur betriebswirtschaftlichen Forschung, hrsg. v. E. Gutenberg u.a., Bd. 22, Köln u. Opladen, S. 144 – 157

Schellhaass, H.M. (1984): Dynamisache Marktschranken und Funktionsfähigkeit des Wettbewerbs, Referat für das 14. Wirschaftswissenschaftliche Seminar, Ottobeuren, 24. – 28.9.1984

Scherer, F.M. (1980): Industrial Market Structure and Economic Performance, Chicago

Schlarmann, F. (1987): Integrierte Planung von Umfang und Struktur der strategischen Forschungs- und Entwicklungsaktivitäten, Münster

Schmalen, H. (1980): Optimale Entwicklungs- und Lizenzpolitik, in: Zeitschrift für Betriebswirtschaft, S. 1077 – 1103

Schmeisser, W. (1986): Systematische Erfindungsförderung als Unternehmensaufgabe, Berlin

Schmelzer, H.J.; Buttermilch, K.-H. (1988): Reduzierung der Entwicklungszeiten in der Produktentwicklung als ganzheitliches Problem, in: Zeitschrift für betriebswirtschaftliche Forschung, Sonderheft 23, S. 43 – 73

Schmitz: W. (1990): Aus zwei mach drei, in: Wirtschaftswoche Handbuch, S. 79 – 83

Schneider, D. (1973): Unternehmensziele und Unternehmenskooperation – Beitrag zur Erklärung kooperativ bedingter Zielvariationen, Wiesbaden

Schneider, Dieter (1987): Allgemeine Betriebswirtschaftslehre, 3. Aufl., München u. Wien

Schneider, Dietram (1987): Der kapazitätsorientierte Jahresarbeitszeitvertrag, München

Schneider, D. (1988): Zur Entstehung innovativer Unternehmen – Eine ökonomisch-theoretische Perspektive, München

Schneider, D. (1989): Strategische Aspekte für das Controlling von Eigenfertigung und Fremdbezug (EuF), in: Controller Magazin 3, S. 153 – 155

Schneider, D. (1990): Informationstheorie zwischen Erstmaligkeit und Bestätigung: Einsichten für die Wirtschaftsinformatik, in: Das Wirtschaftsstudium, S. 626 f.

Schneider, D. (1991): Die unternehmerische Produktion von Erstmaligkeit und ihre Konsequenzen für die Evolution ökonomischer Transaktionsbeziehungen, erscheint demnächst in: Innovation und Unternehmertum – Perspektiven, Strategien und Empfehlungen für ein fortschrittliches Management, hrsg. v. U.D. Laub u. D. Schneider, Wiesbaden

Schneider, D. (1991a): Controlling von Forschung und Entwicklung zwischen Eigenerstellung („make") und Fremdbezug („buy") als strategische Herausforderung für die Unternehmensführung, Teil 1, in: Controller Magazin, S. 84 – 88

Schneider, D.; Zieringer, C. (1991): Interorganisatorisches F&E-Management und F&E-Integration als Herausforderungen innovativen Unternehmertums: F&E zwischen E&F, erscheint demnächst in: Innovation und Unternehmertum – Perspektiven, Strategien und Empfehlungen für ein fortschrittliches Management, hrsg. v. U.D. Laub u. D. Schneider, Wiesbaden

Schneider, M.; Deysson, C. (1990): Friß oder stirb, in: Wirtschaftswoche, v. 9.3.1990, S. 64 f.

Schumpeter, J.A. (1961): Konjunkturzyklen Bd 1, Göttingen

Schunk, G. (1982): Technologietransfer oder eigenständige Aktivitäten in F&E, in: Nord-Süd-Kooperation – internationale Herausforderung an Technik und Wirtschaft, hrsg. v. W. Gocht u. H. Seifert, Baden-Baden, S. 158 – 164

Schwarzer, U. (1985): Aufholjagd ins Ungewisse, in: Manager Magazin 12, S. 30 – 36

Schwetlick, W. (1971): Forschung und Entwicklung in der Organisation industrieller Unternehmen, Berlin usw.

Seeser, G. (1990): Strategische Planung von Technologien zur Unterstützung des Entwicklungsprozesses, München

Seraphim, H.-J. (1963): Theorie der Allgemeinen Volkswirtschaftspolitik, 2. Aufl., Göttingen

Servatius, H.-G. (1988): New Venture Management – Erfolgreiche Lösung von Innovationsproblemen für Technologie-Unternehmen, Wiesbaden

Shannon, C.E.; Weaver, W. (1949): The Mathematical Theory of Communication, Urbana

Silver, M. (1984a): Enterprise and the Scope of the Firm, Oxford

Silver, M. (1984b): The Economics and Scope of Firms, Oxford

Simon, H.A. (1965): The Architecture of Complexity, in: General Systems 10, S. 63 – 76

Smith, B. (1986): Austrian Economics and Austrian Philosophy, in: Austrian Economics, hrsg. v. W. Grassl u. B. Smith, London u. Sydney, S. 1 – 36

Staudt, E. et. al. (1991): Forschung und Entwicklung – Effizienzsteigerung durch verbesserte Information, in: Handelsblatt v. 19.2.1991, S. 17

Staudt, E.; Schmeisser, W. (1987): Innovation und Kreativität als Führungsaufgabe, in: Handwörterbuch der Führung, hrsg. v. A. Kieser, G. Reber, u. R. Wunderer, Stuttgart, Sp. 1138 – 1149

Stavenhagen, G. (1969): Geschichte der Wirtschaftstheorie, 4. Aufl., Göttingen

Stigler, G.J. (1961): The Economics of Information, in: Journal of Political Economy, S. 213 – 225

Stoff, W.-D. (1978): Marktposition und Unternehmensstrategie, in: Die Unternehmung, S. 1 – 13

Strasser, J.F. (1989): Make or Buy in der Produktion, in: Make or Buy – Neue Dimension der strategischen Führung, Zürich, S. 21 – 31

Strebel, H. (1983): Unternehmenskooperation bei Innovation, in: Wirtschaftliches Studium, S. 59 – 64

Streißler, E. (1980): Kritik des neoklassischen Gelichgewichtsansatzes als Rechtfertigung marktwirtschaftlicher Ordnungen, in: Zur Theorie marktwirtschaftlicher Ordnungen, hrsg. v. E. Streißler u. C. Watrin, Tübingen, S. 38 – 69

Stutzke, H.H. (1987): Technischer Fortschritt: Grundlagen und Messung der Diffusion von Neuerungen, Dissertation, Bremen

Tapon, F. (1989): A Transaction Cost Analysis of Innovations in the Organization of Pharmaceutical R&D, in: Journal of Economic Behavior and Organization, S. 197 – 213

Teece, D.J. (1976): Vertical Integration in the U.S. Oil Industry, in: Vertical Integration in the Oil Industry, hrsg. v. E.J. Mitchell, Washington, S. 105 – 187

Teece, D.J. (1980): Economies of Scope and the Scope of the Enterprise, in: Journal of Economic Behavior and Organization, S. 1 – 25

Teece, D.J. (1987): Capturing Value form Technological Innovation: Integration, Strategic Partnering, and Licensing Decisions, in: Companies and Nations in the World Economy, hrsg. v. National Academy of Engineering, Washington D.C., S. 65 – 96

Teece, D.J. (1989): Technological Development and The Organization of Industry, Paper presented to the International Seminar on Science, Technology and Economic Growth, Paris

Thom, N. (1980): Grundlagen des betrieblichen Innovationsmanagements, 2. Aufl., Königstein/Taunus

Thom, N. (1987): Innovationsmanagement in kleinen und mittleren Unternehmen, in: Das Wirtschaftsstudium, S. 363 – 369

Tietzel, M. (1985): Wirtschaftstheorie und Unwissen – Überlegungen zur Wirtschaftstheorie jenseits von Risiko und Unsicherheit, Tübingen

Tröndle, D. (1987): Kooperationsmanagement – Steuerung interaktioneller Prozesse bei Unternehmungskooperationen, Köln usw.

Trux, W.; Müller, G.; Kirsch, W. (1984): Das Management strategischer Programme, Bd. 1 u. 2: Materialien zum Stand der Forschung , München

Ulrich, H. (1978): Unternehmungspolitik, Bern usw.

Viefers, U. (1986): Forschungs- und Entwicklungsaktivitäten und Unternehmensgröße – Eine empirische Untersuchung mittelständischer Unternehmen in der Bundesrepublik Deutschland, Bonn

Walker, G.; Weber, D. (1984): A Transaction Cost Approach to Make-or-Buy Decisions, in: Administrative Science Quarterly, S. 373 – 391

Weber, J. (1990): Siemens und IBM – im Megabit-Rennen geht eine neue Stafette an den Start, in: Frankfurter Allgemeine Zeitung, v. 1.2.1990, S. 16

Wegehenkel, L. (1980): Transaktionskosten, Wirtschaftssystem und Unternehmertum, Tübingen

Wegehenkel, L. (1981): Gleichgewicht, Transaktionskosten und Evolution, Tübingen

Weilenmann, P. (1984): Make or Buy -Anspruch der Schweizerischen Wirklichkeit, in: Die Unternehmung, S. 207 – 230

Weiss, C. (1985): Ziele und Möglichkeiten interner Überwachung betrieblicher technologischer Innovationsprozesse, Krefeld

Weizsäcker v., E.U. (1974): Erstmaligkeit und Bestätigung als Komponenten der Pragmatischen Information, in: Offene Systeme I – Beiträge zur Zeitstruktur von Information, Entropie und Evolution,hrsg. v. E.v. Weizsäcker, Stuttgart, S. 82 – 113

Weizsäcker v., E.U.; Weizsäcker v., C. (1972): Wiederaufnahme der begrifflichen Frage: Was ist Information?, in: Nova Acta Leopoldina, S. 535 – 555

Wicher, H. (1986): Unternehmensgröße und Innovationsverhalten, in: Das Wirtschaftsstudium, S. 237 – 242

Wild, L. (1976): Fundstellen als Anregung für Entwicklung, Konstruktion und anwendungsorientierte Forschung, in: RKW-Handbuch Forschung, Entwicklung, Konstruktion, hrsg. v. H. Moll u. H.-J. Warnecke, Berlin, S. 1 – 24 (Kennzahl 6620)

Williamson, O.E. (1973): Markets and Hierarchies: Some elementary considerations, in: American Economic Review, S. 316 – 325

Williamson, O.E. (1975): Markets and Hierarchies: Analysis and Antitrust Implications, New York u. London

Williamson, O.E. (1981): The Modern Corporation: Origins, Evolution, Attributes, in: Journal of Economic Literature, S. 1537 – 1568

Williamson, O.E. (1985): The Economic Institutions of Capitalism, New York u. London

Williamson, O.E. (1986): Economic Organization, Brighton

Williamson, O.E.; Ouchi, W.G. (1981): The Markets and Hierarchies Program of Research: Origin Implication, Prospects, in: Perspectives on Organization Design and Behavior, hrsg v. A.H. Van de Ven; W.F. Joyce, New York, S. 347 – 370.

Williamson, O.E.; Wachter, M.L.; Harris, J.E. (1975): Understanding the employment relation: the analysis of idiosyncratic exchange, in: Bell Journal of Economic & Management, S. 520 – 578

Witte, E. (1973): Organisation für Innovationsentscheidungen, Göttingen

Witte, E. (1978): Die Verfassung des Unternehmens als Gegenstand betriebswirtschaftlicher Forschung, in: Die Betriebswirtschaft, S. 331 – 339

Wright, M.; Thompson, S. (1986): Vertical Disintegration and the Life-cycle of Firms and Industries, in: Managerial and Decision Economics, S. 141 – 144

Yu, B.T. (1981): Potential Competition and Contracting in Innovation, in: Journal of Law and Economics, S. 215 – 238

Zäpfel, G. (1989): Strategisches Produktionsmanagement, Berlin

Zeidler (1983): Neue Dimensionen von Forschung und Entwicklung durch akzelerierende Technologieschübe, in: Forschungs- und Entwicklungsmanagement, hrsg. v. H. Blohm u. G. Danert, Stuttgart, S. 15 – 39

Zenz, P.M. (1980): Die betriebswirtschaftliche Beurteilung von Forschungs- und Entwicklungsleistungen im Industriebetrieb, Frankfurt/Main

Ziebart, E. (1983): Das innovative Potential als Ressource zur Zukunftssicherung des Unternehmens, in: Forschungs- und Entwicklungsmanagement, hrsg. v. H. Blohm u. G. Danert, Stuttgart, S. 3 – 13

Zündorf, L.; Grumt, M. (1982): Innovation in der Industrie – Organisationsstrukturen und Entscheidungsprozesse betrieblicher Forschung und Entwicklung, Frankfurt u. New York

GABLER-Fachliteratur zum Thema „Organisation" (Auswahl)

Horst Albach (Hrsg.)
Organisation
Mikroökonomische Theorie
und ihre Anwendungen
1989, 367 Seiten, Broschur, DM 89,–
ISBN 3-409-13113-2

Knut Bleicher
Organisation
Strategien – Strukturen – Kulturen
2., überarbeitete Auflage
1991, ca. 680 Seiten, gebunden,
ca. DM 168,–
ISBN 3-409-31552-7

Wolfram Braun
**Die Organisation
ökonomischer Aktivitäten**
Eine Einführung in die ökonomische
Theorie der Institutionen
1987, 201 Seiten, Broschur, DM 88,–
ISBN 3-409-13319-4

Wolfram Braun
Kooperation im Unternehmen
Organisation und Steuerung von Innovationen
1991, X, 244 Seiten, Broschur, DM 78,–
ISBN 3-409-13650-9

Erich Frese
Grundlagen der Organisation
Die Organisationsstruktur
der Unternehmung
5., durchges. Auflage 1991, ca. 650 Seiten,
gebunden, ca. DM 86,–
ISBN 3-409-31685-X

James G. March
Entscheidung und Organisation
Kritische und konstruktive Beiträge,
Entwicklungen und Perspektiven
1990, 516 Seiten, gebunden, DM 198,–
ISBN 3-409-13125-6

Thomas Petersen
Optimale Anreizsysteme
Betriebswirtschaftliche Implikationen
der Prinzipal-Agenten-Theorie
Beiträge zur betriebswirtschaftlichen
Forschung, Band 63
1989, XII, 294 Seiten, Broschur, DM 78,–
ISBN 3-409-13406-9

Eberhard Seidel/Dieter Wagner (Hrsg.)
Organisation
Evolutionäre Interdependenzen von
Kultur und Struktur der Unternehmung
1989, XVIII, 396 Seiten, gebunden,
DM 98,–
ISBN 3-409-13115-9

Theodor Weimer
**Das Substitutionsgesetz
der Organisation**
Eine theoretische Fundierung
neue betriebswirtschaftliche forschung,
Band 45
1988, VIII, 219 Seiten, Broschur, DM 58,–
ISBN 3-409-13111-6

Zu beziehen über den Buchhandel
oder den Verlag.
Stand der Angaben und Preise: 1.3.1991.
Änderungen vorbehalten.

GABLER

BETRIEBSWIRTSCHAFTLICHER VERLAG DR. TH. GABLER, TAUNUSSTRASSE 54, 6200 WIESBADEN